全国高等院校公共基础课规划教材

# 信息技术基础
## （Windows 10＋Office 2016）

主　编　吴长孙　徐迪新　曹燕燕
副主编　陈磊萍　汪兰英　甘　莎

中国商业出版社

**图书在版编目(CIP)数据**

信息技术基础：Windows 10＋Office 2016/吴长孙，徐迪新，曹燕燕主编.——北京：中国商业出版社，2023.12

ISBN 978－7－5208－2760－7

Ⅰ.①信… Ⅱ.①吴… ②徐… ③曹… Ⅲ.①Windows操作系统－高等学校－教材②办公自动化－应用软件－高等学校－教材 Ⅳ.①TP316.7②TP317.1

中国国家版本馆 CIP 数据核字(2023)第 246753 号

责任编辑:李 飞
(策划编辑:蔡 凯)

中国商业出版社出版发行
(www.zgsycb.com 100053 北京广安门内报国寺 1 号)
总编室:010－63180647 编辑室:010－83114579
发行部:010－83120835/8286
新华书店经销
北京荣泰印刷有限公司印刷

*

787 毫米×1092 毫米 16 开 15.5 印张 380 千字
2023 年 12 月第 1 版 2023 年 12 月第 1 次印刷
**定价:49.80 元**

* * * *

# 前　言

随着计算机技术和网络技术的快速发展，针对信息化社会中计算机应用领域不断扩大和高等职业院校学生计算机知识起点不断提高的特点，深入开展高等职业院校信息技术基础的教学改革，一直是高等职业院校信息技术基础教育工作者研究的重点。根据教育部有关高等职业教育信息技术基础课程的教学要求，本书从基础性、实践性、实用性的角度出发，注重素质培养、强化技能训练，做到了基础知识教育与实践技能训练有机融合。

本书共分为6章。第1章介绍计算机硬件系统、计算机工作原理、计算机软件系统、计算机信息的表示、数制间的转换等知识。第2章介绍Windows 10操作系统的安装与升级、Windows 10基本操作等知识。第3章介绍Word 2016的基本操作、文档编辑与格式化、表格处理、插图处理、长文档的排版等知识。第4章介绍Excel 2016的基本操作、Excel 2016的数据输入与编辑、公式与函数应用、工作表的格式化与管理、数据管理、图表使用和透视表等知识。第5章介绍PowerPoint 2016演示文稿的制作与编辑、演示文稿动画效果的设置、设置与放映演示文稿等知识。第6章介绍计算机网络基本概念、无线局域网的配置、计算机网络安全等知识。

本书由江西农业工程职业学院吴长孙、徐迪新、江西农业大学曹燕燕任主编，江西农业工程职业学院陈磊萍、汪兰英、甘莎任副编。吴长孙对全书做了主审和统稿工作。

本书在编写过程中，江西农业工程职业学院信息化基础教学一线教师提出了许多宝贵意见和建议，同时江西农业工程职业学院领导给予大力支持和关心，在此表示诚挚的谢意。

限于编者的学识、水平，难免存在疏漏和不当之处，敬请读者不吝斧正，并提出宝贵意见和建议。

编　者

2023年11月

# 目　录


第 1 章　计算机基础知识......1

1.1　计算机硬件知识......1

1.1.1　计算机硬件系统......1

1.1.2　计算机工作原理......8

1.1.3　计算机的发展与特点......8

1.1.4　计算机应用领域......11

1.1.5　计算机的分类......12

1.1.6　计算机的发展趋势......12

1.2　计算机软件知识......13

1.2.1　计算机软件系统......13

1.2.2　计算机信息的表示......14

1.2.3　数制间的转换......15

本章习题......18

本章实训......19

第 2 章　Windows 10 操作系统......21

2.1　Windows 10 操作系统的安装与升级......21

2.1.1　操作系统概述......21

2.1.2　操作系统安装前的准备工作......22

2.1.3　安装 Windows 10 操作系统......23

2.1.4　查看 Windows 10 激活状态及版本信息......27

2.1.5　升级 Windows 10 系统到最新版本......28

2.1.6　清理系统升级的遗留数据......30

2.2　认识 Windows 10 新功能......31

2.2.1　体验全新的“开始”菜单......31

2.2.2　合理使用虚拟桌面功能......33

2.2.3　分屏多窗口功能......34

2.2.4　操作中心功能......35

2.2.5　智能助理——Cortana（小娜）......36

2.3 Windows 10 基本操作......36
2.3.1 桌面基本操作......36
2.3.2 窗口的基本操作......39
2.3.3 文件管理基本操作......41
2.3.4 常用软件的安装与管理......45
2.3.5 Windows 10 操作中的快捷键......50
2.4 个性化设置 Windows 10 操作系统......53
2.4.1 系统账户设置......53
2.4.2 设置个性化的操作界面......57
2.4.3 高效工作模式设置......60
本章习题......64
本章实训......65
第 3 章 文字处理 Word 2016......67
3.1 文档的基本操作......67
3.1.1 创建文档......68
3.1.2 编辑文档......69
3.1.3 预览文档......73
3.2 格式化文档......75
3.2.1 样式的应用......76
3.2.2 设置段落和字符格式......77
3.2.3 添加边框和底纹......78
3.2.4 设置分栏......81
3.3 表格处理......81
3.3.1 创建表格......82
3.3.2 编辑表格......83
3.3.3 格式化表格......85
3.4 插图处理......86
3.4.1 插入文本框......86
3.4.2 插入图片......88
3.5 Word 2016 的高级应用......92
3.5.1 插入并编辑目录......94
3.5.2 插入页眉页脚......96

本章习题 ........ 99

本章实训 ........ 101

第 4 章 电子表格 Excel 2016 ........ 109

4.1 Excel 2016 基本操作 ........ 110

4.1.1 新建工作簿和工作表 ........ 110

4.1.2 输入与填充数据 ........ 113

4.1.3 美化工作表 ........ 117

4.2 公式与函数 ........ 122

4.2.1 认识公式、函数和公式中的运算符 ........ 123

4.2.2 公式和函数计算 ........ 125

4.3 数据管理 ........ 131

4.3.1 数据排序 ........ 131

4.3.2 数据筛选 ........ 132

4.3.3 分类汇总 ........ 136

4.3.4 合并计算 ........ 138

4.4 分析和设置打印数据表 ........ 139

4.4.1 创建和修饰图表 ........ 139

4.4.2 创建并编辑数据透视表 ........ 143

4.4.3 设置工作表页面 ........ 146

4.4.4 预览和打印工作表 ........ 149

本章习题 ........ 150

本章实训 ........ 152

第 5 章 演示文稿 PowerPoint 2016 ........ 161

5.1 演示文稿的基本操作 ........ 161

5.1.1 创建演示文稿 ........ 162

5.1.2 制作演示文稿的封面和底面 ........ 163

5.1.3 制作演示文稿的目录页 ........ 167

5.1.4 制作演示文稿的内容页 ........ 169

5.2 设置动画效果 ........ 174

5.2.1 设置演示文稿的切换动画 ........ 174

5.2.2 设计演示文稿的进入动画 ........ 175

5.2.3 设计演示文稿的路径动画 ........ 178

5.2.4 设计演示文稿的交互动画......180
5.3 设置与放映演示文稿......181
5.3.1 设置备注以助演讲......181
5.3.2 幻灯片放映设置......183
本章习题......187
本章实训......188
第 6 章 计算机网络应用与安全......197
6.1 计算机网络应用......197
6.1.1 计算机网络基本概念......197
6.1.2 Internet 的基本概念......202
6.1.3 无线路由器连接......204
6.1.4 计算机 IP 地址的设置......204
6.1.5 无线路由器配置......205
6.1.6 无线网卡配置......207
6.1.7 电子邮件的使用......209
6.2 计算机网络安全......213
6.2.1 计算机网络安全......213
6.2.2 计算机病毒......215
6.2.3 计算机网络安全防护......218
6.2.4 杀毒软件的使用......219
6.2.5 电脑管家的使用......220
本章习题......224
本章实训......225
参考文献......229

# 第 1 章　计算机基础知识

## 学习导读

目前，计算机的性能越来越高，价格越来越便宜，应用越来越广泛，成为人们不可或缺的工具，它极大地改变了人们的工作、学习和生活方式，成为信息时代的主要标志。尤其是随着微型计算机的出现和计算机网络的发展，计算机及其应用广泛渗透到社会生活的各个领域，迅猛地促进计算机技术、通信技术和网络技术的高速发展，给人类社会的生产方式、生活方式和学习方式带来了前所未有的深刻变革。计算机技术的发展，引发了信息革命，使人类从工业社会步入了信息社会，计算机技术引导的信息产业已成为全球经济的主导产业。

本章主要介绍了计算机的一些基础知识，包括计算机硬件系统，计算机工作原理，计算机的发展与特点，计算机应用领域，计算机软件系统，计算机信息的表示等知识，以便对计算机有一个总体的认识。

## 学习目标

- 掌握计算机硬件系统组成。
- 掌握计算机主要配件功能及参数的意义。
- 熟悉计算机配置清单，并能掌握市场价格。
- 掌握计算机软件系统组成。
- 掌握计算机信息的表示。
- 学会数制间的转换。

## 1.1　计算机硬件知识

### 1.1.1　计算机硬件系统

微型计算机硬件系统结构相对简单，通常是由内部设备和外部设备组成。这些设备主要包括以下部件。

#### 1. 主板

主板，又叫主机板（mainboard）或母板（motherboard），它安装在机箱内，是计算机最基本的也是最重要的部件之一。主板一般为矩形电路板，上面安装了组成计算机的主要电路系统，一般有 BIOS 芯片、I/O 控制芯片、键盘和面板控制开关接口、扩展插槽、主板及插卡的直流电源供电接插件等元件，如图 1-1 所示。

主板的性能指标有以下几点。

(1) 主板芯片组类型：主板芯片组是主板的灵魂与核心，芯片组性能的优劣，决定了主板性能的好坏与级别的高低。主板芯片组不仅要支持 CPU 工作，而且要控制协调整个系统的正常运行。主板芯片组主要分为支持 Intel 公司的 CPU 芯片组和支持 AMD 公司的 CPU 芯片组两种。

(2) 主板 CPU 插座：它是 CPU 与主板连接的装置之一，插座接口有引脚式、卡式、触点式、针脚式等。

目前 CPU 的接口大多是针脚式，对应到主板上就是相应的插槽类型。CPU 接口类型不同，在插孔数、体积、形状上都有变化，因此不能互相接插。CPU 接口类型的命名，习惯用针脚数来表示，比如 Socket 1155(LGA 1155) 有 1155 个针脚。针脚数越多，表示主板所支持的 CPU 性能越好。

(3) 支持最高的前端总线：前端总线是处理器与主板北桥芯片或内存控制集线器之间的数据通道，其频率高低直接影响 CPU 访问内存的速度。

(4) 支持最高的内存容量和频率：支持的内存容量和频率越高，计算机性能越好。

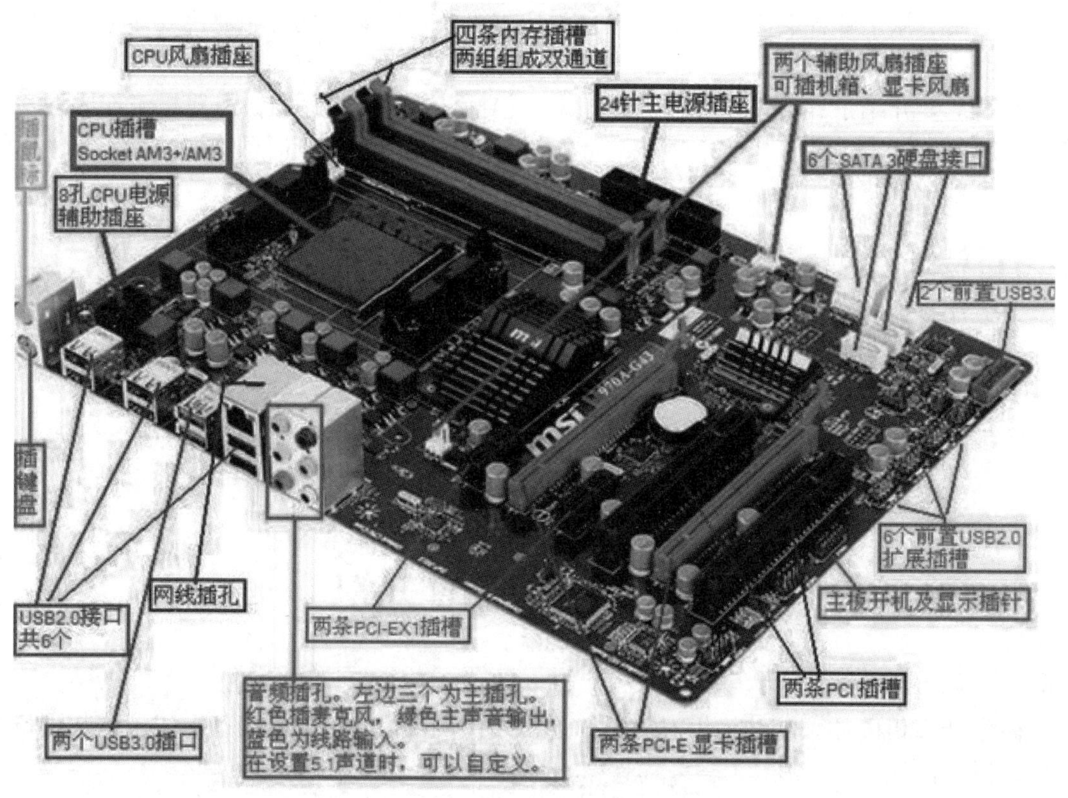


图 1-1　主板

选购主板时应注意：

✧ 对 CPU 的支持程度，主板和 CPU 是否配套，对内存、显卡、硬盘的支持，要求兼容性和稳定性好。

✧ 扩展性能与外围接口，考虑计算机的日常使用，主板上除了有 AGP 插槽和 DIMM 插槽外，还有 PCI、AMR、CNR、SATA、ISA 等扩展插槽。

✧ 主板的用料和制作工艺，就主板电容而言，全固态电容主板优于半固态电容主板。

✧ 品牌，目前知名的主板品牌有华硕（ASUS）、微星（MSI）、技嘉（GIGABYTE）等。

## 2. CPU

中央处理器（CPU）是计算机中的核心配件，只有火柴盒那么大，几十张纸那么厚，但它却是一台计算机的运算和控制中心。计算机中所有操作都由 CPU 负责读取指令、对指令译码并指定执行指令的核心部件，CPU 示意图如图 1-2 所示。

CPU 的性能指标有以下几点。

(1) 主频：也叫时钟频率，单位是 MHz（或 GHz），用来表示 CPU 的运算、处理数据的速度。主频越高，速度越快。由于内部结构不同，并非所有的时钟频率相同的 CPU 的性能都一样。

(2) 缓存：缓存大小也是 CPU 的重要指标之一，并且缓存的结构和大小对 CPU 速度的影响非常大，实际工作时，CPU 往往需要重复读取同样的数据块，而缓存容量的增大，可以大幅度提升 CPU 内部读取数据的命中率，而不用再到内存或者硬盘上寻找，以此提高系统性能。现在 CPU 的缓存分为一级缓存（L1）、二级缓存（L2）、三级缓存（L3）。

图 1-2　CPU 示意图

(3) 核心 / 线程：核心也就是所谓的核心数量，表明 CPU 是几核的，比如双核就是包括 2 个相对独立的 CPU 核心单元组、四核就是包含 4 个相对独立的 CPU 核心单元组等，依次类推。

CPU 的线程数越多，越有利于同时运行多个程序，因为线程数等同于在某个瞬间 CPU 能同时并行处理的任务数。线程数是一种逻辑的概念，简单来说，就是模拟出的 CPU 核心数。一个核心最少对应一个线程，但英特尔有个超线程技术，可以把一个物理线程模拟出两个线程来用，充分发挥 CPU 的性能，即一个核心可以有两个到多个线程。

(4) 字长：CPU 在单位时间内（同一时间）能一次处理的二进制位数叫字长。能处理字长为 8 位数据的 CPU 通常叫作 8 位的 CPU。8 位的 CPU 一次只能处理 1 个字节，字长为 64 位的 CPU 一次可以处理 8 个字节；字长越长，CPU 处理速度越快。

(5) 制造工艺：制造工艺的趋势是向密集度高的方向发展。密集度高的 IC 电路设计，意味着在同样面积的 IC 中，可以拥有密度更高、功能更复杂的电路设计。目前英特尔已经有 14nm 工艺制造的酷睿 i5/i7 系列了。总之，制造工艺越精细，CPU 越好。

选购 CPU 时应注意以下几点。

- ✧ 确定 CPU 的品牌：可以选用英特尔或 AMD，AMD 的性价比较高，而英特尔的稳定性较高。
- ✧ CPU 和主板配套：CPU 的前端总线频率应不大于主板的前端总线频率。

✧ 查看 CPU 的参数：包括构架、主频、前端总线频率、缓存、工作电压等。
✧ 确定 CPU 风扇转速：风扇转得越快，风力越大，降温效果越好。

### 3. 内存条

内存又称为主存，是计算机中重要的部件之一，其功能是暂时存放 CPU 中的运算数据，以及与硬盘等外部存储器交换的数据。计算机所需处理的全部信息都是由内存来传递给 CPU 的，因此，内存的性能对计算机的影响非常大。内存条如图 1-3 所示。

内存的性能指标如下。

(1) 传输类型：传输类型实际上是指内存的规格。目前 DDR、DDR2、DDR3 已经被淘汰，新装机或者笔记本电脑使用的都是 DDR4 内存。DDR4 内存在传输速率、工作频率、工作电压等方面都优于前三者。

(2) 主频：内存主频和 CPU 主频一样，习惯上被用来表示内存的速度，它代表着该内存所能达到的最高工作频率。内存主频是以 MHz（兆赫）为单位来计量的。例如：8GB DDR4 2400MHz，这里的 2400MHz 就是内存频率。理论上内存频率越高，速度越快。同代同容量的内存，频率不同，性能差距并不明显。

(3) 存储容量：即一根内存条可以容纳的二进制信息量，当前常见的内存容量有 4GB、8GB、16GB、32GB 等。目前主流内存基本在 8GB 以上。

图 1-3　DDR4 内存条

选购内存条时应注意：

✧ 确定内存条品牌，最好选择名牌厂家的产品。
✧ 内存容量的大小。
✧ 内存的工作频率，一般入门到主流级的计算机建议选择 2400MHz。

### 4. 硬盘

硬盘是计算机中最重要的外存储器，它用来存放大量数据。硬盘分为机械硬盘和固态硬盘（见图 1-4）。

图 1-4　机械硬盘和固态硬盘示意图

机械硬盘的性能指标有以下几点。

(1) 容量：单碟容量越大，单位成本越低，平均访问时间越短。目前性价比最高的是 1TB、2TB 机械硬盘。

(2) 转速：硬盘内电动机主轴的旋转速度。硬盘的转速越快，其寻找文件的速度也就越快，相对地，硬盘的传输速度也就得到了提高。硬盘转速以每分钟多少转来表示。目前市面上常见的硬盘转速只有两种，分别为 5400 r/min 和 7200 r/min。

(3) 平均访问时间：磁头从起始位置到达目标磁道上找到要读写的数据扇区所需的时间。

(4) 传输速率：指硬盘读写数据的速度单位为兆字节每秒（MB/s）。硬盘的传输速率取决于硬盘接口，常用的接口有 IDE 接口和 SATA 接口，SATA 接口传输速率普遍较高。

(5) 缓存：缓存是硬盘控制器上的一块内存芯片，具有极快的存取速度，它是硬盘内部存储和外界接口之间的缓冲器。一般缓存较大的硬盘在性能上会有更突出的表现。

固态硬盘（SSD）是用固态电子存储芯片阵列制成的硬盘。整个固态硬盘结构没有机械装置，全部由电子芯片及电路板组成。

目前市场常见的固态硬盘接口可以分为三种类型，即 SATA 接口、mSATA 接口、M.2 接口，另外，PCI-E 接口定位高性能计算机，在价格上也偏高。

### 5. 显卡

显卡全称为显示接口卡（Video card，Graphics card），是计算机最基本的配置之一，如图 1-5 所示。显卡作为计算机主机里的一个重要组成部分，承担输出显示图形的任务，对于从事专业图形设计的人来说显卡非常重要。显卡图形芯片供应商主要包括 AMD( 超微半导体 ) 和 Nvidia( 英伟达 )2 家。

图 1-5　显卡

显卡按独立性可以分为集成显卡和独立显卡。

(1) 集成显卡

集成显卡是将显示芯片、显存及其相关电路都集成在主板上，与其融为一体的元件。集成显卡的显示芯片有单独的，但大部分都集成在主板的北桥芯片中；一些主板集成的显卡也在主板上单独安装了显存，但其容量较小，集成显卡的显示效果与处理性能相对较弱，不能对显卡进行硬件升级，但可以通过 CMOS 调节频率或刷入新 BIOS 文件实现软件升级来挖掘显示芯片的潜能。集成显卡的优点是功耗低、发热量小，部分集成显卡的性能已经可以媲美入门级的独立显卡，因此不用花费额外的资金购买独立显卡。集成显卡的缺点是性能相对略低，且固化在主板或 CPU 上，本身无法更换，如果必须换，就只能换主板。

(2) 独立显卡

独立显卡指将显示芯片、显存及其相关电路单独做在一块电路板上，自成一体而作为一块独立的板卡存在，它需占用主板的扩展插槽（ISA、PCI、AGP 或 PCI-E)。独立显卡的优点是单独安装有显存，一般不占用系统内存，在技术上也较集成显卡先进得多，容易进行显卡的硬件升级。

独立显卡的缺点是系统功耗有所加大，发热量也较大，需额外花费购买显卡的资金，同时（特别是对笔记本计算机）占用更多空间。常见显卡品牌：蓝宝石、华硕、迪兰恒进、丽台、索泰、讯景、技嘉、映众、微星、映泰、耕升、旌宇、影驰、铭瑄、翔升、盈通、北影、七彩虹、斯巴达克、昂达、小影霸等。

### 6. 显示器

显示器按其工作原理可分为许多类型，较常见的有阴极射线管显示器 (CRT)、液晶显示器 (LCD)、等离子显示器 (PDP) 等，其中最常用的是 LCD。图 1-6 所示为 CRT，图 1-7 所示为 LCD。与 CRT 相比，LCD 具有体积小、无辐射、耗电量低等优点，目前已成为主流配置。

影响显示器性能的参数主要有大小、分辨率、刷新频率等。

图 1-6　CRT

图 1-7　LCD

## 7. 其他设备

(1) 机箱

机箱作为计算机配件的一部分，它起的主要作用是放置和固定各计算机配件，起到承托和保护作用。此外，计算机机箱具有屏蔽电磁辐射的重要作用。从外观看，机箱包括外壳、各种开关、USB 扩展接口、指示灯等，另外，机箱的内部还包括各种支架。机箱的作用主要有以下两个：第一，它提供空间给电源、主机板、各种扩展板卡、光盘驱动器、硬盘驱动器等存储设备，并通过机箱内部的支撑、支架、各种螺丝或卡子、夹子等连接件将这些零配件牢固地固定在机箱内部，形成一个集约型的整体；第二，它坚实的外壳保护着板卡、电源及存储设备，能防压、防冲击、防尘，并且它还能发挥防电磁干扰和辐射的功能。机箱的品牌较多，常见的品牌主要有爱国者、微星 (MSI)、多彩 (DELUX)、富士康 (Foxconn)、金河田、世纪之星、航嘉 (HuntKey)、新战线、麦蓝、技展等。

(2) 电源

电源是把 220V 交流电转换成直流电，并专门为计算机配件如主板、驱动器、显卡等供电的设备。电源是计算机各部件供电的枢纽，是计算机的重要组成部分，目前计算机电源大都是开关型的。电源的品牌比较多，常见的品牌有航嘉、长城、多彩、金河田、技展、鑫符、冷酷至尊、HKC、新战线等。

(3) 键盘和鼠标

键盘是计算机最常用的输入设备，包括数字键、字母键、功能键、控制键等。

鼠标按键数分类，可以分为传统双键鼠标、三键鼠标和新型的多键鼠标；按内部构造分类，可以分为机械式、光机式和光电式三大类；按接口分类，可以分为 COM、PS/2、USB 三类。

(4) 光驱

光驱是计算机用来读写光盘内容的设备。在安装系统软件、应用软件及进行数据保存等时，经常用到光驱。目前，光驱可分为 CD-ROM 驱动器、DVD 光驱、康宝 (COMBO) 和刻录机等。

## 1.1.2　计算机工作原理

1945 年，美籍匈牙利数学家冯·诺依曼通过分析、总结发现，计算机主要是由运算器、控制器、存储器、输入设备和输出设备五大功能部件组成。计算机根据编制好的程序，通过输入设备向其内部发出一系列指令到存储器中，再根据指令要求对数据进行分析和处理后，通过输出设备将处理结果输出，这一过程称为计算机的工作原理，也称为“冯·诺依曼原理”，如图 1-8 所示。实线表示数据流，虚线表示控制流。即输入设备在控制器控制下输入解题程序和原始数据，控制器从存储器中依次读出程序的一条条指令，经过译码分析，发出一系列操作信号以指挥运算器、存储器等部件完成所规定的操作功能，最后由控制器命令输出设备以适当方式输出最后结果。这一切工作都是由控制器控制、而控制器赖以控制的主要依据则是存放于存储器中的程序。人们常说，现代计算机采用的是存储程序控制方式，就是这个意思。

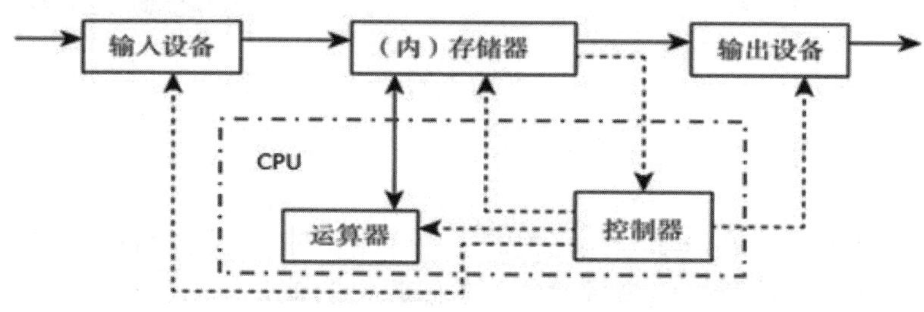


图 1-8　计算机的工作原理

## 1.1.3　计算机的发展与特点

### 1. 计算机的发展

世界上第一台电子计算机是美国宾夕法尼亚大学的一批青年科技工作者在教授莫希利、工程师埃克特带领下，于 1946 年 2 月研制成功的，命名为“ENIAC”，这标志着第一代电子计算机的诞生。如图 1-9 所示，它采用电子管作为计算机的基本元器件，全机用了电子管 18000 个，继电器 1500 个，电容 10000 多只，电阻 7000 多只，占地 170 平方米，重 30 吨，每小时耗电 30 万千瓦，每秒能进行 5000 次加法运算。ENIAC 宣告了一个新时代的开始，从此科学计算的大门也被打开了。

图 1-9　第一台计算机 ENIAC

电子计算机在短短的 70 多年里经过了电子管、晶体管、集成电路（IC）和超大规模集成电路（VLSI）四个阶段的发展，使计算机的体积越来越小，功能越来越强，价格越来越低，应用越来越广泛，目前正朝着智能化（第五代）计算机方向发展。

(1) 第一代电子计算机

第一代电子计算机是从 1946 年到 1958 年，它们以电子管为逻辑元件，体积较大，运算速度较低，存储容量不大，而且价格昂贵。软件方面使用机器语言或者汇编语言编写应用程序，主要用于科学计算和军事方面。

(2) 第二代电子计算机

第二代电子计算机是从 1958 年到 1965 年，它们全部采用晶体管作为电子器件，其运算速度比第一代电子计算机提高了近百倍，体积为原来的几十分之一，在软件方面开始使用计算机算法语言。这一代电子计算机不仅用于科学计算，还用于数据处理和事务处理及工业控制。

(3) 第三代电子计算机

第三代电子计算机是从 1965 年到 1970 年。这一时期的主要特征是以中、小规模集成电路为电子器件，并且出现了操作系统，使计算机的功能越来越强，应用范围越来越广。它们不仅用于科学计算，还用于文字处理、企业管理、自动控制等领域，出现了计算机技术与通信技术相结合的信息管理系统，可用于生产管理、交通管理、情报检索等领域。

(4) 第四代电子计算机

第四代电子计算机是从 1970 年以后以采用大规模集成电路 (LSI) 和超大规模集成电路 (VLSI) 为主要电子器件制成的计算机。这一代电子计算机应用极其广泛，出现了微型计算机，进入了计算机网络时代。软件方面出现了数据库管理系统、网络操作系统和面向对象的语言等。计算机的应用领域从科学计算、事务管理、过程控制逐步走向家庭。在第四代计算机发展过程中，最重要的成就之一表现在中央处理器的体积不断减小，集成度不断提高，运算速度越来越快，计算机逐渐向微型机方向发展，使其逐渐走进办公室、学校和普通家庭。如图 1-10、图 1-11、图 1-12、图 1-13 为日常使用的个人计算机，如台式计算机、一体机、笔记本计算机、平板计算机等，它们都属于微型机。

图 1-10　台式计算机

图 1-11　一体机

图 1-12　笔记本计算机

图 1-13　平板计算机

(5) 第五代电子计算机

第五代电子计算机将信息采集、存储、处理、通信和人工智能结合在一起，具有形式推理、联想、学习和解释能力。它是一种更接近人的人工智能、能“思考”的计算机。它能理解人的语言、文字和图形，人无须编写程序，靠讲话就能对计算机下达命令，驱使它工作。

## 2. 计算机的特点

计算机能得到广泛的应用，与它的特殊性能是分不开的，概括来讲，计算机具有以下特点。

(1) 快速性

计算机运算速度快。运算速度是指每秒钟所能执行的指令条数，一般用“百万条指令/秒”(MIPS) 来描述。目前已高达每秒几十亿次到千万亿次。微型计算机一般采用主频来描述运算速度，主频越高，运算速度越快。

(2) 准确性

计算机运行时精确度高。计算机精确度以机器字长表示，即所能表示数据（二进制数）的位数，目前已达到 64 位。

计算方法科学是人们所共知的事实。由于计算机中的信息采取数字化编码方式，计算的精度取决于运算中数的位数，位数越多则精度越高，采取科学的计算方法，加上高位数的计算功能，保证了计算结果的准确性。

(3) 记忆性

计算机具有同人的大脑一样的记忆功能，即存储文件和数据的功能，它可以把原始数据、中间结果、计算指令等信息存储起来以备调用。一旦在存储器上存入信息，若不受到破坏，便可长期保存。

(4) 逻辑性

计算机不仅能进行计算，还能进行各种逻辑判断，并根据判断的结果自动决定执行的方向。逻辑判断与逻辑运算是计算机的基本功能之一。例如，在计算机运行时，可以根据当前运算的结果或对外部设备测试的结果进行判断，从多个分支的操作中自动地选择一个分支，继续运行下去。

(5) 自动性

计算机内部的操作运算，都是自动控制进行而不需要人工的直接干预。即计算机在运行程序时，不再需要人的干预，程序能连续发出各种指令，控制计算机完成预定的操作任务。它区别于过去的计算工具，也区别于模拟电子计算机。

### 1.1.4 计算机应用领域

计算机问世之初，主要用于数值计算，“计算机”也因此得名。但随着计算机技术的发展，它的应用范围不断扩大，不再局限于数值计算而广泛地应用于自动控制、计算机辅助设计、计算机辅助制造、计算机辅助教学、人工智能、多媒体技术和计算机网络等领域。

(1) 科学计算

科学计算又称数值计算，它是计算机最早的应用领域。科学计算是指计算机用于完成科学研究和工程技术中所提出的数学问题的计算。这类计算往往公式复杂、难度很大，用一般计算工具或人力难以完成。例如，气象预报需要求解描述大气运动规律的微分方程，发射导弹需要计算导弹弹道曲线方程，这都需要通过计算机的高速而精确的计算才能完成。

(2) 信息处理

信息处理是指在计算机上管理、加工各种数据资料，从而使人们获得更多有用信息的过程。例如，企业管理、物资管理、报表统计、账目计算和信息情报检索等都是信息处理。信息处理目前应用最广，占所有应用的 80%左右。

(3) 自动控制

自动控制是指利用计算机对某一过程进行自动操作的行为，它不需要人工干预，能够按人预定的目标和状态进行过程控制，如无人驾驶飞机、导弹和人造卫星等。

(4) 计算机辅助系统

计算机辅助系统包括计算机辅助设计、计算机辅助制造和计算机辅助教学等。其中，计算机辅助设计 (Computer Aided Design, CAD) 指利用计算机来帮助设计人员进行工程设计。计算机辅助制造 (Computer Aided Manufacturing, CAM) 指利用计算机来进行生产设备的管理、控制和操作，它对提高产品质量、降低成本和缩短生产周期等起到了积极的作用。计算机辅助教学 (Computer Assisted Instruction, CAI) 指利用计算机来辅助学生学习，它将教学内容、教学方法以及学生学习情况存储于计算机内，使学生能够从 CAI 系统中学到所需要的知识。

(5) 人工智能

人工智能 (Artificial Intelligence, AI) 指让计算机模拟人类的某些智力行为。例如，可以用计算机模拟人脑的部分功能进行思维、学习、推理、联想和决策，使计算机具有一定的“思维能力”。

(6) 多媒体应用

多媒体 (Multimedia) 是文本、动画、图形、图像、音频和视频等各种媒体的组合物。近年来，多媒体技术被广泛应用于各行各业以及家庭娱乐等。

(7) 计算机网络

计算机网络是现代计算机技术与通信技术高度发展和密切结合的产物。它利用通信设备和线路将地理位置不同、功能独立的多个计算机系统互联起来，实现网络中资源共享和信息传递。例如，全世界最大的计算机网络因特网 (Internet) 把整个地球变成了一个小小的村落，人们可以方便地在网上查询信息、下载资源、通信、学习、娱乐和买卖东西等。

## 1.1.5 计算机的分类

计算机及相关技术的迅速发展带动计算机类型也不断分化，形成了各种不同种类的计算机。计算机按处理对象可分为模拟计算机、数字计算机和混合式计算机。计算机按用途可分为专用计算机和通用计算机。较为普遍的是按照计算机的运算速度、字长、存储容量等综合性能指标，可分为巨型机、大型机、小型机、微型机四类。

(1) 巨型机又称为“超级计算机”或“超级电脑”。巨型机运算速度快，存储量大，结构复杂，价格昂贵，主要用于尖端科学研究领域，如 IBM390 系列、银河机等。

(2) 大 / 中型机也称为“大型计算机”，它包括通常所说的大型机和中型机，有比较完善的指令系统和丰富的外部设备，主要用于计算机网络和大型计算中心中，一般只有大中型企事业单位才有必要配备大型机。

(3) 小型机较之大型机成本较低，维护也较容易，小型机用途广泛，现可用于科学计算和数据处理，也可用于生产过程自动控制和数据采集及分析处理等。通常能满足部门性的要求，为中小企事业单位所采用。

(4) 微型机由微处理器、半导体存储器和输入输出接口等芯片组成，使它较之小型机体积更小、价格更低、灵活性更好，可靠性更高，使用更加方便。目前微型计算机已广泛应用于办公、学习、娱乐等社会生活的方方面面。是发展最快、应用最为普及的计算机。我们日常使用的台式计算机、笔记本计算机、掌上型计算机等都是微型计算机。

工作站（Workstation）一般采用高性能微型计算机。它的运算速度通常比微型计算机要快，要配置大屏幕显示器和大容量的存储器，而且要有比较强的网络通信功能，主要用于特殊的专业领域。例如图像处理、计算机辅助设计、工程设计、动画制作等方面。

## 1.1.6 计算机的发展趋势

当今计算机技术正朝着巨型化、微型化、网络化和智能化方向发展，在未来更有一些新技术会融入计算机的发展中。

(1) 巨型化。指计算机具有极高的运算速度、大容量的存储空间、更加强大和完善的功能，主要用于航空航天、军事、气象、人工智能和生物工程等学科领域。

(2) 微型化。计算机芯片的集成度每 18 个月翻一番。而价格则减一半。这就是信息技术发展功能与价格比的摩尔定律。计算机芯片集成度越来越高，所完成的功能越来越强，使计算机微型化的进程和普及率越来越快。

(3) 网络化。进入 20 世纪 90 年代以来，随着互联网的飞速发展，计算机网络已广泛应用于政府、学校、企业、科研和家庭等领域，智能手机的普及使得无线移动网络快速发展，应用网络变成每时每刻。计算机网络的发展水平已成为衡量国家现代化程度的重要指标。在社会经济发展中发挥着极其重要的作用。

(4) 智能化。智能化指让计算机能够模拟人类的智力活动。如学习、感知、理解、判断和推理等能力；具备理解自然语言、声音、文字和图像的能力；具有说话的能力，使人机能够用自然语言直接对话；它可以利用已有的和不断学习到的知识，进行思维、联想、推理，并得出结论，能解决复杂问题，具有汇集记忆、检索有关知识的能力。各种智能机器人已经开始应用。

从目前计算机的研究情况可以看到，未来计算机将有可能在光子计算机、生物计算机和量子计算机等研究领域上取得重大的突破。

# 1.2　计算机软件知识

## 1.2.1　计算机软件系统

软件是用户与硬件之间的接口界面，是计算机系统必不可少的组成部分，用户主要是通过软件与计算机进行交流。微型计算机的软件系统分为系统软件和应用软件两类。

### 1. 系统软件

系统软件是指控制和协调计算机及外部设备，支持应用软件开发和运行的软件，是无须用户干预的各种程序的集合。应用软件是利用计算机解决某类问题而设计的程序的集合，供多用户使用。例如，文字处理软件、表格处理软件、绘图软件、财务软件、过程控制软件等。

(1) 操作系统

操作系统是控制和管理计算机软硬件资源，以尽量合理有效的方法组织多个用户共享多种资源的程序集合。它是计算机系统中最基本的系统软件，是用户和计算机硬件之间的接口。操作系统的主要功能有处理机管理、存储器管理、设备管理、文件管理和作业管理。操作系统的主要特征为并发性、共享性、不确定性、虚拟性。常用的操作系统有 MS-DOS、Windows 7、Windows 10、Windows Server 2016、UNIX、Linux 等。

(2) 语言编译程序

人和计算机交流信息使用的语言称为计算机语言或程序设计语言。计算机语言通常分为机器语言、汇编语言和高级语言三类。

①机器语言。机器语言是用二进制代码表示的计算机能直接识别和执行的一种机器指令的集合。它是计算机的设计者通过计算机的硬件结构赋予计算机的操作功能。机器语言具有灵活、直接执行和速度快等特点。

②汇编语言。汇编语言是由一组与机器语言指令一一对应的符号指令和一些简单语法组成的，比机器语言更加直观，也易于书写和修改，可读性较好。用汇编语言编写的程序，计算机不能直接识别和执行。只有通过汇编程序翻译成机器语言（称为“目标程序”），然后计算机才能执行。

③高级语言。高级语言比较接近自然语言，便于记忆和掌握，如 Basic 语言、C++ 语言、Java 语言等。但用高级语言编写的程序，计算机也不能直接执行，只有通过编译或解释程序翻译成目标程序，然后计算机才能执行。这种翻译过程一般有解释和编译两种方式。解释程序是将高级语言编写的源程序翻译成机器指令，翻译一条执行一条；而编译程序是将源程序整段地翻译成目标程序，然后执行。

(3) 数据库管理系统

数据库管理系统 (Database Management System, DBMS) 是一种针对数据库，为管理数据库而设计的大型电脑软件管理系统。数据库管理系统是有效地进行数据存储、共享和处理的工具。具有代表性的数据库管理系统有 Oracle、Microsoft SQL Server、Access、MySQL 等。

### 2. 应用软件

应用软件是用户可以使用的各种程序设计语言，以及用各种程序设计语言编制的应用程序的集合，分为应用软件包和用户程序。例如：文字处理软件（Microsoft Word、WPS 等）、表格处理软件（Microsoft Excel）、绘图软件、财务软件、过程控制软件等。

(1) 文字处理软件。文字处理软件主要用于用户对输入到计算机的文字进行编辑，并能将输入的文字以多种字形、字体及格式打印出来。目前常用的文字处理软件有 Microsoft Word、WPS 等。

(2) 表格处理软件。表格处理软件是根据用户的要求处理各式各样的表格并存盘打印出来。目前常用的表格处理软件有 Microsoft Excel 等。

计算机要处理的信息是多种多样的，如日常的十进制数、文字、符号、图形、图像和语言等。但是计算机无法直接“理解”这些信息，因此计算机需要采用数字化编码的形式对信息进行存储、加工和传送。

## 1.2.2　计算机信息的表示

### 1. 数据的表示

(1) 二进制数与计算机

计算机的电子元件间只能识别两种状态，如电流的通断、电平的高低，磁性材料的正反向磁化、晶体管的导通与截止等，这两种状态由“0”和“1”分别表示，形成了二进制数。计算机中所有的数据或指令都用二进制数来表示。但二进制数不便于阅读、书写和记忆，通常用十六进制和八进制来简化二进制数的表达。

(2) 数据单位

计算机中表示数据的单位有位和字节等。

①位（bit）：是计算机处理数据的最小单位，用 0 或 1 来表示，如二进制数“10011101”是由 8 个“位”组成的，“位”常用 b 来表示。

②字节（Byte）：是计算机中数据的最小存储单元，常用 B 表示。计算机中由 8 个二进制位组成 1 个字节，1 个字节可存放 1 个半角英文字符的编码，两个字节可存放 1 个汉字编码。

③存储容量。存储容量是衡量计算机存储能力的重要指标，主要指存储器所能存储信息的字节数。常用的存储容量单位有字节（B）、千字节（KB）、兆字节（MB）、吉字节（GB）、太字节（TB）、拍字节 (PB)、艾字节 (EB)、泽它字节 (ZB，又称皆字节 )、尧它字节 (YB) 等。各单位之间的关系：1Byte=8bit，1KB=1024B，1MB=1024KB，1GB=1024MB，1TB=1024GB，1PB=1024TB，1EB=1024PB，1ZB=1024EB，1YB=1024ZB。

### 2. 进位计数制

在日常生活和计算机中采用的是进位计数制，每一种进位计数制都包含一组数码符号和三个基本因素：

(1) 数码：一组用来表示某种数制的符号。例如，十进制的数码是 0、1、2、3、4、5、6、7、8、9；二进制的数码是 0、1。

(2) 基数：某数制可以使用的数码个数。例如，十进制的基数是 10；二进制的基数是 2。

(3) 位权：数码在不同位置上的权值。例如，十进制数 4567 从低位到高位的位权分别

为 $10^0$、$10^1$、$10^2$、$10^3$。因为：$4567 = 4 \times 10^3 + 5 \times 10^2 + 6 \times 10^1 + 7 \times 10^0$

数的位权表示：某位上的数字乘基数的若干幂次，而幂次的大小由该数字所在的位置决定。

(4) 运算规则：包括进位规则和借位规则。比如十进制可归纳为“逢十进一”和“借一当十”。二进制可归纳为“逢二进一”和“借一当二”。依次类推，任意 N 进制的运算规则为“逢 N 进一”和“借一当 N”。具体见表 1-1。

表 1-1　常用进位计数制的特点比较

| 进位计数制 | 二进制 | 八进制 | 十进制 | 十六制 |
|---|---|---|---|---|
| 数码 | 0，1 | 0～7 | 0～9 | 0～9，A，B，C，D，E，F |
| 基数 | 2 | 8 | 10 | 16 |
| 位权 | $2^n$ | $8^n$ | $10^n$ | $16^n$ |
| 进位规则 | 逢二进一 | 逢八进一 | 逢十进一 | 逢十六进一 |
| 表示形式 | B 或下标 2 | O 或下标 8 | D 或省略或下标 10 | H 或下标 16 |

根据表 1-1，举例几种数制的表示方法如下：

$(1011.101)_2=1\times2^3+0\times2^2+1\times2^1+1\times2^0+1\times2^{-1}+0\times2^{-2}+1\times2^{-3}$

$(274)_8=2\times8^2+7\times8^1+4\times8^0$

$(2EA6)_{16}=2\times16^3+14\times16^2+10\times16^1+6\times16^0$

## 1.2.3　数制间的转换

### 1. 十进制与二进制之间的转换

一个十进制数一般可分为整数和小数两个部分。通常把整数部分和小数部分分别进行转换，然后再组合起来。

(1) 十进制整数转换成二进制整数

采用逐次“除 2 取余”法，即用 2 不断去除要转换的十进制数，直至商为 0 为止。将所得各次余数，以最后余数为最前位，即得所转换的二进制数。

例如，将十进制数 117 转换为二进制整数。

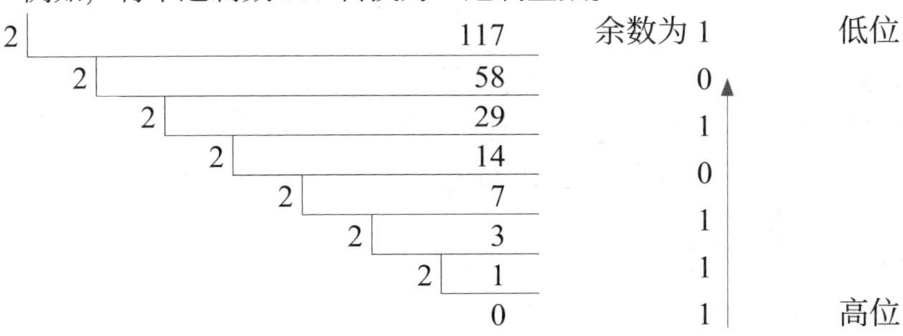


即 $(117)_{10}=(1110101)_2$

(2) 十进制小数转换成二进制小数

采用逐次“乘 2 取整”法，即用 2 不断地乘要转换的十进制小数，直至所得积数为 0 或小数点后的位数达到要求为止。把每次乘积的整数部分，以第一个整数为最高位，依次排列，即可得到要转换的二进制小数。

例如，将十进制小数 0.6875 转换成二进制数。

```
      0. 6875
×          2                        高位
      1. 3750     整数部分为 1    │
      0. 3750                     │
×          2                      │
      0. 7500     整数部分为 0    │
×          2                      │
      1. 5000     整数部分为 1    │
      0. 5000                     │
×          2                      │
      1. 0000     整数部分为 1    ▼   低位
```

即 $(0.6875)_{10}=(0.1011)_2$

(3) 任意十进制数转换成二进制数

对于既有整数部分又有小数部分的十进制数，可以将其整数部分和小数部分分别转换成二进制数，再把两者组合起来。

例如，将十进制数 117.6875 转换成二进制数。

$$\begin{aligned}(117.685)_{10} &= (117)_{10}+(0.6875)_{10}\\ &= (1110101)_2+(0.1011)_2\\ &= (1110101.1011)_2\end{aligned}$$

(4) 二进制数转换成十进制数

将二进制数按“权”展开，然后将各项相加。

例如，将 $(10111.1011)_2$ 转换成十进制数。

$$\begin{aligned}(10111.1011)_2 &= 2^4+2^2+2^1+2^0+2^{-1}+2^{-3}+2^{-4}\\ &= 16+4+2+1+0.5+0.125+0.0625\\ &= (23.6875)_{10}\end{aligned}$$

## 2. 二进制数与八进制数之间的转换

(1) 二进制数转换为八进制数

二进制数与八进制数之间的相互转换是十分方便的，因为三位二进制位相当于一位八进制位。因此，二进制数转换为八进制数可用“三位一并法”，即把待转换的二进制数从小数点开始，分别向左、右两个方向每三位一组（最后不足三位数补“0”），然后对每三位二进制数用相应的八进制数码表示。

例如，将二进制数 11001011.01011 转换成八进制数。

```
011  001  011  .  010  110
 3    1    3   .   2    6
```

即 $(11001011.01011)_2=(313.26)_8$

(2) 八进制数转换为二进制数

八进制数转换为二进制数，其方法为上述转换的逆过程，即每一位八进制数码用三位二进制数码表示，也就是“一分为三”的方法。

例如，将八进制数 245.36 转换为二进制数。

2　4　5　.　3　6

↓　↓　↓　　↓　↓

010　100　101　.　011　110

即 $(245.36)_8=(10100101.01111)_2$

### 3. 二进制数与十六进制数之间的转换

(1) 二进制数转换成十六进制数

因为四位二进制数对应一位十六进制数，因此，把二进制数转换为十六进制数可用“四位一并法”，即把待转换的二进制数从小数点开始，分别向左、右两个方向每四位为一组（最后不足四位数补“0”），然后对每四位二进制数用相应的十六进制数码表示。

例如，将二进制数 11001011.01011 转换为十六进制数。

1100　1011　.　0101　1000

C　B　.　5　8

即 $(11001011.01011)_2=(CB.58)_{16}$

(2) 十六进制数转换为二进制数

十六进制数转换为二进制数，其方法是上述转换的逆过程，即将每一位十六进制数码用四位二进制数码表示，也就是“一分为四”的方法。

例如，将十六进制数 1A5.C2 转换成二进制数。

1　A　5　.　C　2

↓　↓　↓　↓　↓

0001　1010　0101　.　1100　0010

即 $(1A5.C2)_{16}=(110100101.1100001)_2$

# 本章习题

## 一、单选题

1. 在计算机内部，一切信息的处理、存储和传输都是以 ( ) 进行的。

A.ASCII 码 B. 二进制 C. 八进制 D. 国标码

2. 计算机硬件的组成部分主要包括运算器、( )、存储器、输入设备和输出设备。

A. 控制器 B. 显示器 C. 磁盘驱动器 D. 鼠标器

3. 1946 年在美国研制成功的世界上第一台电子计算机是 ( )。

A. ENIAC B.EDVAC C.EDSAC D. MARK

4. 主要决定微型计算机性能的是 ( )。

A.CPU B. 耗电量 C. 质量 D. 价格

5. 电子计算机的发展过程经历了四代，其划分依据是 ( )。

A. 构成计算机的电子元件 B. 计算机速度 C. 计算机体积 D. 内存容量

6. 冯・诺依曼为现代计算机的结构奠定了基础，他的主要设计思想是 ( )。

A. 采用电子元件 B. 存储程序 C. 虚拟存储 D. 数据存储

7. 计算机能处理的最小数据单位 ( )。

A.ASCII 码字符 B. 字节 C. 字符串 D. 二进制单位

8. 目前微型计算机普遍采用的逻辑元器件是 ( )。

A. 电子管 B. 大规模和超大规模集成电路 C. 晶体管 D. 小规模集成电路

9. 计算机能够直接执行的计算机语言是（ ）。

A. 汇编语言 B. 机器语言 C. 高级语言 D. 自然语言

10. 二进制数 11100011 转换成十进制数为 ( )。

A.157 B.159 C.227 D.228

11. 主频是计算机的重要指标之一，它的单位是 ( )。

A.MHz B.MB C.MIPS D.MTBF

12. 下列叙述中错误的是 ( )。

A. 内存容量是指微型计算机硬盘所能容纳信息的字节数

B. 微处理器的主要性能指标是字长和主频

C. 微型计算机应避免强磁场的干扰

D. 微型计算机机房湿度不宜过大

13. 操作系统是计算机系统中的 ( )。

A. 核心系统软件 B. 关键的硬件部件 C. 广泛使用的应用软件 D. 外部设备

14. 下列属于计算机的输入设备的是 ( )。

A. 显示器 B. 绘图仪 C. 条形码阅读器 D. 音箱

15. 系统软件中最重要的是 ( )。

A. 语言处理程序 B. 操作系统 C. 工具软件 D. 数据库管理系统

## 二、填空题

1. 计算机软件指的是______和文档的集合。

2. ______储存器内所存的数据在断电之后不会丢失。

3. 储存容量的 1MB 等于______ KB。

4. $(219)_{10}$ 转换为二进制数为______。

5. 在同一台计算机中，内存存取速度比外存______。

6. 在计算机硬件设备中，______、______合在一起称为中央处理器，简称 CPU。

7. 计算机能够直接执行的程序，在机器内部是以______编码形式表示的。

8. 表示 7 种状态至少需要______位二进制数。

9. 在 CPU 中，用来暂时存放数据、指令等各种信息的部件是______。

10. 微型计算机中，显示器和打印机都是______设备。

## 三、简答题

1. 配置一台计算机需要哪些硬件设备?

2. 存储器的容量单位有哪些?

3. 计算机硬件系统由哪些部分组成?

4. 电子计算机的发展经历了哪几个阶段?

5. 计算机的应用领域主要有哪些?

# 本章实训

小张是某公司采购部的 A 组组长，现在公司需要采购一批办公用计算机，部门经理安排小张带领 A 组完成此项目，共有两项任务。

## 实训 1　填写采购配置清单

**任务要求:**

1. 根据价格预期，初步填写配置清单。

2. 根据使用要求，修改配置清单。

3. 进行市场价格调研，完善配置清单。

4. 组内讨论，最终确定采购配置清单。

## 实训 2　填写需要安装的常用软件清单

**任务要求:**

1. 讨论公司办公所需的常用办公软件并记录。

2. 比较不同杀毒软件，确定需要安装的杀毒软件。

3. 组内讨论，最终确定并填写软件清单。

# 第 2 章　Windows 10 操作系统

## 学习导读

Windows 10，是由微软公司（Microsoft）开发的操作系统，应用于计算机和平板计算机等设备。

Windows 10 在易用性和安全性方面有了极大的提升，除了针对云服务、智能移动设备、自然人机交互等新技术进行融合外，还对固态硬盘、生物识别、高分辨率屏幕等硬件进行了优化完善与支持。

## 学习目标

- 能够独立进行 Windows 10 操作系统的安装、升级及清理遗留数据。
- 熟练掌握 Windows 10 的新功能：“开始”菜单、虚拟桌面、分屏多窗口、操作中心。
- 熟练掌握 Windows 10 操作系统的桌面、窗口、文件的基本操作及软件的安装与管理。
- 能够个性化设置 Windows 10 操作系统。

## 2.1　Windows 10 操作系统的安装与升级

### 2.1.1　操作系统概述

操作系统，就是管理计算机软硬件资源，为用户提供良好的人机交互界面的系统软件。它是计算机软件系统的核心。

#### 1. 操作系统的功能

操作系统的主要任务是有效管理计算机系统资源，提供友好便捷的用户接口。它具有五大功能：处理机管理、存储器管理、文件管理、设备管理和作业管理。

(1) 处理机管理

就是在多进程间进行 CPU 的合理分配与调度。其是操作系统的核心。

(2) 存储器管理

为各个进程分配合理的存储器（内存）空间，使各进程的存储区互不侵犯。

(3) 文件管理

为用户提供一个简单、统一的访问文件的方法，而不必了解文件具体是如何存放的。

(4) 设备管理

负责对计算机系统的外部设备进行有效的管理，使用户方便使用外部设备，提高 CPU 和设备的利用率。

(5) 作业管理

作业是指用户向计算机提出的各种操作要求。作业管理的功能是提供用户与计算机系统的接口，使用户方便地运行自己的程序，并对系统中所有用户作业进行统一组织管理，以提高整个系统的运行效率。

### 2. 操作系统的分类

对操作系统进行严格的分类是困难的，现在一般从以下几个方面进行分类：

(1) 从用户界面上来分

微机操作系统可以分为字符界面和图形界面两种。DOS 是字符界面的操作系统，DOS 系统上的所有操作都是通过文字形式的命令来实现的，对用户的要求较高；Windows 是基于图形界面的操作系统，因其直观、形象的用户界面，简单的操作方法，使用户十分容易使用，成为目前应用最广泛的一种操作系统。

(2) 从使用的操作环境和功能特征来分

可分为批处理系统、分时操作系统和实时操作系统、嵌入式操作系统、网络操作系统。

(3) 从同时管理的用户数和任务数来分

有单用户单任务操作系统，典型代表是 DOS 操作系统；单用户多任务操作系统，典型代表是 Windows 7 以下版本的操作系统，高版本的 Windows 操作系统已经允许多用户了；多用户多任务网络操作系统，如 UNIX；多用户多任务开放式网络操作系统，如 Linux。而 Android 是一种基于 Linux 的自由及开放源代码的操作系统，主要用于移动设备。

Windows 10 是微软公司继 Windows 2000/XP/Vista/7/8 操作系统之后推出的新一代 Windows 操作系统版本。

## 2.1.2 操作系统安装前的准备工作

### 1. 检查计算机的硬件配置

Windows 10 操作系统对计算机的硬件配置要求不是很高，其对计算机的最低硬件配置要求见表 2-1，为了提高计算机的运行速度，建议使用稍微高一点的计算机硬件配置。

表 2-1 最低硬件配置要求

| | |
|---|---|
| 处理器 | 1 GHz 或更快的处理器或 SoC |
| 内存 | 1 GB（32 位）或 2 GB（64 位） |
| 硬盘空间 | 16 GB（32 位）或 20 GB（64 位） |
| 显卡 | Microsoft DirectX 9.0 或更高版本（包含 WDDM 1.0 驱动程序） |

### 2. 制作 U 盘系统启动盘和安装盘

由于现在所有的计算机几乎都带有 USB 接口，却不一定带有光驱，并且 U 盘携带方便，所以学生使用 U 盘来安装操作系统是最常见的。制作步骤如下：

步骤 1：准备好一个不小于 4GB 的 U 盘。

步骤 2：安装 U 盘系统启动制作软件。下载“U 盘启动系统制作安装包”到计算机上，并运行它，即安装到电脑上。

步骤 3：制作 U 盘启动盘。运行上面安装的制作程序，插入 U 盘，会自动找到 U 盘，如果没有自动找到，可手动查找，然后单击制作即可。

步骤 4：到系统之家下载一个需要的 Windows 10 系统安装包（ISO 文件），可以保存到 U 盘上，也可以保存到要安装系统的硬盘上。

步骤 5：用 U 盘引导启动计算机，根据向导进行系统安装即可。

### 3. 准备安装盘

准备 Windows 10 操作系统安装光盘或带引导系统的 U 盘安装盘。

### 4. 设置计算机 BIOS 第一启动设备

步骤 1：启动主机电源，迅速按下进入 BIOS 设置的功能键。主板型号不同，按键不一样，常见的有 Del、F1、F2、F10、F12 或 Esc 键等，可根据启动提示或查看机型说明获知。

步骤 2：进入 BIOS 界面后，使用键盘的左右方向键，选择 Startup 选项，再使用键盘的上下方向键，选择 Primary Boot Sequence（主要启动顺序），进入设置明细界面，通过按小键盘的“+”和“–”（加减号）来实现顺序的改变，将光驱所连接的 SATA 设置为第一个（若是用 U 盘安装，则将 USB KEY 设置为第一个，有的计算机可能是 USB HDD）。然后，切换到 Exit 界面，选择保存并退出（Save Changes and Exit）即可，也可以使用快捷键 F10 来保存退出。

## 2.1.3　安装 Windows 10 操作系统

### 1. 启动安装系统，收集信息

步骤 1：将 Windows 10 操作系统的安装光盘放入光驱中，重新启动计算机，出现“Press any key to boot from CD or DVD...”提示后，按任意键从光盘启动安装。或者将带引导系统的 U 盘插入计算机，重新启动计算机，从 U 盘启动安装。

步骤 2：进入启动界面。系统自动加载安装文件，此时用户不需要执行任何操作。

步骤 3：选择安装语言。弹出“Windows 安装程序”界面，设置语言、国家、输入法，单击“下一步”按钮，如图 2-1 所示。

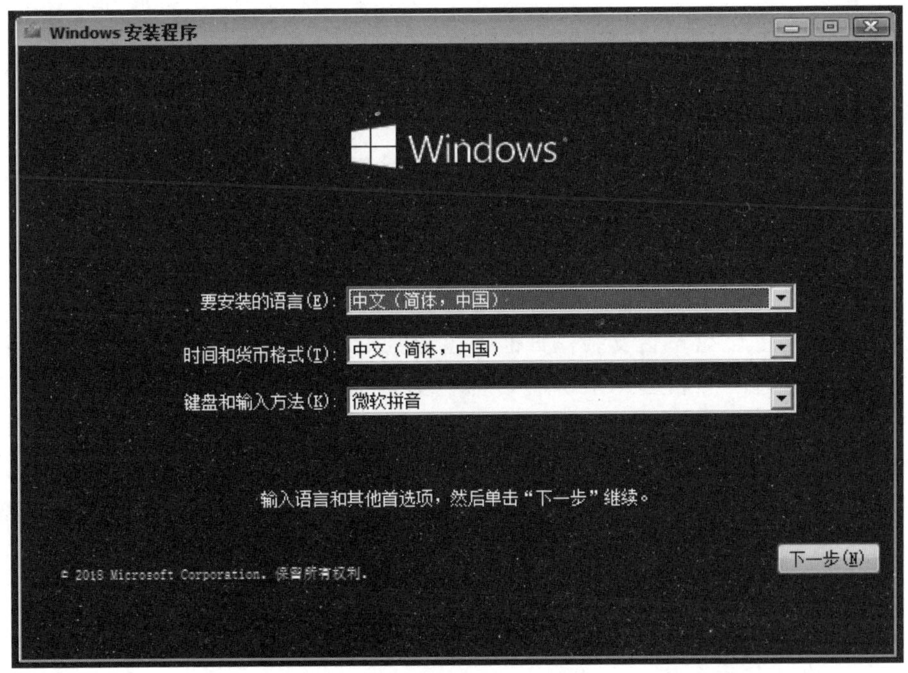


图 2-1　选择安装语言

步骤 4：进入安装界面。如果要立即安装 Windows 10，则单击“现在安装”按钮，如果要修复系统错误，则单击“修复计算机”选项，这里单击“现在安装”按钮。

步骤 5：进入“激活 Windows”界面。输入购买 Windows 10 系统时微软公司提供的密钥，单击“下一步”按钮。若用户暂时没有产品密钥，可单击“跳过”按钮，暂不激活系统，等待安装完成后再激活。

步骤 6：选择系统版本。在对话框中选择需要安装的系统版本，单击“下一步”按钮。目前系统版本有 Windows 10 家庭版、Windows 10 专业版、Windows 10 企业版、Windows 10 教育版、Windows 10 移动版、Windows 10 移动企业版及 Windows 10 物联网版。

步骤 7：同意许可条款。单击选中“我接受许可条款”复选项，单击“下一步”按钮。

步骤 8：选择安装类型。如果要采用升级的方式安装 Windows 系统，可以单击“升级”选项。全新安装单击“自定义：仅安装 Windows（高级）”选项，如图 2-2 所示。

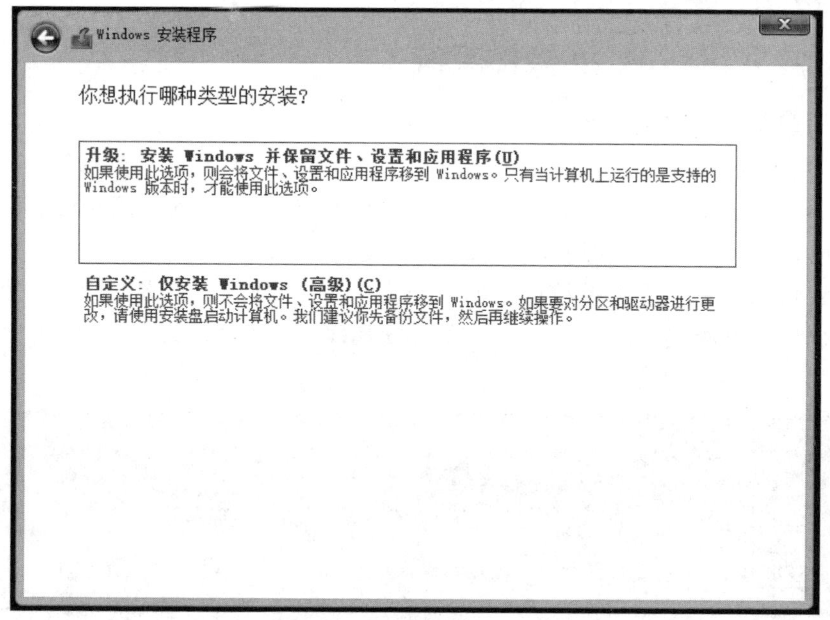


图 2-2　选择安装类型界面

### 2. 磁盘分区，选择安装位置

系统默认安装在 C 盘，若安装在其他硬盘分区中，应将该分区格式化处理。若是新计算机，先将硬盘分区，然后选择系统盘 C 盘。安装 Windows 10 操作系统时，建议系统盘容量在 50GB 以上。

步骤 1：新硬盘分区操作。进入“你想将 Windows 安装在哪里？”界面，此时的硬盘是没有分区的新硬盘，首先要进行分区操作。如果是已经分区的硬盘，只需要选择要安装的硬盘分区，单击“下一步”按钮即可。这里单击“新建”按钮，如图 2-3 所示。

图 2-3　新硬盘分区操作

步骤 2：设置分区大小参数。在“大小”文本框中输入磁盘大小，单击“应用”按钮，如图 2-4 所示。

图 2-4　设置分区大小参数

步骤 3：选择系统安装位置。选择需要安装系统的分区，单击“下一步”按钮，如图 2-5 所示。

图 2-5　选择系统安装位置

### 3. 自动进行 Windows 安装

安装期间，系统会自动重启计算机数次，用户不需手动重启。

步骤 1：进入“正在安装 Windows”界面，如图 2-6 所示。

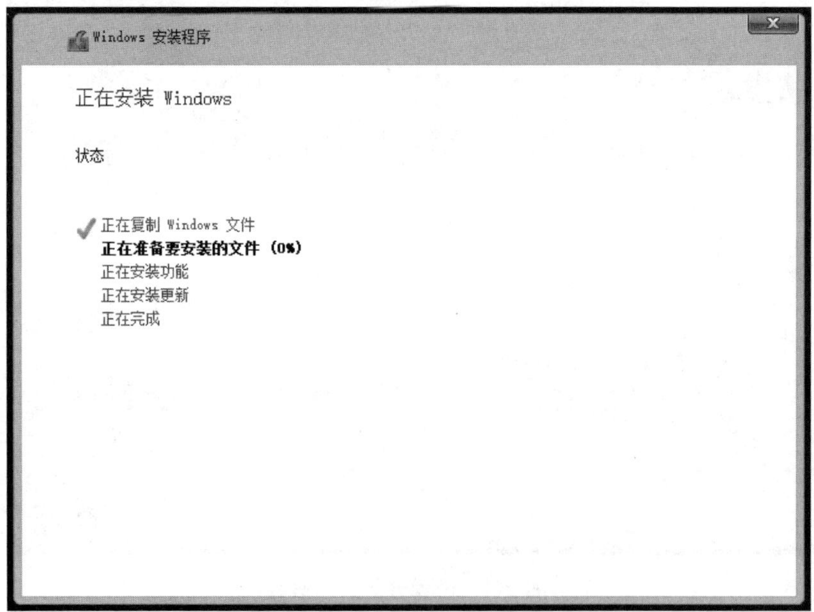


图 2-6 “正在安装 Windows”界面

步骤 2：进入系统设置。安装主要步骤完成之后，进入后续设置阶段，可直接单击“使用快速设置”来使用默认设置，也可以使用“自定义”来逐项安装。

步骤 3：设置计算机所有者。在“谁是这台计算机的所有者？”界面选择“我拥有它”选项，单击“下一步”按钮。

步骤 4：设置 Microsoft 账户。在“个性化设置”界面，用户可以输入 Microsoft 账户，如果没有，单击“创建一个”超链接进行创建。如果没有网络，可以单击“跳过此步骤”链接，这里单击“跳过此步骤”链接。

步骤 5：创建计算机账户。进入“为这台计算机创建一个账户”界面，输入要创建的用户名、密码和提示内容，单击“下一步”按钮。

步骤 6：系统安装完成后，进入欢迎界面，再进入系统桌面，安装程序还会根据用户的显示器及显卡的性能自动调整最合适的屏幕分辨率，如图 2-7 所示。

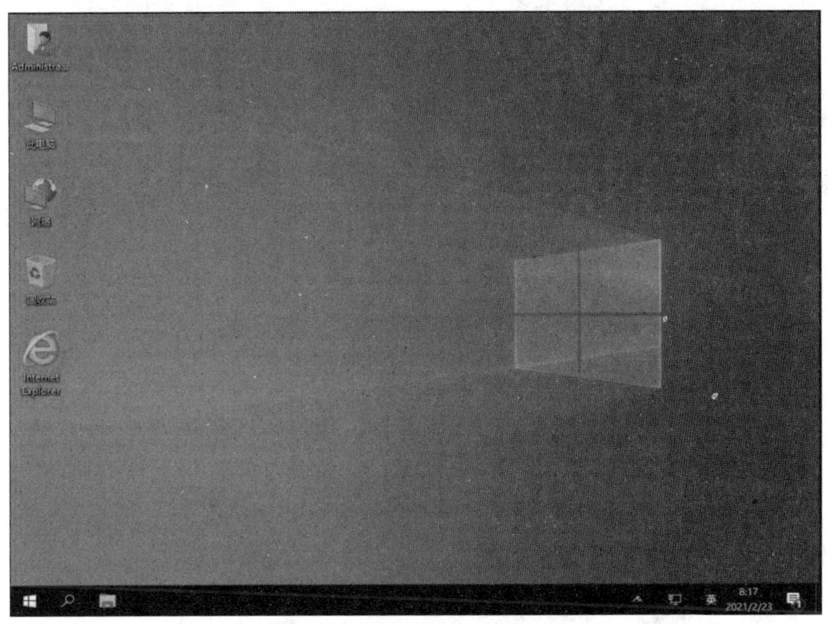


图 2-7　Windows 10 系统桌面

### 2.1.4　查看 Windows 10 激活状态及版本信息

安装 Windows 10 操作系统后，可以查看 Windows 10 是否已经激活，如果没有激活，将会影响操作系统的正常使用。

步骤 1：按快捷键 Windows+I，打开“设置”面板，单击“更新和安全”选项。

步骤 2：进入“设置—更新和安全”面板，单击“激活”选项，即可在右侧显示 Windows 10 操作系统的激活状态，如图 2-8 所示。

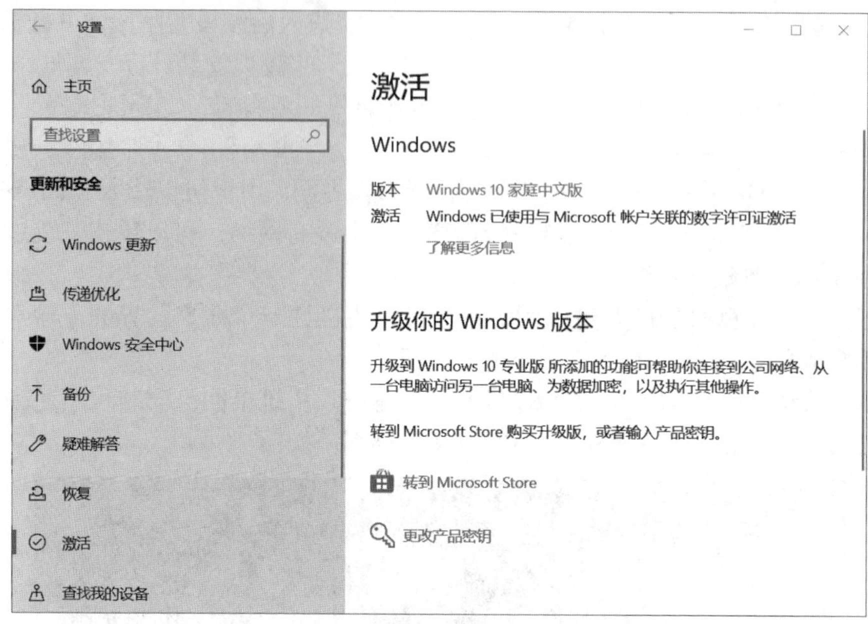


图 2-8　激活选项

步骤 3：查看系统的版本信息。按快捷键 Windows+E，进入“文件资源管理器”窗口，单击“文件”选项卡，在弹出的列表中选择“帮助”→“关于 Windows”命令，如图 2-9 所示。

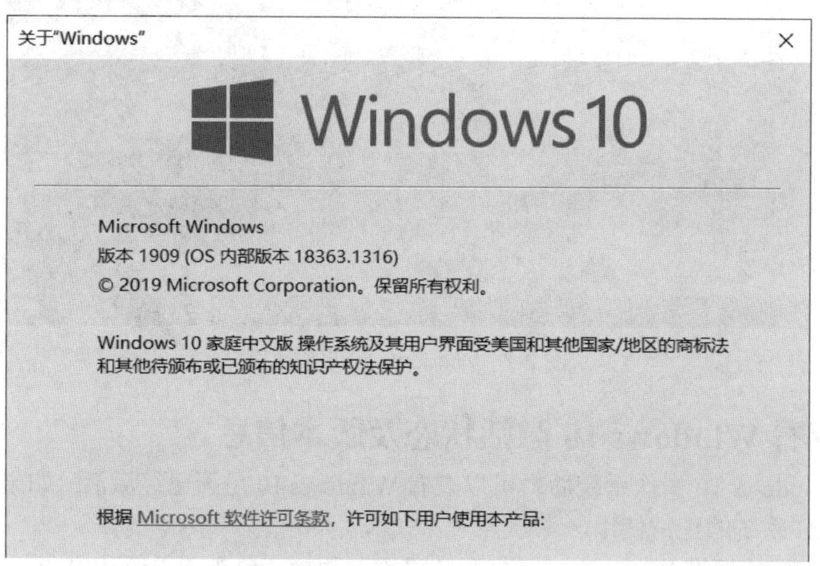


图 2-9　查看系统的版本信息

## 2.1.5　升级 Windows 10 系统到最新版本

Windows 10 推出新版本后，用户可以手动进行更新，这样能够确保自己第一时间体验新功能。更新到最新版本的方法主要有以下两种。

### 1. 使用微软 Microsoft 官网更新助手

步骤 1：打开微软软件下载页面（www.microsoft.com/zh-cn/software-download/windows10），单击页面中的“立即更新”超链接，如图 2-10 所示。

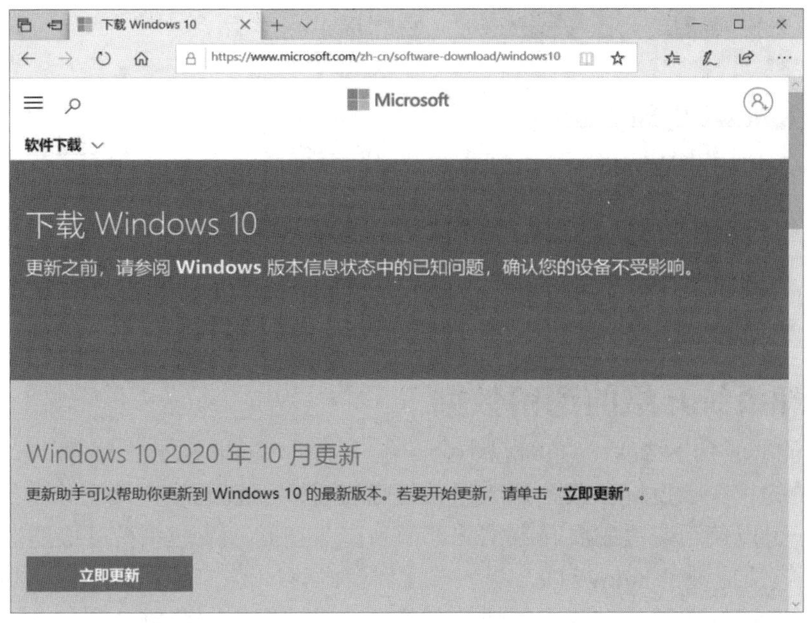


图 2-10　官网更新界面

步骤 2：在页面下方弹出的对话框中，单击“运行”按钮，即可下载并运行更新助手工具，如图 2-11 所示。

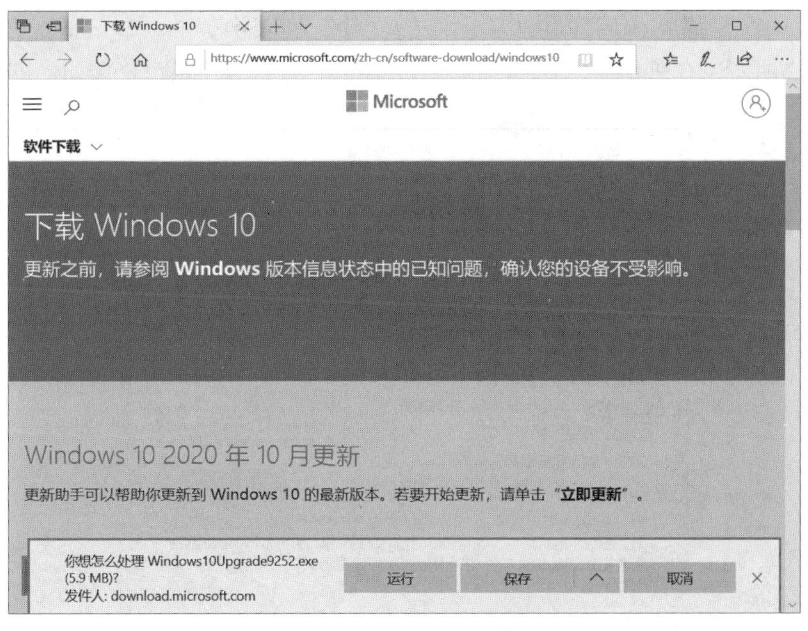


图 2-11　下载并运行更新工具

步骤 3：在弹出的“微软 Windows 10 易升”软件对话框中，单击“立即更新”按钮。

步骤 4：在软件检测电脑的兼容性后，如果 CPU、内存及磁盘空间正常，则可直接单击“下一步”按钮。如果检测后发现不满足条件，则根据提示进行操作，如释放磁盘空间。

步骤 5：软件下载 Windows 10 更新，并显示进度。如果当前电脑有其他操作，可单击“最小化”按钮，将其缩小到通知栏中。

步骤 6：更新完成后，进入系统桌面，看到提示。单击“退出”按钮，即可完成系统升级。

**2. 使用“Windows 更新”功能**

步骤 1：按快捷键 Windows+I，打开“设置”面板，然后单击“更新和安全”选项。

步骤 2：进入“设置—更新和安全”面板，单击“Windows 更新”选项，在右侧区域单击“检查更新”按钮，进行系统检查。

步骤 3：根据提示升级即可，可以根据个人情况选择“下载”或“下载并安装”。

步骤 4：更新升级完成后，可选择“查看更新历史记录”。

## 2.1.6 清理系统升级的遗留数据

升级 Windows 10 系统后，系统盘中会产生一个“Windows.old”文件夹，该文件夹保留了之前系统的相关数据，不仅占用大量系统盘容量，而且无法直接删除。如果不需要执行回退操作，可以使用磁盘工具将其清除，节省磁盘空间，清理系统升级遗留数据。

步骤 1：按快捷键 Windows+E，进入“文件资源管理器”窗口，单击“此电脑”选项，在系统盘上单击鼠标右键，在弹出的快捷菜单中选择“属性”菜单命令。

步骤 2：在“属性”对话框中，单击“常规”选项卡下的“磁盘清理”按钮。

步骤 3：弹出“磁盘清理”对话框，系统将开始扫描系统盘。扫描完成后，弹出“磁盘清理”对话框，两次单击“清理系统文件”按钮。

步骤 4：两次扫描系统后，在“要删除的文件”列表中勾选“Windows 更新清理”选项，如图 2-12 所示，在弹出的“磁盘清理”提示框中，单击“确定”按钮，即可进行清理。

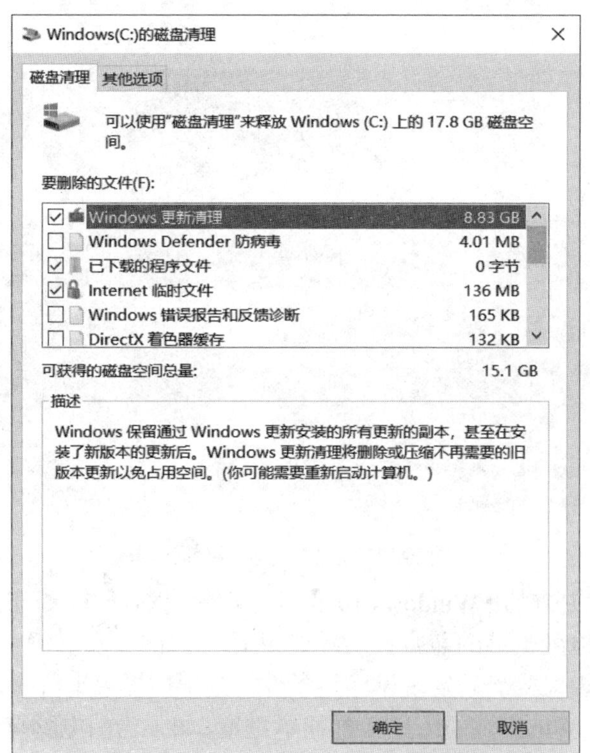


图 2-12　释放 Windows 更新清理

# 2.2　认识 Windows 10 新功能

## 2.2.1　体验全新的“开始”菜单

Windows 10 操作系统中出现了全新的“开始”菜单，新的“开始”菜单与旧的“开始”菜单相似，但增添了 Windows 8 的磁贴功能。实际使用起来，全新的“开始”菜单相对旧的“开始”菜单具有很大的优势，因为“开始”菜单照顾到了桌面和平板电脑用户。

### 1. 认识全新的“开始”菜单

单击桌面左下角的“开始”按钮 ⊞，弹出“开始”工作界面。其主要由“展开 / 开始按钮”“固定项目列表”“应用列表”“动态磁贴面板”等组成，如图 2-13 所示。

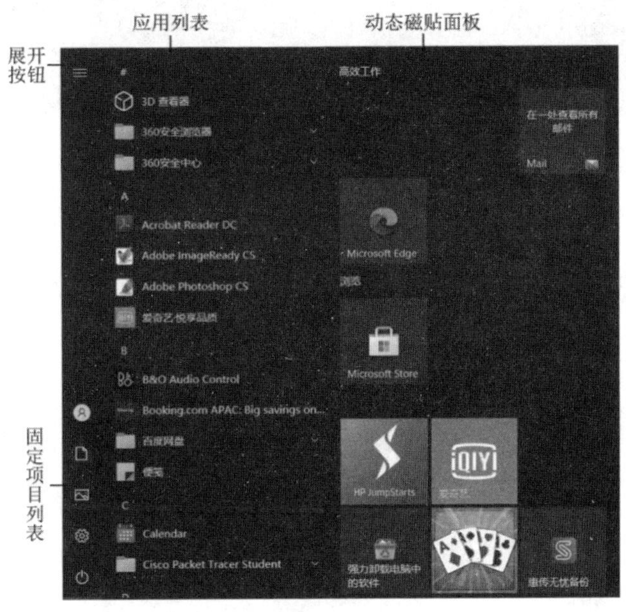


图 2-13　全新的“开始”菜单

“展开”按钮：可以展开显示所有固定项目的名称。

“固定项目列表”：包含了“用户”“文档”“图片”“设置”“电源”按钮。

“应用列表”：显示计算机中的应用程序。

“动态磁贴面板”中的信息是活动的，在任何时候都显示正在发生的变化，其功能和快捷方式相似。

“开始”屏幕中包含多个动态磁贴和应用程序的快捷图标，方便用户快速启动常用应用程序。

### 2. 将常用应用程序固定到“开始”屏幕

用户可以将常用应用程序固定到“开始”屏幕中，方便快速查找与打开。具体操作步骤如下。

步骤 1：在应用列表中，选中需要固定到“开始”屏幕中的程序，右击该程序，在弹出的快捷菜单中选择“固定到‘开始’屏幕”选项，如图 2-14 所示，效果如图 2-15 所示。

图 2-14　固定到“开始”屏幕

图 2-15　固定到“开始”屏幕效果

步骤 2：如果想要将某个程序从“开始”屏幕中删除，可在“开始”屏幕中选中程序图标，右击，选择“从‘开始’屏幕取消固定”选项即可。

### 3. 打开与关闭动态磁贴

动态磁贴可以帮助用户及时了解应用的更新信息与最新动态。打开与关闭动态磁贴操作方法如下。

打开操作：右击需要打开的动态磁贴图标，在弹出的快捷菜单中选择“更多”→“打开动态磁贴”。

关闭操作：右击需要关闭的动态磁贴图标，在弹出的快捷菜单中选择“更多”→“关闭动态磁贴”。

### 4. 整理“开始”屏幕

“开始”菜单中的磁贴过多，会影响用户的使用效率。可通过删除不常用的磁贴、新建磁贴组、调整磁贴组等来提高用户体验感。

步骤 1：删除不常用的磁贴。右击不常用磁贴，在弹出的快捷菜单中选择“从‘开始’屏幕取消固定”。

步骤 2：新建磁贴组。将同一类的磁贴移到空白区域，当出现灰色栏时释放鼠标。将指针移动到“命名组”栏，单击“命名组”右侧的“=”按钮，单击定位插入点，输入新的名称，然后按 Enter 键确认，如图 2-16 所示。

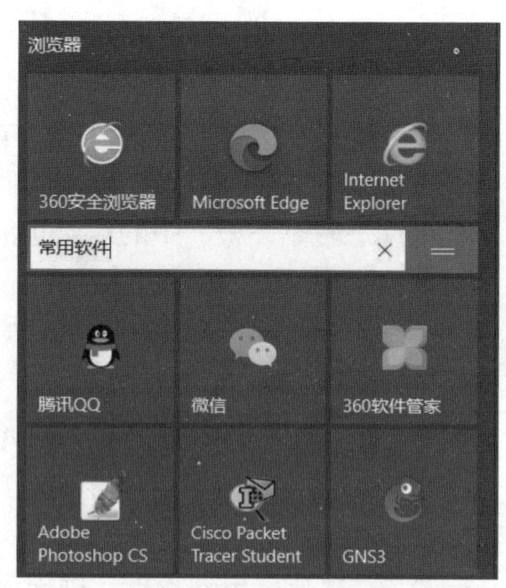


图 2-16　重命名磁贴组

步骤 3：调整磁贴组。将同类目标的磁贴拖曳至目标磁贴组。同时，可通过右击磁贴，在弹出的快捷菜单中选择“调整大小”命令，进行大小调整。

## 2.2.2　合理使用虚拟桌面功能

Windows 10 虚拟桌面（多桌面）功能打破传统一用户一桌面的形式，增加同一个用户多个桌面环境，加强了可选择性。下面以创建一个办公桌面和一个娱乐桌面为例，来介绍多桌面的使用方法与技巧。

步骤 1：单击任务栏搜索框右侧的“任务视图”按钮 ，进入虚拟桌面操作界面，如图 2-17 所示。

图 2-17　虚拟桌面操作界面

步骤 2：单击“新建桌面”按钮，系统自动新建一个桌面，命名为“桌面 2”。

步骤 3：进入桌面 1，在其中右击任意窗口图标，在弹出的快捷菜单中选择“移动到”→“桌面 2”选项，即可将该窗口图标移动到桌面 2 中，如图 2-18 所示。

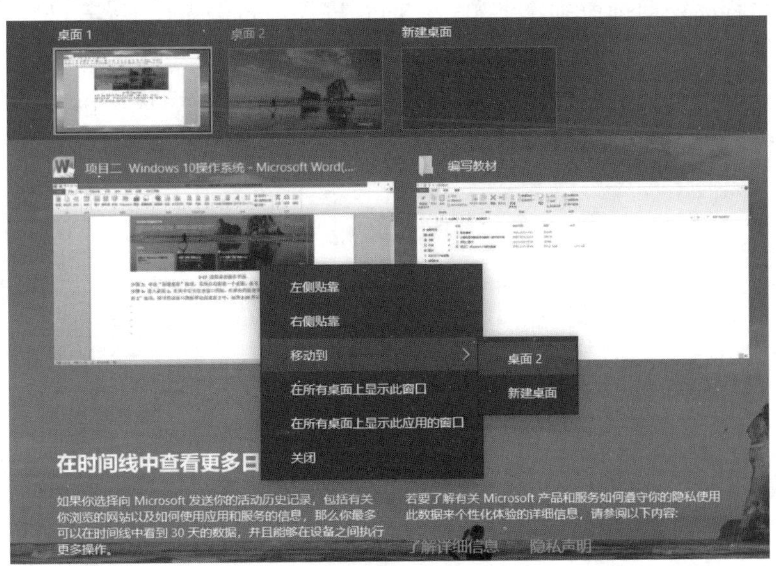


图 2-18　移动到桌面

步骤 4：按快捷键 Windows+Tab 即可打开虚拟桌面视图窗口，按快捷键 Windows+Ctrl+ 左 / 右方向键可以快速向左向右切换虚拟桌面。

## 2.2.3 分屏多窗口功能

在工作中，用户经常会打开多个程序或窗口，并不停地切换。Windows 10 系统中分屏功能可以在桌面同时显示多个窗口，方便用户切换。下面以将屏幕分成三区，显示三个窗口为例，介绍分屏多窗口的使用方法。

步骤 1：拖曳一个程序窗口到屏幕右侧，当出现窗口停靠虚框时释放鼠标即可。

步骤 2：此时程序窗口将停靠在桌面右侧，占据一半的屏幕，另一半则会显示其他打开了的窗口，如图 2-19 所示。

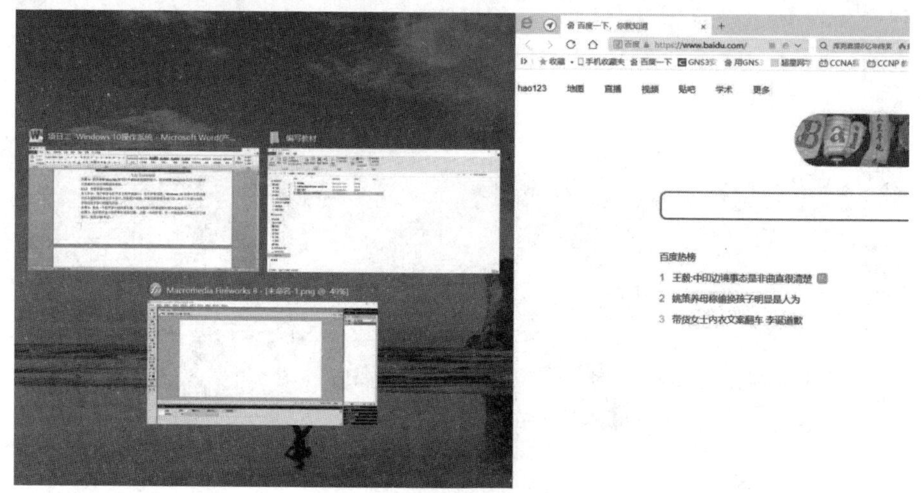


图 2-19 屏幕分两屏效果

步骤 3：单击其中的某一个窗口缩略图，此时选择的窗口将停靠到桌面左侧，占满剩余的屏幕部分。若单击左侧空白位置，则将退出停靠状态。

步骤 4：将程序窗口拖曳到左上角，此时程序窗口将停靠在屏幕的左上方，并在下方显示其他程序窗口。

步骤 5：在左下方显示的程序图标上单击需要显示的程序缩略图，即可将窗口停靠在左下方，如图 2-20 所示。

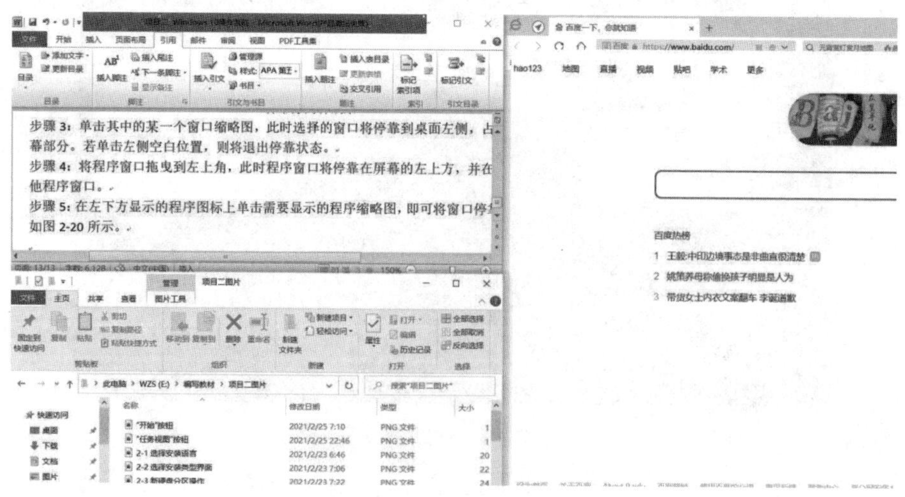


图 2-20 屏幕分三屏效果

## 2.2.4　操作中心功能

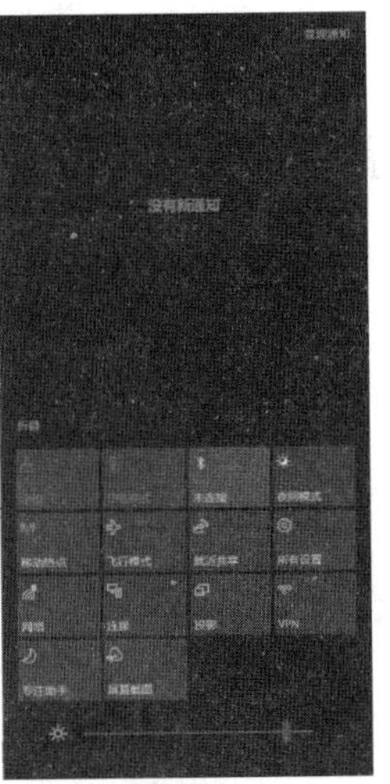

图 2-21　操作中心

Windows 10 操作系统引入了全新的操作中心，可集中显示操作系统通知、邮件通知等信息及快捷操作选项。

操作中心在任务栏通知区域以图标方式显示，单击图标 ■ 即可打开操作中心，如图 2-21 所示。按快捷键 Windows+A 可快速打开操作中心。

操作中心由两部分组成，上半部分为通知信息列表，下半部分由快捷键按钮组成。操作系统会自动对通知信息进行分类。单击列表中的通知信息即可查看信息详情或打开相关设置界面。自左向右滑动通知信息即可从操作中心将其删除，单击顶部的“全部清除”按钮将清空通知信息列表。

### 1. 合理地关闭通知

通知信息过多，常常会干扰用户的正常使用，可合理地关闭一些通知，具体操作如下：

步骤 1：按快捷键 Windows+I 打开“设置”窗口，在其中选择“系统”选项。

步骤 2：在左侧选择“通知和操作”选项，在右侧单击对应选项下的开关按钮即可。

### 2. 更改通知类型

在系统“设置”窗口右侧单击需修改通知类型的选项，以 360 计算机体检为例，弹出“通知类型”对话框，可在对话框中自行选择通知情况。

### 3. 设置快捷按钮

步骤 1：在系统“设置”窗口左侧选择“通知和操作”选项，在右侧单击“编辑快速操作”，选择选项设置开关，如图 2-22 所示。

步骤 2：在弹出的设置界面中，单击快捷操作选项的“屏幕截图”，可删除；单击“添加”按钮，可增加快捷操作选项。

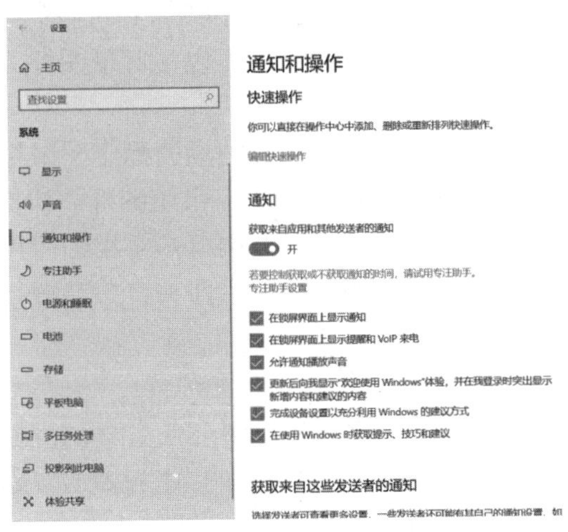


图 2-22　设置快捷按钮

### 2.2.5 智能助理——Cortana（小娜）

Cortana（小娜）是微软发布的全球第一款个人智能助理，能够了解并记录用户的喜好和习惯，帮助用户在计算机上查找资料、管理日历、跟踪快递包裹状态、查找文件、陪你聊天、推送关注的资讯等。

**1. 语音唤醒 Cortana**

小娜的语音唤醒方式很方便，只需对着麦克风喊一声“你好小娜”即可，具体设置如下。

步骤 1：单击任务栏上“Cortana”按钮 ，与 Cortana 交流。

步骤 2：弹出 Cortana 界面，单击“设置”按钮。

步骤 3：打开“对 Cortana 说话”界面，将“你好小娜”下面的“让 Cortana 响应‘你好小娜’”选项设置为“开”。

步骤 4：对准麦克风说“你好小娜”，任务栏左侧位置即弹出 Cortana 聆听面板。

**2. 使用 Cortana**

小娜不仅仅是简单的语音助手，它具备的功能也丰富多样，例如天气提醒、打开应用程序、安排日程等。

步骤 1：对准麦克风说“你好小娜，北京天气”，系统自动识别声音，弹出聆听面板。

步骤 2：识别到要搜索的信息后，即可在打开的界面显示当天的北京天气情况。

## 2.3 Windows 10 基本操作

### 2.3.1 桌面基本操作

为了方便日常工作与学习，通常将经常使用的文件、文件夹、程序快捷图标放置在桌面，并设置桌面图标大小及排列方式，以方便查找。对于特殊的内容图标，还可以自行设置图标样式，以便区分。对于不常用的图标，则可以删除。

**1. 认识 Windows 10 桌面**

桌面是启动 Windows 操作系统之后首先出现在屏幕上的整个区域，是用户工作的台面。Windows 中的很多操作都是在桌面上完成的。桌面包括背景图标、任务栏。

(1) 桌面图标

桌面图标是各种文件、文件夹和应用程序等的桌面标志。鼠标双击某个图标可打开该文件或应用程序。Windows 10 的桌面图标有四种：系统图标、快捷方式、文件和文件夹。系统刚安装好的桌面只有几个系统图标，为了方便打开常用的应用程序、文件和文件夹，可以在桌面上创建它们的快捷方式，或将文件或文件夹直接存放在桌面上。快捷方式图标的左下角带有箭头。

(2) 任务栏

任务栏是一个长条形区域，一般位于桌面底部。在没有锁定的情况下，可以按住鼠标左键将其拖到屏幕的任意一边。任务栏上包含有“开始”按钮、搜索框、Cortana（小娜）、任务视图、已开户的程序图标、通知区。

①“开始”按钮

单击“开始”按钮可以弹出“开始”菜单，菜单左侧依次为固定项目列表、应用程序列表、“开始”屏幕。

“开始”菜单也叫系统菜单，是用户使用 Windows 10 系统最主要的途径之一，它包含了用户使用计算机的各种程序和命令。通过移动鼠标可以选择不同的程序或命令，单击鼠标就能启动选中的程序或命令，如启动本机已安装的应用程序、关机等。

②搜索框

在搜索框中直接输入关键词即可搜索相关的桌面程序、网页、资源管理器中的资料。

③快速启动栏

在快速启动栏中放置的是常用程序的图标。在任何时候，通过单击图标就能快速启动相关程序。可以从桌面或“开始”菜单中将图标拖到该区域。

④通知区域

通知区域一般位于任务栏的右侧。该栏放置的是一些已经运行的系统程序，包括系统音量、网络图标、输入法图标、日期时间图标等。

### 2. 添加常用的系统图标

默认情况下，刚安装好的 Windows 10 操作系统桌面只有“回收站”和浏览器图标，用户可以添加“此电脑”“网络”“控制面板”等图标。

步骤 1：在桌面空白处单击鼠标右键，在弹出的快捷菜单中选择“个性化”选项。

步骤 2：打开“设置”面板下的“个性化”中心，选择“主题”选项卡。

步骤 3：在“主题”对话框中，单击“桌面图标设置”选项。

步骤 4：弹出“桌面图标设置”对话框，在其中选中需要添加的系统图标，单击“确定”按钮，如图 2-23 所示。

图 2-23 “桌面图标设置”对话框

步骤 5：返回桌面，选择的图标已添加到桌面。

### 3. 创建常用程序的快捷图标

步骤 1：在“开始”菜单中找到目标程序，在其上面单击鼠标右键，选择“更多”→“打开文件位置”。

步骤 2：在弹出的窗口中，选择“管理”菜单，单击“快捷工具”中的“打开位置”。

步骤 3：在弹出的窗口中找到程序，单击鼠标右键，在快捷菜单中选择“发送到”命令，在打开的子菜单中选择“桌面快捷方式”命令。

步骤 4：返回桌面查看快捷图标。

### 4. 创建文件或文件夹快捷图标

步骤 1：右击需要创建的文件或文件夹，在弹出的快捷菜单中选择“发送到”→“桌面快捷方式”选项。

步骤 2：返回桌面查看文件或文件夹快捷图标。

### 5. 设置图标的大小及排列

步骤 1：在桌面空白处右击，在弹出的快捷菜单中选择“查看”选项，在弹出的子菜单中，用户可以根据实际情况自行选择大图标、中等图标、小图标。

步骤 2：在桌面空白处右击，在弹出的快捷菜单中选择“排列方式”选项，在子菜单中有 4 种排列方式：名称、大小、项目类型和修改日期，用户可以根据实际情况自行选择。

### 6. 更改图标样式

步骤 1：右击桌面文件夹，在弹出的快捷菜单中选择“属性”选项，在弹出的“属性”对话框中，选择“自定义”→“更改图标”选项，如图 2-24 所示。

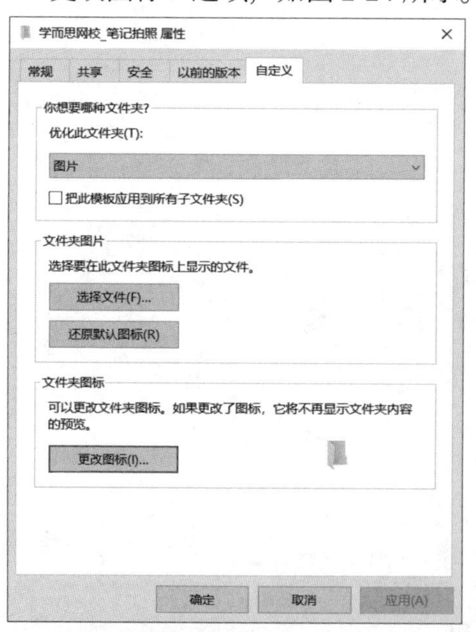


图 2-24 “更改图标”选项

步骤 2：在弹出的对话框中，可以从列表中选择一个图标。也可以单击“浏览”按钮，在打开的对话框中找到需要设置图标的图片所在的位置，选择图标图片，单击“确定”按钮，如图 2-25 所示。

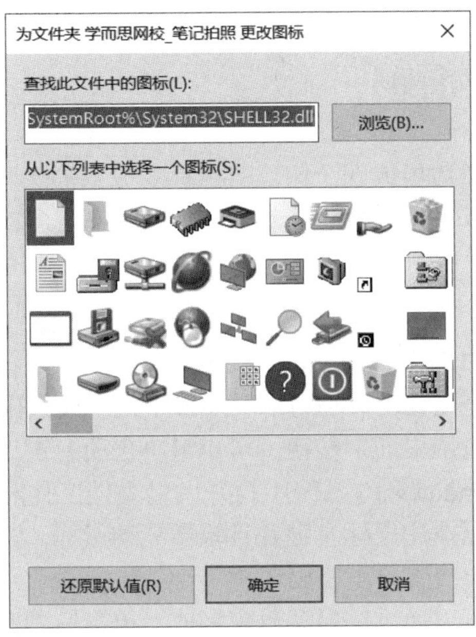


图 2-25　选择新的图标

## 2.3.2　窗口的基本操作

窗口是用于查看应用程序或文件等信息的一个矩形区域。在 Windows 10 操作系统中，窗口负责显示和处理某一类信息，用户可以在上面工作，并在各窗口之间交换信息。运行每一应用程序时，系统将会创建并显示对应的一个窗口。Windows 10 中有应用程序窗口、文件夹窗口、对话框窗口等，其组成如图 2-26 所示。

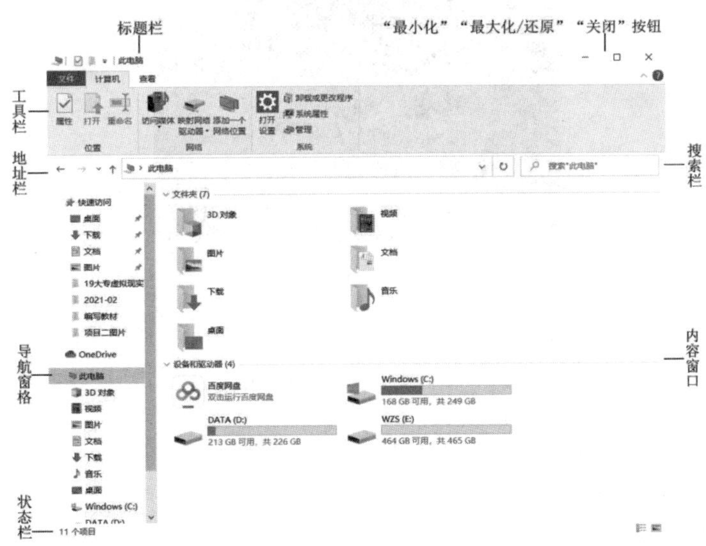


图 2-26　窗口的组成

窗口的主要操作：移动窗口、缩放窗口、关闭窗口、最大化 / 还原窗口、最小化窗口、窗口切换。

### 1. 移动窗口

用鼠标按住标题栏可以移动窗口。

### 2. 缩放窗口

用鼠标指向窗口的任意边界或四个角，当鼠标变成双箭头时，可以任意缩放窗口；半自动化的窗口缩放是 Windows 10 的另外一项功能；用户把窗口拖到屏幕最上方，窗口就会自动最大化；把已经最大化的窗口往下拖一点，它就会自动还原；把窗口拖到左右边缘，它就会自动变成 50% 的宽度。

### 3. 关闭窗口、最大化 / 还原窗口及最小化窗口

单击窗口右上角的三个按钮，分别可以实现最小化、最大化 / 还原、关闭操作；另外，单击任务栏上最右边的“显示桌面”按钮，可以最小化所有窗口。最小化窗口是将程序转入后台运行。当用户在 Windows 10 系统中打开大量文档工作时，如果需要专注于其中一个窗口，只需要在该窗口上按住鼠标左键并且轻微晃动鼠标，其他所有的窗口便会自动最小化；重复该动作，所有窗口又会重新出现。

窗口的大部分操作还可以通过窗口菜单来完成。单击标题栏左上角的控制菜单按钮，就可以打开控制菜单，选择需要执行的菜单命令即可。

### 4. 桌面上窗口的排列方式

在桌面上，所有打开的窗口都可以采取层叠或平铺的方式进行排列，方法是在任务栏的空白处右击，在弹出如图 2-27 所示的快捷菜单中选择相应的显示方式即可。

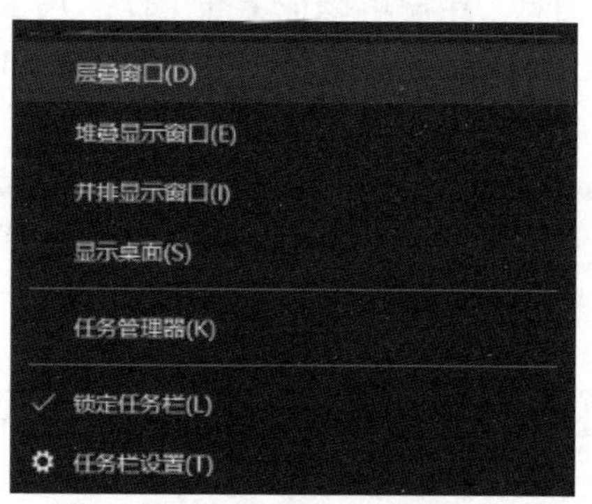


图 2-27　快捷菜单

### 5. 窗口切换

Windows 可以同时打开多个窗口，但只能有一个活动窗口。切换窗口就是将非活动窗口变成活动窗口的操作，切换的方法有：

方法 1：使用 Alt+Tab 组合键。

按下 Alt+Tab 组合键时，屏幕中间的位置会出现一个矩形区域，显示所有打开的应用程序和文件夹图标，按住 Alt 键不放，反复按 Tab 键，这些图标就会轮流由一个蓝色的框包围而突出显示，当要切换的窗口图标突出显示时，松开 Alt 键，该窗口就会成为活动窗口。

方法 2：使用 Alt+Esc 组合键。

Alt+Esc 组合键的使用方法与 Alt+Tab 组合键的使用方法相同，唯一的区别是按下 Alt+Esc 组合键不会出现窗口图标方块，而是直接在各个窗口之间进行切换。

方法 3：使用程序按钮区。

每运行一个程序，在任务栏中就会出现一个相应的程序按钮，单击程序按钮，就可以切换到相应的程序窗口。

方法 4：使用鼠标单击窗口的任意位置。

### 2.3.3　文件管理基本操作

#### 1. 文件

在计算机中使用的文件种类有很多，根据文件中信息种类的区别，将文件分为很多类型，有系统文件、数据文件、程序文件、文本文件等。

Windows 10 操作系统是按名称存取文件的。每个文件都必须有一个名字，文件名一般由两部分组成：主名和扩展名，它们之间用一个点（.）分隔。主名是用户根据文件的用途自己命名的，扩展名用于说明文件的类型。系统对扩展名与文件类型有特殊的规定，常用的扩展名及其含义见表 2-2。注意，Windows 10 的文件名长度最大为 255 个字符，而文件的全路径名长度最大为 260 个字符，并且不允许出现\、/、:、*、?、”、<、>、| 等字符。

表 2-2　常用的扩展名及其含义

| 扩展名 | 文件类型 | 扩展名 | 文件类型 |
| --- | --- | --- | --- |
| .txt | 文本文档 | .doc、.docx | Word 文档 |
| .exe、.com | 可执行文件 | .xls、.xlsx | 电子表格文件 |
| .hlp | 帮助文档 | .rar、.zip | 压缩文件 |
| .htm、.html | 超文本文件 | .wav、.mid、.mp3 | 音频文件 |
| .bmp、.gif、.jpg | 图形文件 | .avi、.mpg | 可播放视频文件 |
| .int、.sys、.dll、.adt | 系统文件 | .bak | 备份文件 |
| .bat | 批处理文件 | .tmp | 临时文件 |
| .drv | 设备驱动程序文件 | .ini | 系统配置文件 |
| .mid | 音频文件 | .ovl | 程序覆盖文件 |
| .rtf | 丰富文本格式文件 | .tab | 文本表格文件 |
| .wav | 波形声音 | .obj | 目标代码文件 |

Windows 10 系统开发设计了两项便利的新功能：最近使用的文件功能、快速访问功能。

要进行文件管理，首先要掌握文件和文件夹的基本操作，如创建、打开和关闭、复制和移动、删除、重命名等操作。

在进行文件或文件夹管理时，用户有时会忘记文件或文件夹的位置，只大概记得名称，这时搜索操作很重要。

除此之外，隐藏与显示文件或文件夹、压缩与解压缩文件或文件夹、加密和解密文件或文件夹也常用到。

#### 2. 最近使用的文件功能，快速打开文件

Windows 10 系统文件资源管理器增加了最近使用的文件列表功能，用户可以通过最近使用的文件列表来快速打开文件。

按快捷键 Windows+E 快速打开“文件资源管理器”窗口，单击“快速访问”选项，在内容窗口处显示常用文件夹和最近使用的文件，如图 2-28 所示。

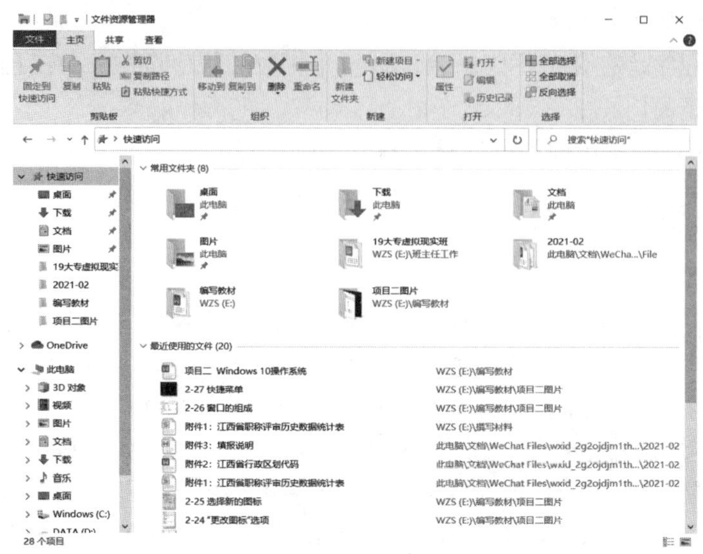

图 2-28 “最近使用的文件”位置

## 3. 将文件夹固定到快速访问列表，便于查找和使用

步骤 1：选中需要固定在“快速访问”列表中的文件夹，右击，在弹出的快捷菜单中选择“固定到快速访问”选项。

步骤 2：返回“文件资源管理器”窗口，可以看到选中的文件夹已固定到“快速访问”列表中，后面显示固定图标，并且区别于常用文件夹。

## 4. 查看文件或文件夹

步骤 1：在窗口左侧的导航窗格中，单击项目前面的向右箭头可以展开或折叠其下一级子目录。

步骤 2：在文件夹窗口中，“查看”选项卡“布局”栏中有多种视图方式，如超大图标、大图标、中图标、小图标、列表、详细信息、平铺、内容等。其中，“详细信息”可以显示名称、修改日期、类型、大小等，并可以通过单击它们进行排序。

## 5. 新建文件或文件夹

步骤 1：选中要创建的文件或文件夹的位置。

步骤 2：单击鼠标右键，在弹出的快捷菜单中选择“新建”命令，在子菜单中选择“文件夹”命令，即可创建文件夹。选择其他选项可以新建相应的文件，如单击“文本文档”即可创建一个记事本文件。

## 6. 选定文件或文件夹

要对文件或文件夹进行各种操作，首先应选定该文件或文件夹。

(1) 选定单个文件或文件夹

步骤 1：用鼠标单击要选定的文件或文件夹，被选定的文件或文件夹以蓝色形式显示。

步骤 2：若需取消选择，用鼠标单击一下被选定文件或文件夹外的任意位置即可。

(2) 选定一组相邻文件或文件夹

方法 1：

步骤 1：要选择多个相邻的文件或文件夹，将鼠标指针移动到要选定范围的一角，按住鼠标左键不放进行拖动，出现一个浅蓝色的半透明矩形框。

步骤 2：当矩形框框选文件或文件夹后释放鼠标左键，即可选中所有矩形框内的文件或文件夹。

方法 2：

首先用鼠标单击第一个文件或文件夹，然后按住 Shift 键不放，再单击要选中的最后一个文件或文件夹即可。

(3) 选定一组不相邻文件或文件夹

按住 Ctrl 键不放，依次单击想要选定的各个文件或文件夹即可。

要想取消选定的某个文件或文件夹，只需再次单击它即可。

(4) 选定全部文件

选择“主页”→“选择”→“全部选择”命令，或按 Ctrl+A 组合键，可以选定当前窗口中的所有文件和文件夹。

## 7. 删除文件或文件夹

选中文件或文件夹后，用以下几种方法均可将其删除：

方法 1：单击鼠标右键，在弹出的快捷菜单中选择“删除”命令。

方法 2：按住鼠标左键不放，将其拖动到桌面上的“回收站”图标上，释放鼠标即可。

方法 3：直接按 Delete 键。若要永久删除文件或文件夹，则在选中文件或文件夹后，按住 Shift 键不放进行删除。

若发现误删除，挽回方法有：

方法 1：在“自定义快速访问工具栏”中单击“撤销”选项（快捷键为 Ctrl+Z）。

方法 2：双击打开“回收站”，找到误删除的对象，右击，在弹出的快捷菜单中选择“还原”命令。

## 8. 复制和移动文件或文件夹

复制文件或文件夹是指为文件或文件夹在某个位置创建一个备份，而原位置仍然保留；移动文件或文件夹是指将文件或文件夹从一个目录移到另一个目录中。复制和移动文件或文件夹可以通过菜单命令和鼠标拖动两种方法实现。

(1) 复制文件或文件夹

方法 1：用拖动的方法。用鼠标选择要复制的文件或文件夹，按住 Ctrl 键，并将文件或文件夹拖到目的驱动器或文件夹中，松开鼠标和 Ctrl 按键即可。

方法 2：用快捷键的方法。用鼠标选择要复制的文件或文件夹，按快捷键 Ctrl+C，选择目的驱动器或文件夹，按快捷键 Ctrl+V 即可。

(2) 移动文件或文件夹

方法 1：用快捷键的方法。鼠标选择要移动的文件或文件夹，按快捷键 Ctrl+X，选择目的驱动器或文件夹，按快捷键 Ctrl+V 即可。

方法 2：用“剪切板”命令。鼠标选择要移动的文件或文件夹，选择“主页”→“剪贴板”→“剪切”命令，选择目的驱动器或文件夹，再选择“主页”→“剪贴板”→“粘贴”命令，即可移动文件或文件夹。

**9. 重命名文件或文件夹**

为了区别文件或文件夹，有时需要对文件或文件夹进行重命名。

步骤 1：选定要重命名的文件或文件夹，然后单击鼠标右键，在弹出的快捷菜单中选择“重命名”命令。

步骤 2：此时要重命名的文件或文件夹图标下面的文字将反白显示，键入新的名称，完成后按 Enter 键即可。

注意：同一个文件夹中不允许存在相同的子文件夹名，也不允许出现文件名与扩展名都相同的文件。

**10. 搜索文件或文件夹**

计算机中有成千上万的文件和文件夹，查找一些不常用的文件或文件夹是很费时的，可以使用 Windows 10 的搜索功能来搜索所需要的文件或文件夹。

在 Windows 10 中搜索文件时，经常用到通配符，通配符是指可以代表某一类字符的通用代表符，常用的有两个：星号（*）和问号（？）。星号代表一个或多个字符，问号只能代表一个字符。比如，搜索 D 盘中所有的电子表格文件，可以输入“*.xlsx”。

步骤 1：在打开的“开始”菜单搜索框中输入要搜索的内容，此时会在计算机内进行搜索。

步骤 2：在“资源管理器”的搜索框中输入要搜索的内容，此时可以在地址栏中选择搜索位置。单击搜索框还可以设置“修改日期”“大小”条件进行搜索，以缩小搜索结果的范围。

如果选择的视图为“详细信息”，便可查看到各个文件的位置、大小和修改日期等详细信息。

**11. 修改文件或文件夹属性**

在 Windows 10 环境下，文件有 3 种属性，分别是只读、隐藏和系统。修改文件或文件夹属性的步骤如下。

步骤 1：选中要改变属性的文件或文件夹，右击，在弹出的快捷菜单中选择“属性”命令，打开如图 2-29 所示的对话框。

步骤 2：勾选要设定的属性，单击“确定”按钮完成属性设置。

另外，单击“高级”按钮，在打开的对话框中还可以设置对文件或文件夹进行加密，以便有效地保护它们，免受未经许可的访问。

图 2-29 “属性”对话框

**12. 文件或文件夹的显示 / 隐藏操作**

(1) 显示 / 隐藏文件的扩展名

通过“查看”面板，选中目标，勾选“文件扩展名”，则文件扩展名显示，如图 2-30 所示。

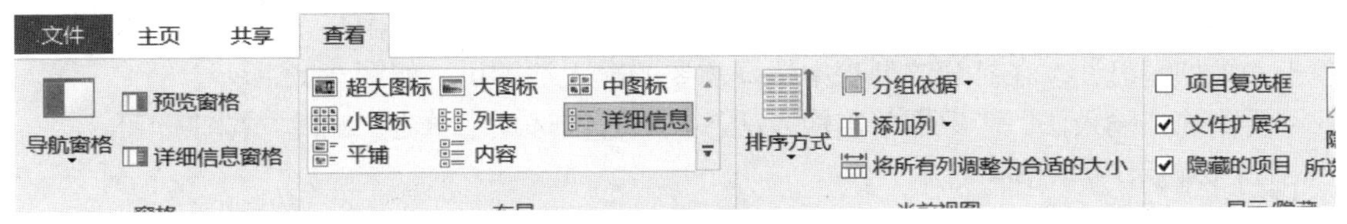


图 2-30 “显示 / 隐藏”面板

(2) 隐藏文件或文件夹

选中目标，单击“查看”面板中的“隐藏所选项目”图标，如图 2-30 所示。

(3) 显示隐藏文件或文件夹

直接勾选“隐藏的项目”选项即可，如图 2-30 所示。

## 2.3.4　常用软件的安装与管理

### 1. 常用输入法的安装与管理

Windows 10 操作系统中自带一些输入法，用户可以将其添加到语言栏中，也可以自行下载安装熟悉的输入法。

(1) 添加或删除系统自带输入法

添加输入法的步骤如下：

步骤 1：按快捷键 Windows+I 打开设置窗口，单击“时间和语言”图标，进入“语言”面板，单击“首选语言”中的“中文（简体，中国）”，展开选项内容，如图 2-31 所示。

图 2-31 “设置－语言”对话框　　　　图 2-32　添加输入法

步骤 2：单击“选项”按钮，在弹出的“语言选项：中文（简体，中国）”对话框中，单击“添加键盘”，在打开的列表中选择需要的输入法即可，如图 2-32 所示。

要删除“输入法”，只需单击输入法，在展开的选项中单击“删除”按钮即可。

(2) 安装用户常用输入法

安装输入法之前，用户需要先从网上下载输入法程序，下面以搜狗拼音输入法为例。

步骤 1：进入官网，选择适用于 Windows 10 的软件，单击“立即下载”按钮，在弹出的下载对话框中，单击“保存”按钮。

步骤 2：下载完成后，单击“打开文件夹”按钮，如图 2-33 所示。

图 2-33　下载完毕，打开文件夹

步骤 3：系统自动弹出“安装文件保存位置”窗口，双击“sogou_pinyin_101a.exe”安装文件。

步骤 4：启动搜狗输入法安装向导，选中“已阅读并接受用户协议 & 隐私政策”复选框，单击“自定义安装”按钮，如图 2-34 所示。

图 2-34　启动搜狗输入法安装

步骤 5：在“安装位置”后面，单击“浏览”按钮，选择软件安装位置，选择完成后，单击“立即安装”按钮，如图 2-34 所示。

步骤 6：安装完成后，在弹出的界面中取消推荐软件的安装，单击“立即体验”按钮，如图 2-35 所示。

图 2-35　取消推荐软件的安装

(3) 切换输入法快捷键

通常用快捷键快速切换输入法，不同的操作系统，其快捷键不同。

Windows 10 输入法的切换快捷键为 Windows+ 空格。

Windows 7 及以前版本输入法的切换快捷键为 Ctrl+Shift。

## 2. Windows 10 常用的内置应用软件

Windows 10 内置应用软件非常丰富，便于用户工作和生活，如计算器、录音机、截图和草图、便笺、闹钟和时钟、日历等，这些应用软件通过“开始”菜单均可找到对应的启动选项。

(1) 计算器

步骤 1：在“开始”菜单中找到“计算器”，单击即可启动计算器。

步骤 2：计算器除了具有标准计算功能外，还具备了多种计算功能：科学、程序员、日期计算等。单击计算器窗口左上角的“功能菜单”按钮，打开列表，如图 2-36 所示。

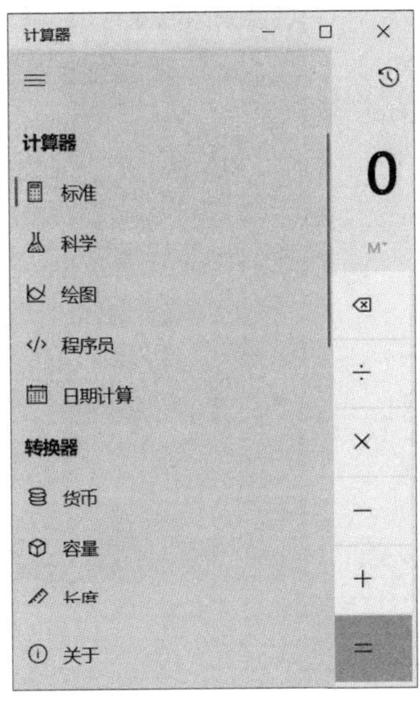


图 2-36　计算器内置功能

(2) 录音机

步骤 1：在“开始”菜单中单击“录音机”选项，即可打开录音机。

步骤 2：录音机在录音过程中可添加标记，录制完成后，方便查找，如图 2-37 所示。

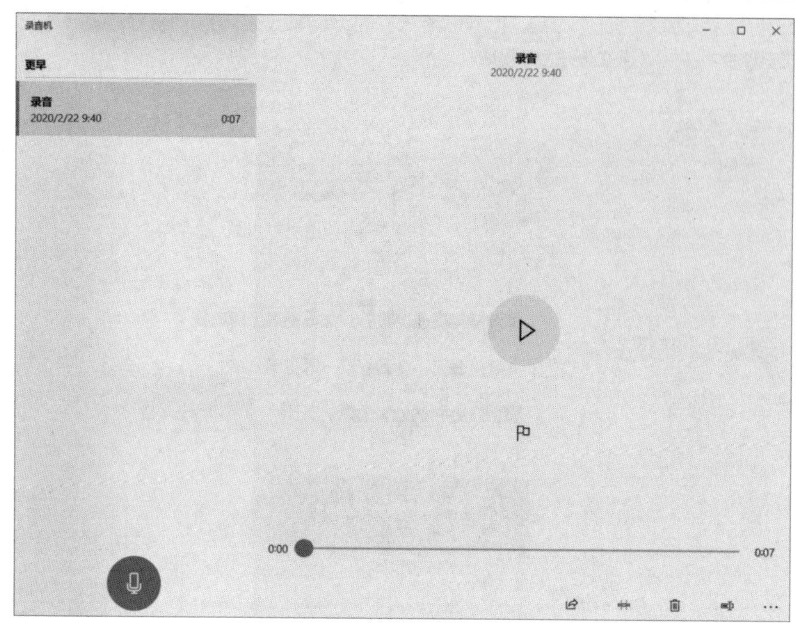


图 2-37　录音机

(3) 截图和草图

全新的截图工具支持矩形截图、任意形状截图、窗口截图和全屏截图。单击“新建”按钮，屏幕截图，也可按快捷键 Windows+Shift+S 打开截图工具，如图 2-38 所示。

图 2-38　截图和草图

(4) 便笺

借助便笺功能可以创建笔记，可以添加文本信息和图片，将信息粘贴在桌面上，还能随意移动信息，如图 2-39 所示。

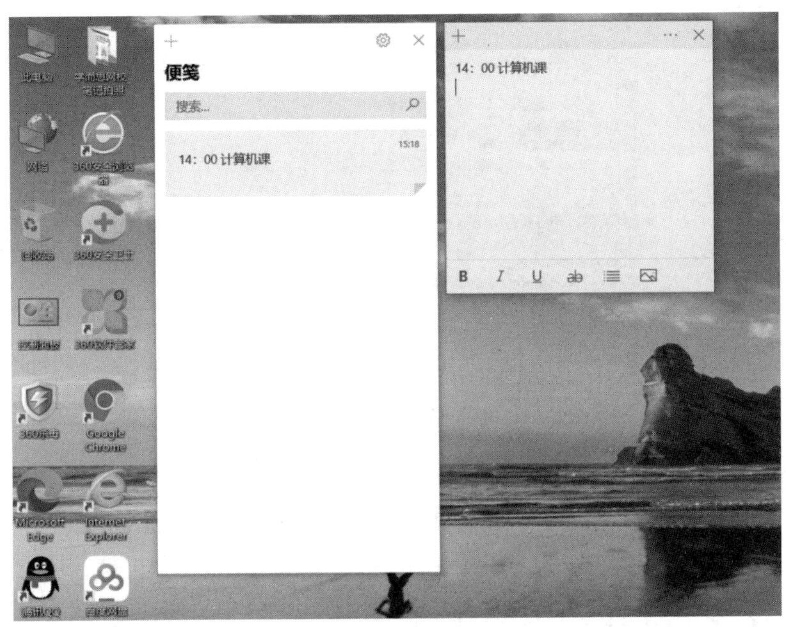


图 2-39　便笺

(5) 闹钟和时钟

“闹钟和时钟”可以在指定的时间提醒用户要做的事情，包含闹钟、时钟、计时器和秒表，功能强大。即使应用关闭或设备处于锁定状态，闹钟和计时器也能正常工作。

(6) 日历

日历提供实用、强大的日程表视图和提醒功能，可以在日历中添加节假日、生日和体育比赛（比如 NBA）等具体事件。

### 3. 卸载软件

软件的卸载方法有多种，可以在“程序和功能”窗口卸载软件，也可以利用软件自带的卸载命令，还可以使用第三方管理软件，如 360 软件管家、QQ 软件管家等，来卸载电脑中不需要的软件。下面通过在“程序和功能”窗口卸载软件的方法来实现软件卸载。

步骤 1：单击“开始”菜单，在程序列表中，右击要卸载的程序选项，在弹出的菜单中选择“卸载”命令。

步骤 2：系统弹出“程序和功能”窗口，如图 2-40 所示，右击要卸载的程序，弹出“卸载”命令，单击卸载。

图 2-40 “程序和功能”窗口

步骤 3：弹出软件卸载对话框，单击“继续卸载”按钮，立刻卸载程序。

## 2.3.5 Windows 10 操作中的快捷键

Windows 10 操作中包含很多快捷键，掌握 Windows 10 操作中的快捷键，可以提高操作效率。

### 1. 常用的 Windows 快捷键操作

常用的 Windows 快捷键操作见表 2-3。

表 2-3 常用的 Windows 快捷键操作

| 快捷键 | 功能 | 功能描述 |
|---|---|---|
| Windows | 桌面操作 | 桌面与“开始”菜单切换按键 |
| Windows+B | 桌面操作 | 鼠标指针移至通知区域 |
| Windows+Ctrl+D | 桌面操作 | 创建新的虚拟桌面 |
| Windows+Ctrl+F4 | 桌面操作 | 关闭当前虚拟桌面 |
| Windows+Ctrl+ ← / → | 桌面操作 | 切换虚拟桌面 |
| Windows+D | 桌面操作 | 显示桌面，第二次按此组合键则恢复桌面（不恢复“开始”屏幕应用） |
| Windows+L | 桌面操作 | 锁定 Windows 桌面 |
| Windows+T | 桌面操作 | 切换任务栏上的程序 |
| Windows+P | 窗口操作 | 多显示器的切换 |
| Windows+M | 窗口操作 | 最小化所有窗口 |
| Windows+Home | 窗口操作 | 最小化所有窗口，第二次按键恢复窗口（不恢复“开始”屏幕应用） |
| Windows+ ← | 窗口操作 | 最大化窗口到左侧的屏幕上（与开始屏幕应用无关） |
| Windows+ → | 窗口操作 | 最大化窗口到右侧的屏幕上 |

续表

| 快捷键 | 功能 | 功能描述 |
| --- | --- | --- |
| Windows+A | 打开功能 | 打开操作中心 |
| Windows+Alt+Enter | 打开功能 | 打开“任务栏和‘开始’菜单属性”对话框 |
| Windows+Breake | 打开功能 | 显示“系统属性”对话框 |
| Windows+C | 打开功能 | 唤醒 Cortana 至迷你版聆听状态 |
| Windows+E | 打开功能 | 打开此电脑 |
| Windows+H | 打开功能 | 打开共享栏 |
| Windows+I | 打开功能 | 快速打开“设置”对话框 |
| Windows+K | 打开功能 | 打开连接栏 |
| Windows+Q | 打开功能 | 快速打开搜索框 |
| Windows+R | 打开功能 | 打开“运行”对话框 |
| Windows+S | 打开功能 | 打开 Cortana 主页 |
| Windows+Tab | 打开功能 | 打开任务视图 |
| Windows+U | 打开功能 | 打开“轻松使用设置中心”对话框 |
| Windows+X | 打开功能 | 打开“开始”快捷菜单 |
| Windows+Enter | 打开功能 | 打开“讲述人” |
| Windows+Space | 输入法切换 | 切换输入语言和键盘布局 |
| Windows+ - | 放大镜操作 | 缩小（放大镜） |
| Windows+ + | 放大镜操作 | 放大（放大镜） |
| Windows+Esc | 放大镜操作 | 关闭（放大镜） |

### 2. 功能键区的操作

功能键区的操作见表 2-4。

表 2-4　功能键区的操作

| 快捷键 | 功能描述 |
| --- | --- |
| Esc | 撤销某项操作、退出当前环境或返回原菜单 |
| F1 | 搜索“如何在 Windows 10 中获取帮助” |
| F2 | 重命名选定项目 |
| F3 | 搜索文件或文件夹 |
| F4 | 在 Windows 资源管理器中显示地址栏列表 |
| F5 | 刷新活动窗口 |
| F6 | 在窗口中或桌面上循环切换屏幕元素 |

### 3. 常用的快捷键

常用的快捷键见表 2-5。

表 2-5　常用的快捷键

| 快捷键 | 功能描述 |
| --- | --- |
| Alt+D | 选择地址栏 |
| Alt+Enter | 显示所选项的属性 |
| Alt+Esc | 以项目打开的顺序循环切换项目 |
| Alt+F4 | 关闭活动项目或者退出活动程序 |

续表

| 快捷键 | 功能描述 |
|---|---|
| Alt+P | 显示 / 关闭预览窗格 |
| Alt+Tab | 切换桌面窗口 |
| Alt+Space | 为活动窗口打开快捷方式菜单 |
| Ctrl+A | 选择文档或窗口中的所有项目 |
| Ctrl+Alt+Tab | 使用箭头键在打开的项目之间切换 |
| Ctrl+D | 删除所选项目并将其移动到“回收站” |
| Ctrl+E | 选择搜索框 |
| Ctrl+Esc | 桌面与“开始”菜单切换按键 |
| Ctrl+F | 选择搜索框 |
| Ctrl+F4 | 关闭活动文档 |
| Ctrl+N | 打开新窗口 |
| Ctrl+Shift | 在启用多个键盘布局时切换键盘布局 |
| Ctrl+Shift | 加某个箭头键选择一块文本 |
| Ctrl+Shift+E | 显示所选文件夹上面的所有文件夹 |
| Ctrl+Shift+Esc | 打开任务管理器 |
| Ctrl+Shift+N | 新建文件夹 |
| Ctrl+Shift+Tab | 在选项卡上向前移动 |
| Ctrl+Tab | 在选项卡上向后移动 |
| Ctrl+W | 关闭当前窗口 |
| Ctrl+C | 复制选择的项目 |
| Ctrl+X | 剪切选择的项目 |
| Ctrl+V | 粘贴选择的项目 |
| Ctrl+Z | 撤销操作 |
| Ctrl+Y | 重新执行某项操作 |
| Ctrl+ 鼠标滚轮 | 更改桌面上的图标大小 |
| Ctrl+ ↑ | 将光标移动到上一个段落的起始处 |
| Ctrl+ ↓ | 将光标移动到下一个段落的起始处 |
| Ctrl+ → | 将光标移动到下一个字词的起始处 |
| Ctrl+ ← | 将光标移动到上一个字词的起始处 |
| Shift+Tab | 在选项上向后移动 |
| Shift+Delete | 将所选项目彻底删除 |
| Shift+F10 | 弹出选中项目的快捷菜单 |

# 2.4　个性化设置 Windows 10 操作系统

## 2.4.1　系统账户设置

Windows 系统通过账户进行登录并访问计算机、服务器。Windows 10 允许设置和使用多个账户，账户分为两类：本地账户和 Microsoft 账户。

(1) 本地账户。

① Windows 7 及更早版本操作系统的账户。

②账户配置信息只保存在本机中，在重装系统、删除账户时会彻底消失；无权访问应用商店、OneDrive。

③管理员账户、标准账户、来宾账户都属于本地账户。

(2) Microsoft 账户。

①微软账户的登录方式叫联机登录，需要输入微软账户的密码授权，并以微软账户密码作为登录密码，账户配置文件保存在 OneDrive 中。

②若重装系统、删除账户，并不会删除账户的配置文件；若使用微软账户登录第二台计算机，会为两台计算机分别保存两份配置文件，并以计算机品牌型号命名配置，便于记忆。

③微软账户除了可以登录 Windows 操作系统外，还可以登录 WindowsPhone 手机操作系统，实现计算机与手机的同步。同步内容包括日历、配置、密码、电子邮件、联系人、OneDrive 等。

### 1. 创建个人 Microsoft 账户并登录电脑

步骤 1：按快捷键 Windows+I 打开“设置”窗口，单击“账户”选项。

步骤 2：打开“账户”窗口左侧的“账户信息”选项，单击“改用 Microsoft 账户登录”超链接，如图 2-41 所示。

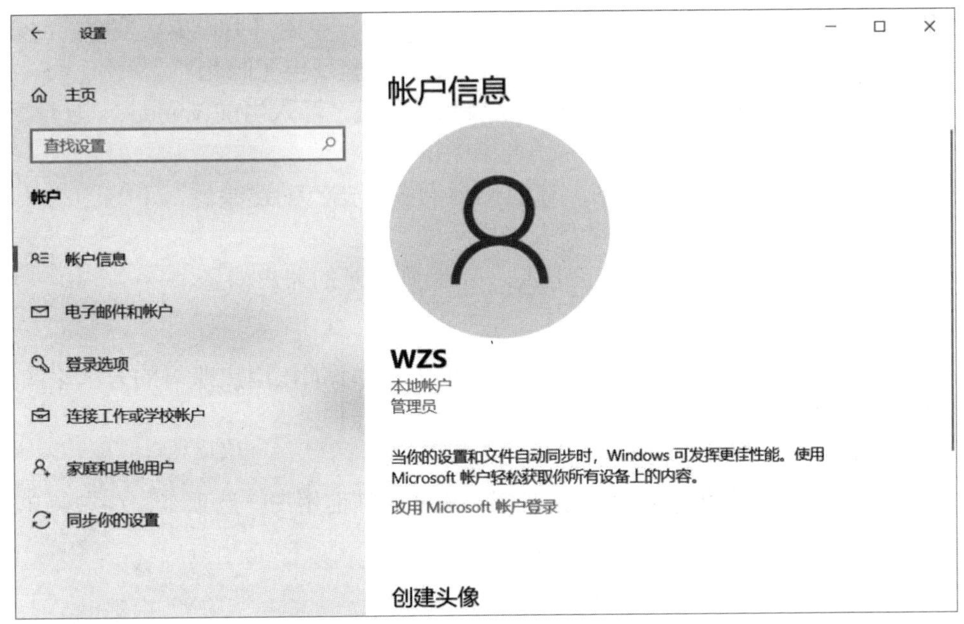


图 2-41 “改用 Microsoft 账户登录”选项

步骤 3：弹出“Microsoft 账户”对话框，可直接登录已有的个人 Microsoft 账户，若没有，选择“创建一个”，如图 2-42 所示。

图 2-42　登录或创建账户

步骤 4：创建 Microsoft 账户：填写邮箱或电话号码，单击“下一步”按钮，创建密码。

步骤 5：填写名字和出生信息，填写完成后进入“验证电子邮箱”。

步骤 6：使用刚注册的 Microsoft 账户登录此计算机，输入当前 Windows 登录密码。

步骤 7：设置 PIN 密码代替 Microsoft 账户密码。

步骤 8：在“账户信息”选项中，在右侧界面中单击“创建头像”下方的“从现有图片中选择”或使用相机拍摄，来设置个人账户头像。

步骤 9：设置完成后，可在“账户信息”下看到登录的账户信息。

## 2. 添加其他用户

有时需要允许其他用户登录这台计算机，可以通过添加该用户账号的方法来实现。添加的用户账户既可以是 Microsoft 账户，也可以是本地账户。

(1) 添加 Microsoft 账户

步骤 1：打开“账户”窗口，在左侧选择“家庭和其他用户”选项卡，在右侧单击“将其他人添加到这台电脑”选项，如图 2-43 所示。

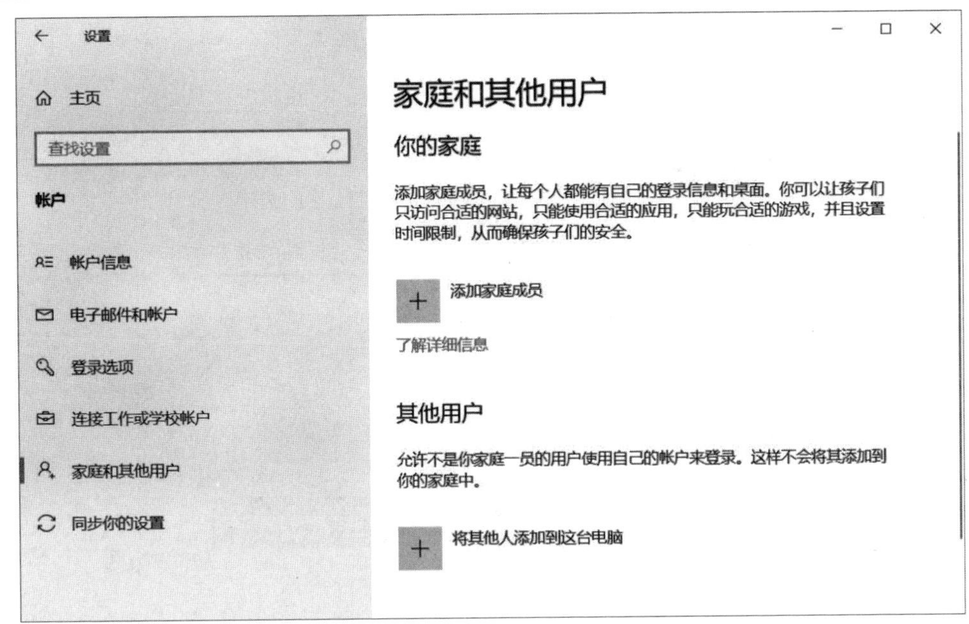


图 2-43 将其他人添加到这台计算机

步骤 2：输入需要添加用户的 Microsoft 账户，单击“下一步”按钮，如图 2-45 所示。

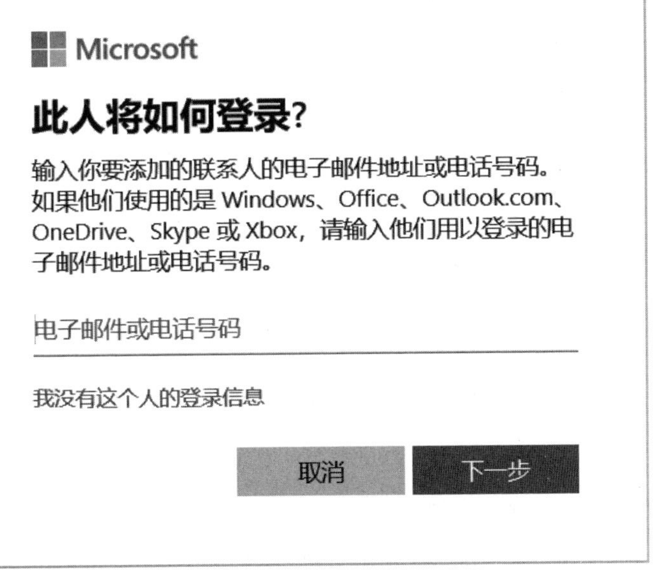


图 2-44　输入 Microsoft 账户

步骤 3：切换回“账户设置”窗口，可以看到添加的 Microsoft 账户。

步骤 4：通过在“开始”菜单中单击账户头像来切换登录的账户。

(2) 添加本地账户

步骤 1：在设置账户的窗口单击“将其他人添加到这台电脑”，在弹出的窗口中选择“我没有这个人的登录信息”，单击“下一步”按钮，选择“添加一个没有 Microsoft 账户的用户”，如图 2-45 所示。

图 2-45　添加一个没有 Microsoft 账户的用户

步骤 2：设置账户信息、名称、密码及密码提示，单击“下一步”按钮，如图 2-46 所示，完成创建。

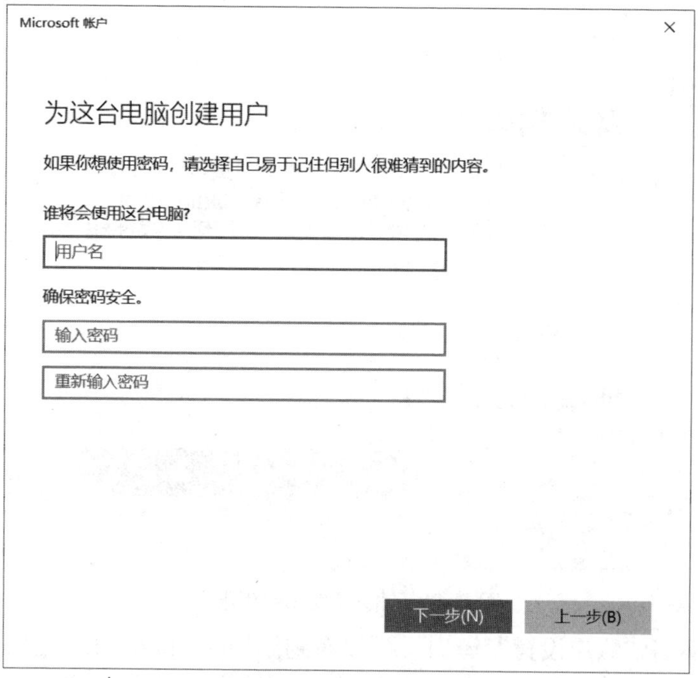

图 2-46　创建本地账户

## 2.4.2　设置个性化的操作界面

### 1. 设置桌面背景

步骤 1：在桌面空白处单击鼠标右键，在弹出的快捷菜单中选择“个性化”命令。

步骤 2：打开“个性化设置”窗口，在左侧选择“背景”选项，单击右侧“背景”选项栏的下拉箭头，选择背景类型“图片”“纯色”“幻灯片放映”中的一种，如图 2-47 所示。

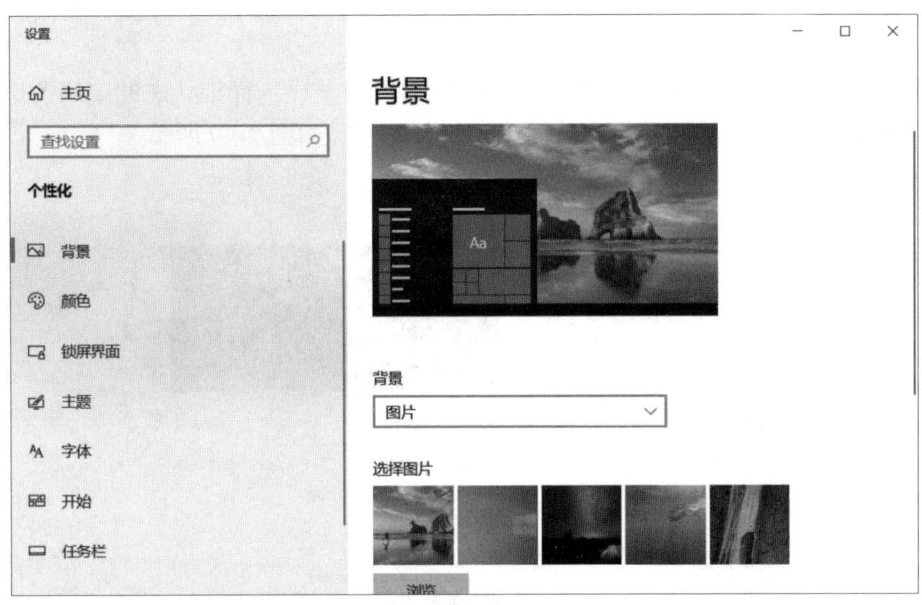


图 2-47　背景选项

步骤 3：选择“图片”，单击“浏览”按钮，在弹出的菜单中选择已存放美图的文件夹，单击选择此文件夹，如图 2-48 所示。

图 2-48　选择美图文件夹

步骤 4：选择图片，即完成桌面背景图片的设置。

## 2. 设置锁屏

Windows 10 系统的锁屏功能主要用于保护计算机的隐私安全，锁屏所用的图片称为锁屏界面。

(1) 设置锁屏界面，添加天气详情

步骤 1：在桌面的空白处右击，选择“个性化”选项，打开“设置—个性化”面板，选择“锁屏界面”选项。

步骤 2：选择锁屏图片即可，在“选择在锁屏界面上显示详细状态的应用”选项下单击“+”按钮，在弹出的快捷菜单中选择“天气”图标，如图 2-49 所示。

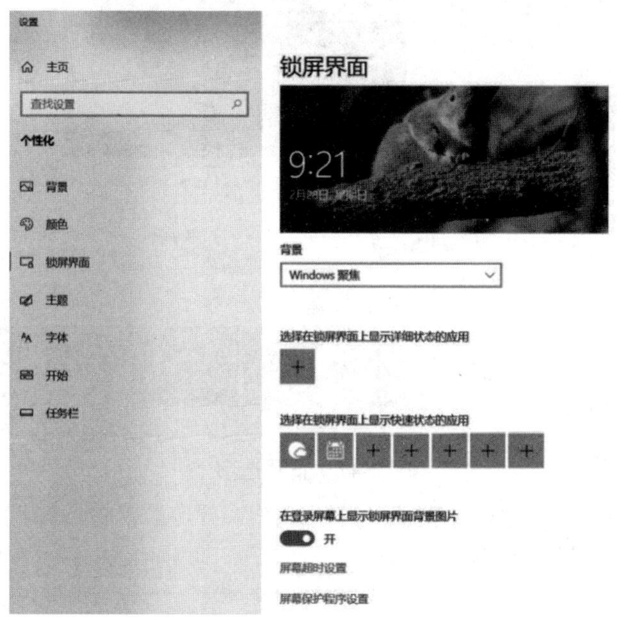


图 2-49　单击“+”按钮添加“天气”图标

(2) 设置启动锁屏时间

单击“屏幕超时设置”选项，弹出“电源和睡眠”对话框。在“屏幕”选项下设置“在使用电池电源的情况下，经过以下时间后关闭”和“在接通电源的情况下，经过以下时间后关闭”的时间，同时，也可以设置启动“睡眠”状态时间。

如果“在使用电池电源的情况下，电脑经过以下时间后进入睡眠状态”和“在接通电源的情况下，电脑在经过以下时间后进入睡眠状态”下方的时间选项设置为“从不”，则不锁屏，如图 2-50 所示。

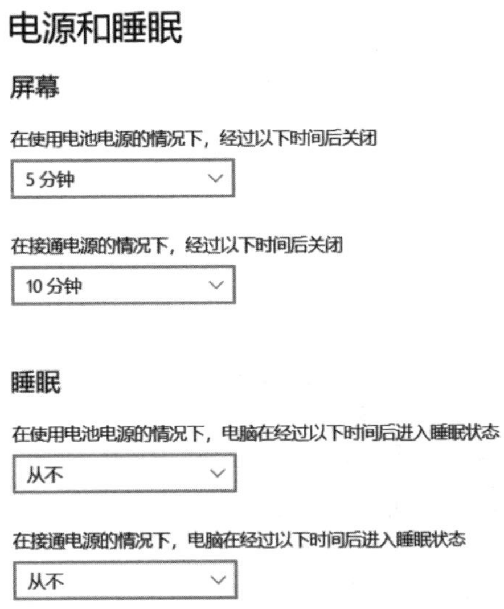
电源和睡眠
屏幕
在使用电池电源的情况下，经过以下时间后关闭
5 分钟
在接通电源的情况下，经过以下时间后关闭
10 分钟
睡眠
在使用电池电源的情况下，电脑在经过以下时间后进入睡眠状态
从不
在接通电源的情况下，电脑在经过以下时间后进入睡眠状态
从不

图 2-50　设置启动锁屏时间

(3) 设置屏幕保护

单击“屏幕保护程序设置”选项，在弹出的对话框中选择“屏幕保护程序”，设置等待时间。单击“确定”按钮，如图 2-51 所示。

屏幕保护程序设置
屏幕保护程序
屏幕保护程序(S)
变幻线
设置(T)...
预览(V)
等待(W):
3
分钟
在恢复时显示登录屏幕(R)
电源管理
通过调整显示亮度和其他电源设置以节省能源或提供最佳性能。
更改电源设置
确定
取消
应用(A)

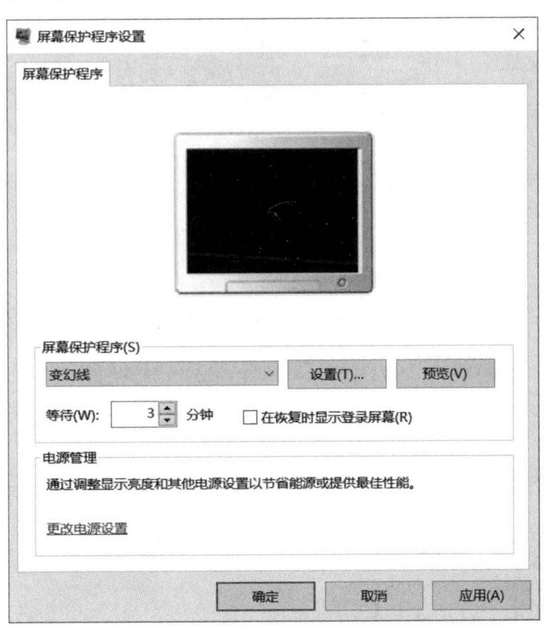

图 2-51　设置屏幕保护

### 3. 设置电脑主题

主题是桌面背景图片、窗口颜色和声音的组合。

步骤 1：在桌面空白处右击，选择“个性化”选项，在“个性化”面板左侧选择“主题”选项。

步骤 2：在“更改主题”下方选择主题，同时，用户可以根据自己的喜好在主题基础上修改背景、颜色、声音、鼠标光标等，如图 2-52 所示。

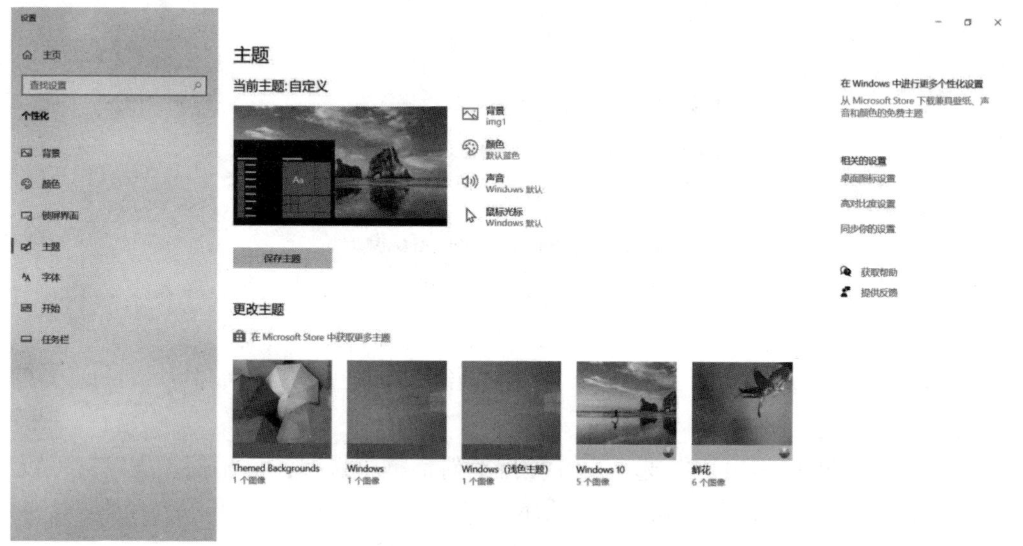


图 2-52 “主题”对话框

步骤 3：单击“颜色”，弹出“颜色”对话框，选择主题色为“紫色”，则窗口颜色和“开始”菜单、图标、选中颜色均变成紫色。

步骤 4：单击“鼠标光标”，进入“鼠标 属性”对话框，可修改指针方案、鼠标键双击速度等。

### 4. 添加字体

字体文件的扩展名有 .eot、.otf、.fon、.font、.ttf、.ttc、.woff 等。其中，大家最常用的应该是 .ttf 格式。

方法 1：从网上下载字体库，选中需要安装的字体，按住左键拖动到“个性化”设置中的“字体”窗口。

方法 2：选中需要安装的字体，右击，在弹出的快捷菜单中选择“安装”即可。

## 2.4.3 高效工作模式设置

### 1. 开启 Windows 10 的“护眼”模式

Windows 10 操作系统中增加了“夜间模式”，开启后，可以像手机一样减少蓝光，特别是在晚上或者光线特别暗的环境下，可以在一定程度上减少用眼疲劳。

步骤 1：单击屏幕右下角的“通知”图标，弹出“通知栏”。

步骤 2：在通知栏中，单击“夜间模式”按钮，则计算机屏幕亮度变暗，颜色偏黄，如图 2-53 所示。

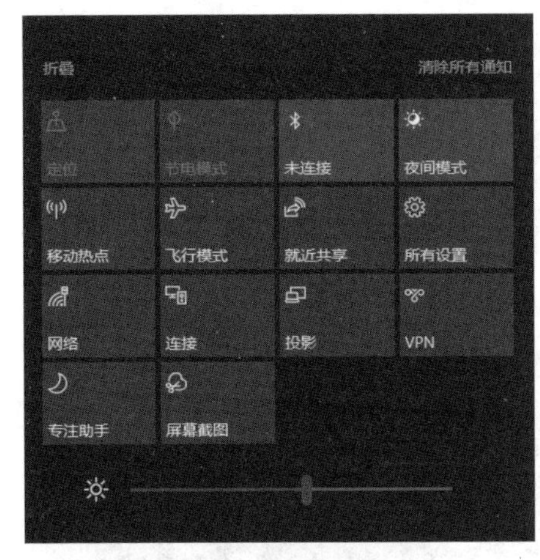


图 2-53 “夜间模式”按钮

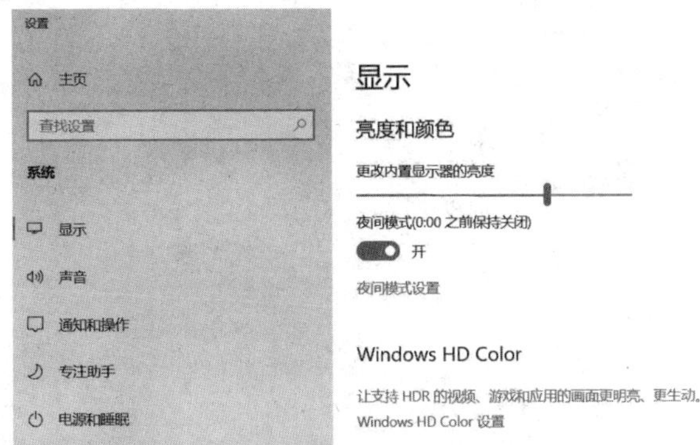


图 2-54　单击“夜间模式设置”

步骤 3：右击桌面空白处，选择“显示设置”选项卡，打开“设置—显示”面板，单击“夜间模式设置”，如图 2-54 所示。

步骤 4：在弹出的“夜间模式设置”界面中拖曳“强度”滑块，可以调节显示器亮度。

步骤 5：开启夜间模式，同时可以选择“日落到日出”或“设置小时”，如图 2-55 所示。

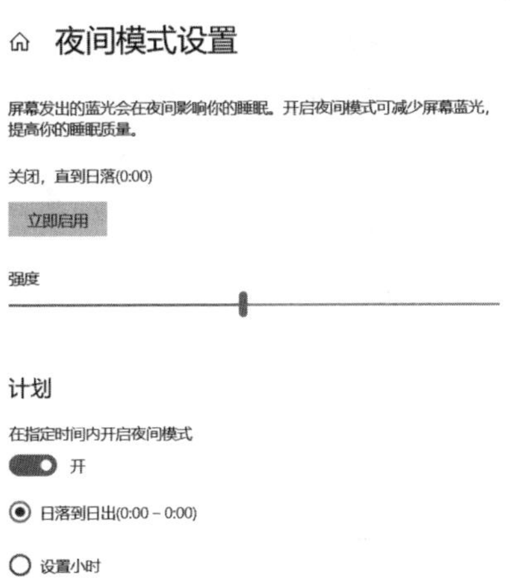


图 2-55 “夜间模式设置”对话框

## 2. 通过时间线功能寻找工作轨迹

Windows 10 新版本中推出了时间线功能，它是一个基于时间的新任务视图。开启时间线功能后，可以跟踪用户在 Windows 10 上所做的事情，例如访问的文件、应用程序、浏览器等。

一般情况下，时间线给用户提供了寻找工作轨迹的便利。如果活动情况不想被记录，可以关闭时间线功能，保护隐私。

步骤 1：查看时间线。单击任务栏中的“任务视图”按钮 ，即可快速打开任务视图，其中记录了用户近一个月的活动轨迹，如图 2-56 所示。

图 2-56 “时间线”窗口

步骤 2：删除部分“活动卡片”。用户可以通过单击“活动卡片”，跳转到当日的活动中。如果有些活动是个人隐私，则可以右击“活动卡片”，在快捷菜单中选择“删除”。

步骤 3：关闭时间线功能。按快捷键 Windows+I 打开“设置”面板，选择“隐私”选项，在弹出的“设置—隐私”面板中选择“活动历史记录”选项，在右侧将“显示这些账户的活动”下的按钮设置为“关”，如图 2-57 所示。

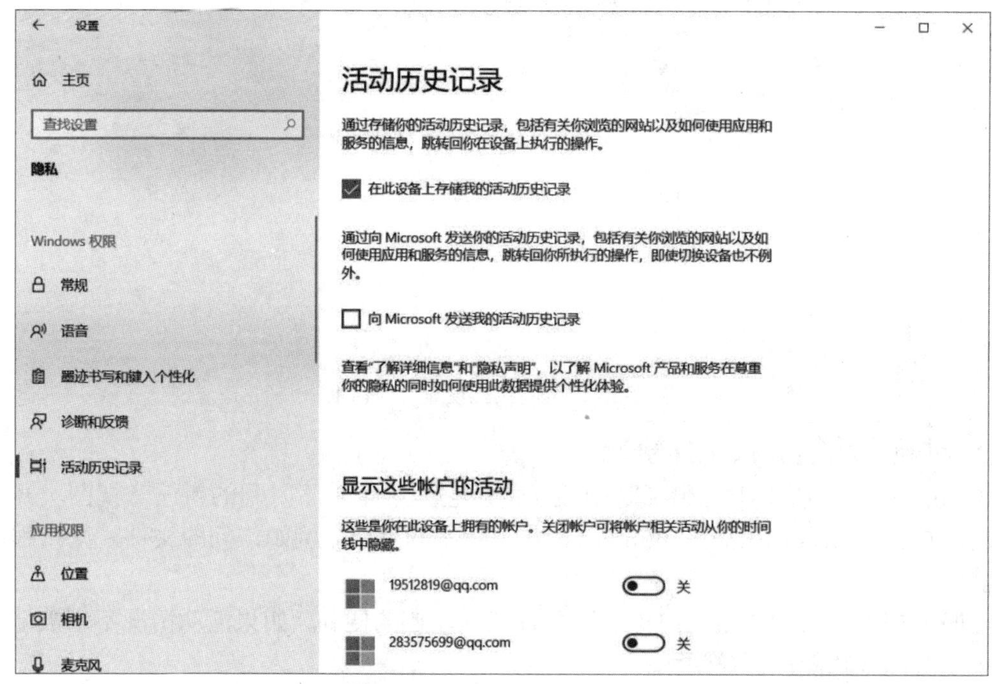


图 2-57 “活动历史记录”窗口

### 3. 专注助手 —— 开启免打扰高效工作

Windows 10 中的“专注助手”功能类似于手机中的免打扰模式，模式启动后，禁止所有通知，如系统和应用消息、邮件通知、社交信息等，当关闭模式后，禁止的通知会重新展示。

步骤 1：按快捷键 Windows+I 打开“设置”面板，单击“系统”图标。

步骤 2：单击“专注助手”选项，右侧窗口中有“关”“仅优先通知”“仅限闹钟”3 种模式，用户根据需要自行选择。

步骤 3：在“自动规则”选项下，设置何种情况自动开启“专注助手”，如图 2-58 所示。

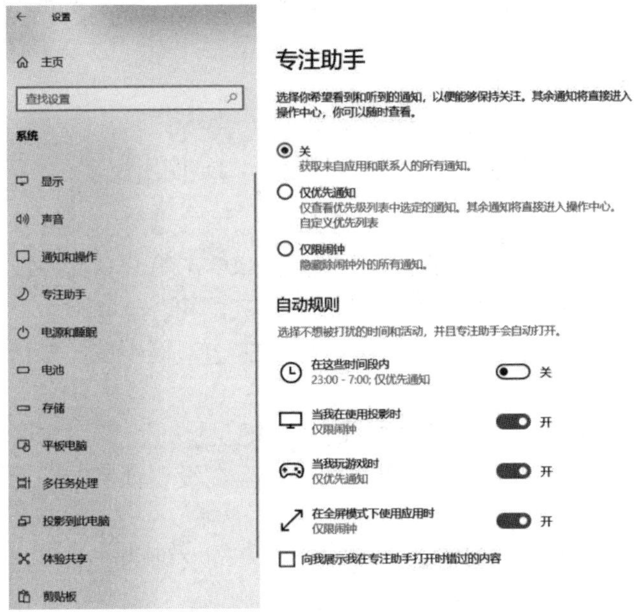


图 2-58 “专注助手”窗口

# 本章习题

## 一、单选题

1. 打开“运行”对话框的 Windows 快捷键是（　）。

A. Windows+C　B. Windows+R　C. Windows+K　D. Windows+A

2. 选择文档或窗口中的所有项目，使用快捷键（　）。

A. Ctrl+C　B. Ctrl+X　C. Ctrl+A　D. Ctrl+V

3.Windows 10 中切换输入法的快捷键为（　）。

A. Windows+ 空格　B. Windows+Alt　C. Windows+Ctrl　D. Windows+Shift

4. 以下哪个文件扩展名为可执行文件（　）。

A. .txt　B. .bat　C. .docx　D. .exe

5. 在 Windows 10 操作系统中，文件名不可以（　）。

A. 包含空格　B. 使用大写字母　C. 包含符号 *　D. 使用汉字

## 二、填空题

1. 选定一组相邻文件或文件夹的方法是：用鼠标单击第一个文件或文件夹，然后按住_____键不放，再单击要选中的最后一个文件或文件夹即可。

2. 选定一组不相邻文件或文件夹的方法是：按住____键不放，依次单击想要选定的各个文件或文件夹即可。

3. 复制文件的快捷键是____，粘贴文件的快捷键是____，剪切文件的快捷键是____。

4.____是一个长条形区域，一般位于桌面底部。在没有锁定的情况下，可以按住鼠标左键将其拖到屏幕的任意一边。

5.Windows 10 的文件名长度最大为____个字符，而文件的全路径名长度最大为____个字符。

## 三、简答题

1. 操作系统的功能有哪些?

2. Windows 10 操作系统有哪些版本?

3. 写出制作 U 盘系统启动盘的步骤。

# 本章实训

## 实训　Windows 10 基本操作

### 一、实训目的

1. 掌握使用 Windows 10 的基本方法。

2. 掌握窗口的基本操作。

3. 掌握文件和文件夹的基本操作。

### 二、实训环境

安装了 Windows 10 操作系统的计算机。

### 三、实训内容

1.Windows 10 窗口的基本操作

双击桌面上“此电脑”图标，打开“此电脑”窗口，进行如下操作。

(1) 单击窗口右上角的三个按钮，实现最小化、最大化 / 还原和关闭窗口操作。

(2) 单击还原窗口按钮后，拖动窗口边框或窗口角，调整窗口大小。

(3) 将鼠标移到窗口的标题栏上并拖动鼠标，进行窗口移动；双击标题栏，最大化窗口或还原窗口。

(4) 按 Alt+ 空格组合键，在窗口左上角打开控制菜单，然后使用控制菜单对窗口进行操作。

(5) 按 Alt+F4 组合键，关闭窗口。

2. 计算机主题的设置

(1) 更改当前的桌面主题为“鲜花”。

(2) 更改当前的窗口颜色为“深色”。

(3) 设置当前的桌面背景为幻灯片放映，并为幻灯片选择相册，图片切换频率为 1 分钟，无序播放。

(4) 设置屏幕保护程序为 3D 文字，屏幕保护等待时间为 5 分钟。

(5) 更改屏幕分辨率为 1280×720。

3. 任务栏的设置

(1) 设置在桌面模式下自动隐藏任务栏。

(2) 设置在屏幕的顶部显示任务栏。

(3) 设置“从不”合并任务栏按钮。

4. 文件及文件夹的基本操作

(1) 在 D 盘根目录上创建一个名为“上机实训”的文件夹。

(2) 在“上机实训”文件夹中创建 1 个名为“操作系统上机实训”的子文件夹和 2 个分别命名为“2.xlsx”和“3.pptx”的空白文件。

(3) 在“操作系统上机实训”文件夹中创建一个名为“1.docx”的空白文件。

(4) 将文件“1.docx”改名为“介绍信 .docx”，将文件夹“上机实训”改名为“作业”。

(5) 在“作业”文件夹中分别尝试选择一个文件、同时选择两个文件、一次同时选择所有文件和文件夹。

(6) 将“介绍信 .docx”复制到 C 盘根目录。

(7) 将 D 盘根目录中的“作业”文件夹移动到 C 盘根目录。

(8) 将“作业”文件夹中的“2.xlsx”文件删除放入“回收站”。

(9) 还原被删除的“2.xlsx”文件到原位置。

5. 搜索文件或文件夹

搜索 C 盘上所有以字母“a”开头，文件大小小于 10KB 的文本文件。

提示：搜索时，可以使用“?”和“*”。“?”表示任意一个字符，“*”表示任意多个字符。

6. 使用画图程序

使用画图程序绘制一幅画，保存到 C 盘中的“作业”文件夹下，文件名为自己的姓名。

# 第 3 章　文字处理 Word 2016

## 学习导读

Microsoft Office 是应用最为广泛的办公软件，Word 2016 是该办公软件中重要的组件之一。Word 2016 增强后的功能，可创建更加专业的文档，使用它可以更加轻松地与他人协同工作，并可在任何地点访问你的文件。

Word 2016 可提供各种文档格式设置工具，利用它可更轻松、高效地组织和编写文档，用户可以轻松得到专业级的文档格式编排效果。

## 学习目标

- ➢ 熟练掌握 Word 2016 文档的基本操作。
- ➢ 熟练掌握 Word 2016 文档文字格式、段落格式的设置。
- ➢ 熟练掌握在 Word 2016 文档中创建及编辑表格的方法。
- ➢ 熟练掌握在 Word 2016 文档中插入图片、形状、艺术字的方法及格式设置。
- ➢ 熟练掌握 Word 2016 样式、编号、目录、页眉、页脚的设置。

## 3.1　文档的基本操作

制作“教师培训计划”文档，完成后的效果如图 3-1 所示。

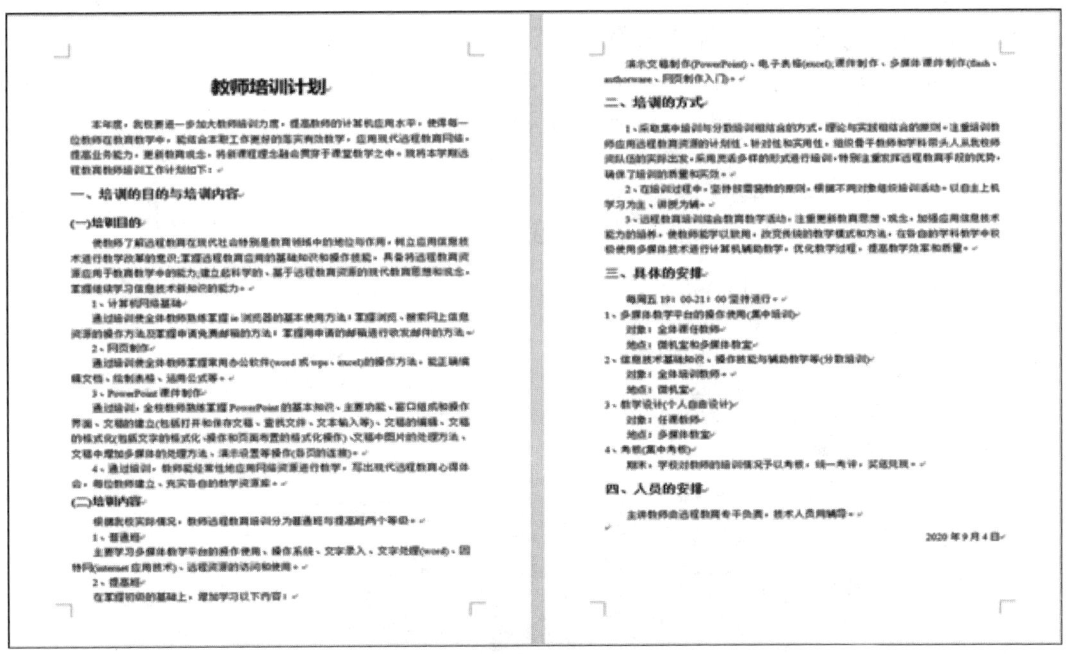


图 3-1　制作教师培训计划效果图

### 3.1.1 创建文档

在编排教师培训计划前，首先需要创建一个“教师培训计划”文档，并准确设置文档的格式。

#### 1. 新建空白文档

在编排文档前要养成良好的习惯，将要创建的文档保存到正确的位置，并以合理的名字命名，以防文档丢失。

步骤 1：新建文档。单击左下角“开始”按钮，在弹出的“开始菜单”中选择“Word 2016”命令，在打开的对话框中选择“空白文档”即可，如图 3-2 所示。

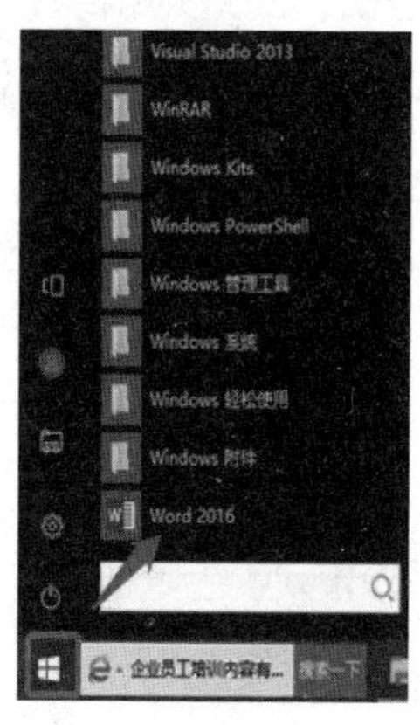


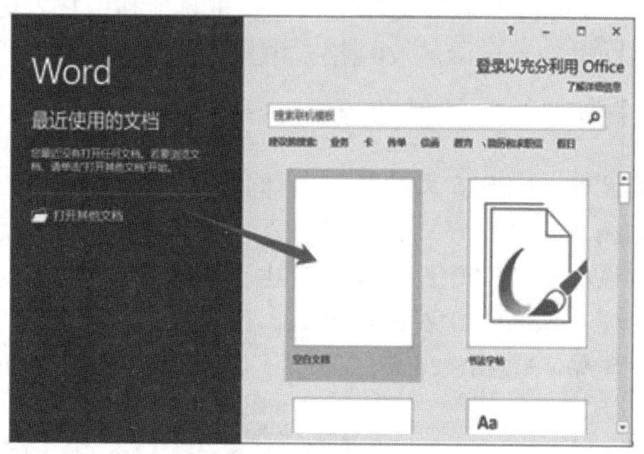


图 3-2　新建文档

步骤 2：保存文档。在打开的 Word 2016 窗口中，选择左上角“文件”命令或“保存”按钮，在打开的级联菜单中选择“浏览”命令，将打开“另存为”对话框，如图 3-3 所示。在路径框选择文档保存的位置，在文件名框输入文档名称“教师培训计划 .docx”，最后单击“保存”按钮，则将文档保存到指定的位置。

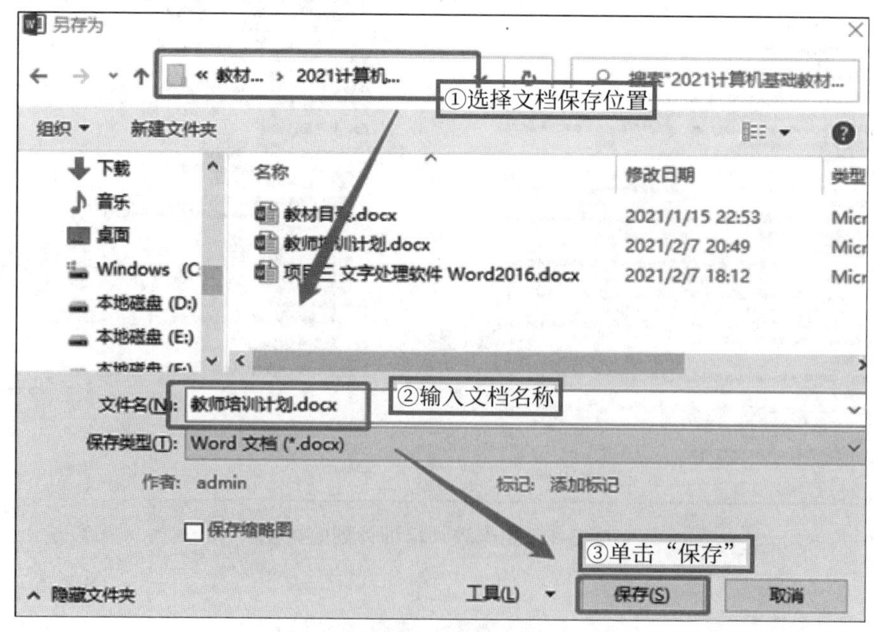


图 3-3　保存文档

### 2. 设置页面大小

不同的文档对页面大小有不同的要求，在文档创建完成后，应根据需求对页面大小进行设置。一般情况使用 A4 页面大小。

切换到“布局”选项卡，单击“纸张大小”右侧小三角形按钮，选择“A4”选项，如图 3-4 所示。

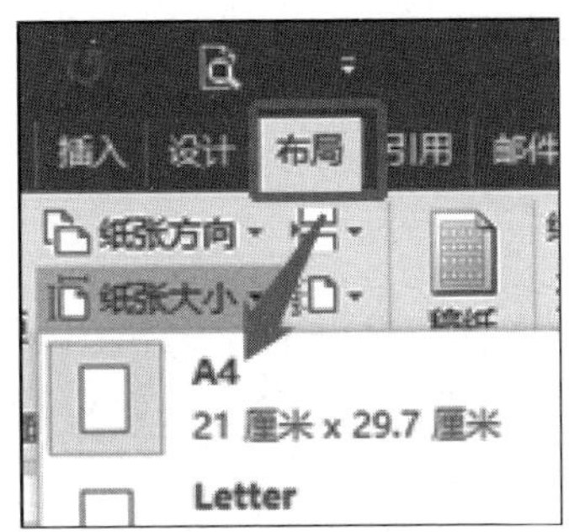


图 3-4　设置纸张大小

### 3. 设置页边距

页边距是指页面的边线到文字的距离，通常在页边距内输入文字或图形内容。这里将培训计划的上下页边距设置为 2.0 厘米，左右页边距设置为 2.5 厘米。

步骤 1：打开“页面设置”对话框。单击“页面设置”分组右下角“对话框启动”按钮即可打开“页面设置”对话框。

步骤 2：设置页边距。在“页面设置”对话框中，输入页面边距的数值，上下为“2.0 厘米”，左右为“2.5 厘米”，然后单击“确定”按钮，如图 3-5 所示。

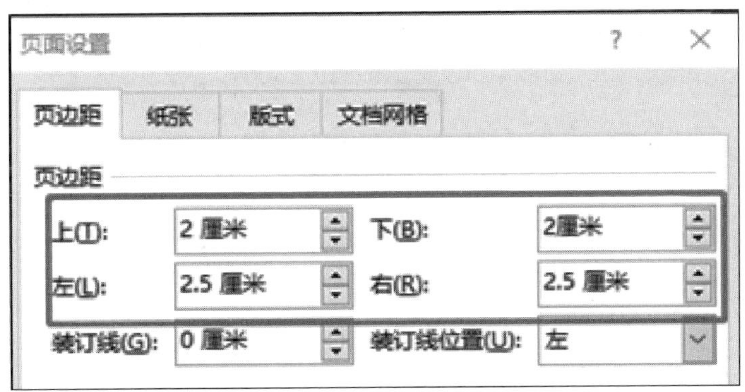


图 3-5　设置页边距

## 3.1.2　编辑文档

“教师培训计划”的文档基本格式设置完成后，就可以录入文档内容了。在录入内容时，当输入一段后需按“Enter”键进行换行，再进行下一段的录入。当文档的内容录入完成后，就可以对文档的内容进行排版设置。

## 1. 复制和粘贴文本

在录入和编辑文档内容时，有时需要从外部文件或其他文档中复制一些文本内容。本节将从素材文本文件中复制教师培训计划内容到 Word 中进行编辑，这就涉及文本内容的复制与粘贴操作。具体操作步骤如下：

步骤 1：复制文本。在记事本中打开素材文件“教师培训计划 .txt”文件，按“Ctrl+A”组合键全选文本内容，再按“Ctrl+C”组合键复制所选内容。

步骤 2：粘贴文本。将文本插入点定位于 Word 文档的末尾，按“Ctrl+V”组合键即可将复制的内容粘贴到文档中。

## 2. 查找和替换文本

从其他文件向 Word 文档中复制和粘贴时，经常出现很多空格和空行。此时，可以使用“查找和替换”命令，批量替换或删除这些空格和空行。

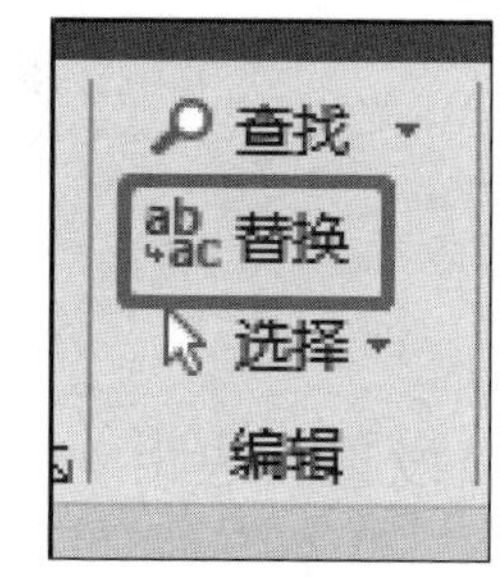


图 3-6　替换命令

步骤 1：执行“替换”命令。复制文中的任何一个汉字符空格“　”，单击“开始”选项卡，在“编辑”组中单击“替换”按钮，如图 3-6 所示，即可打开“查找和替换”对话框。

步骤 2：替换空格。在“查找内容”文本框中粘贴复制文中的任意一个汉字字符空格“　”，在“替换为”文本框中不输入任何字符，单击“全部替换”按钮，即可完成将全部空格删除，如图 3-7 所示。

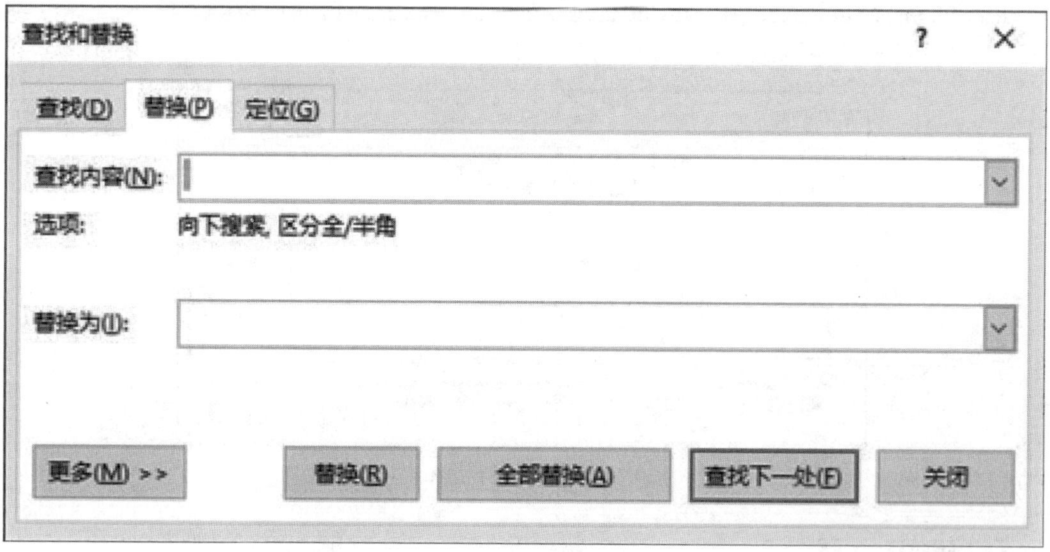

图 3-7　替换空格

步骤 3：替换空行。打开“查找和替换”对话框，在“查找内容”文本框中输入“^p^p”，在“替换为”文本框中输入“^p”，单击“全部替换”按钮，即可完成将空行删除，如图 3-8 所示。

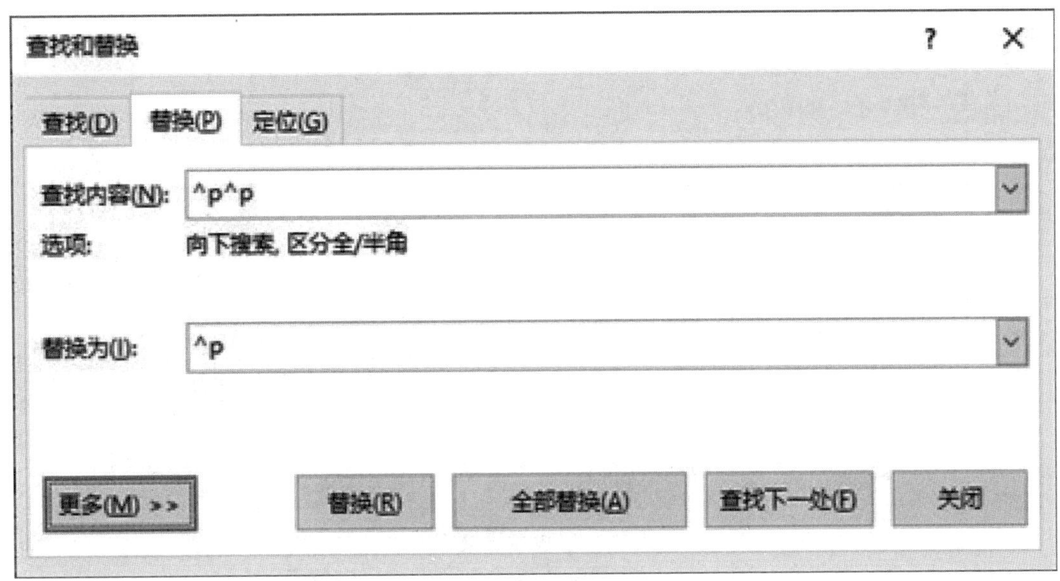


图 3-8　替换空行

### 3. 设置文档的文字格式

对 Word 文档进行排版时，要对文档内容进行字体等设置。设置文字格式，必须遵循“先选定、后操作”的原则，即首先选择需要更改格式的字符，然后再设置所需要的格式。

步骤 1：设置标题字体。在选定区单击选中标题文字“教师培训计划”，切换到“开始”选项卡，从“字体”组中的“字体”下拉列表中选择“微软雅黑”选项，从“字号”下拉列表中选择“二号”选项，单击“加粗”按钮使标题更加突出，如图 3-9 所示。

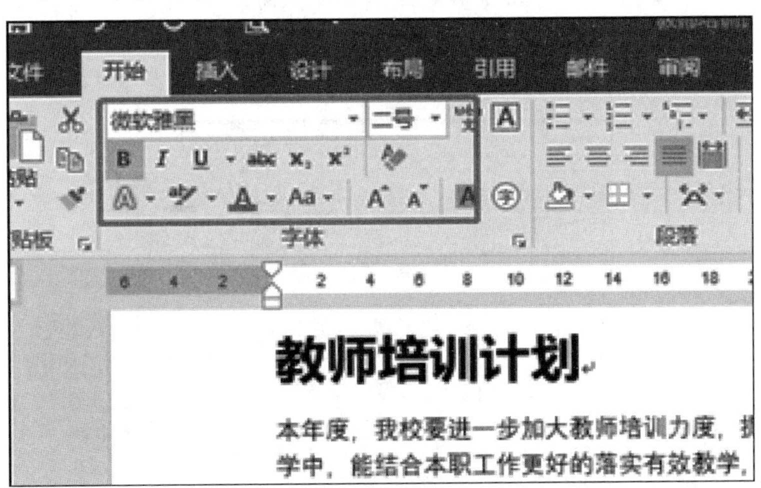


图 3-9　设置标题字体

步骤 2：设置正文字体。选中所有正文文本，单击“字体”组右下角“对话框启动”按钮，打开“字体”对话框，从“中文字体”下拉列表中选择“宋体”选项，从“西文字体”下拉列表中选择“Times New Roman”选项，从“字形”下拉列表中选择“常规”选项，从“字号”下拉列表中选择“小四”选项，设置完后如图 3-10 所示，然后单击“确定”按钮。

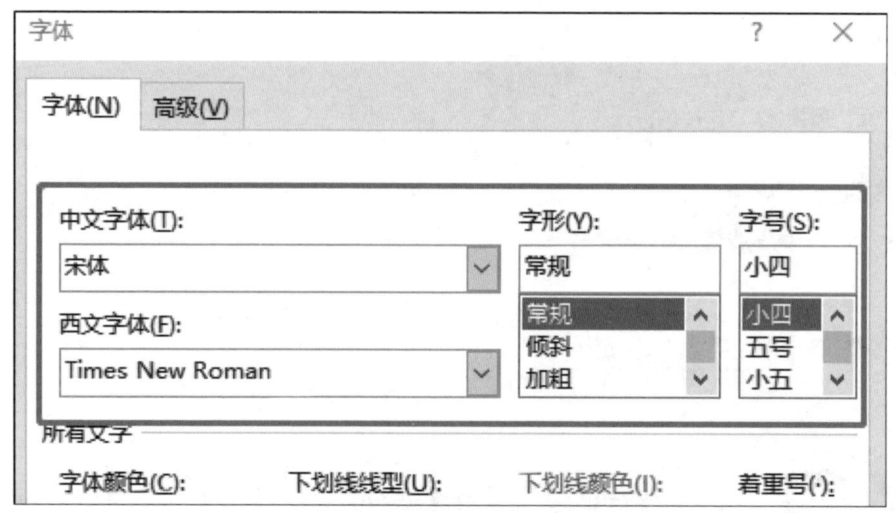


图 3-10　设置正文字体

步骤 3：设置小标题字体。选中小标题文字“一、培训的目的与培训内容，二、培训的方式……”，切换到“开始”选项卡，从“字体”组中的 “字号”下拉列表中选择“三号”选项，单击“加粗”按钮。

步骤 4：设置其他小标题字体。选中小标题文字“（一）培训目的，（二）培训内容”，从“字体”组中的 “字号”下拉列表中选择“四号”选项，单击“加粗”按钮。

## 4. 设置文档的段落格式

一篇好的文档首先需要有一个好的段落格式，在 Word 文档中通过设置段落对齐方式、段落缩进和段落间距等格式，可以使整篇文档条理清晰、错落有致，同时又富有个性。

步骤 1：设置标题对齐格式。选中标题文字“教师培训计划”，切换到“开始”选项卡，单击“段落”组中的“居中”按钮，将标题文字居中显示，如图 3-11 所示。

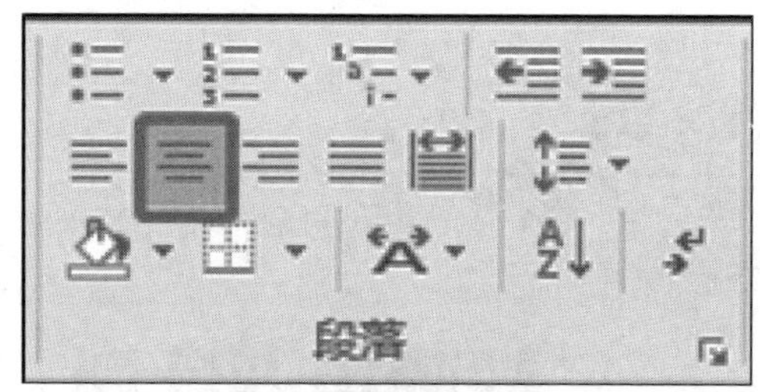


图 3-11　设置文字居中

步骤 2：设置日期对齐格式。选中文档最后一行日期，单击“段落”组中的“右对齐”按钮，将日期文字靠右对齐显示。

步骤 3：设置正文段落格式。①选中第一段，单击“段落”组中的“对话框启动”按钮，打开“段落”对话框。②从“缩进”栏的“特殊格式”下拉列表中选择“首行缩进”选项，将“缩进值”微调框设置为“2 字符”。③从“间距”栏的“行距”下拉列表中选择“固定值”选项，将“设置值”微调框设置为“20 磅”，如图 3-12 所示，单击“确定”按钮。④保持第一段选中状态，双击“剪贴板”组中的“格式刷”按钮，然后单击其他文本段落。格式复制完成后，再次单击“格式刷”按钮，将其他正文设置为同样的格式。

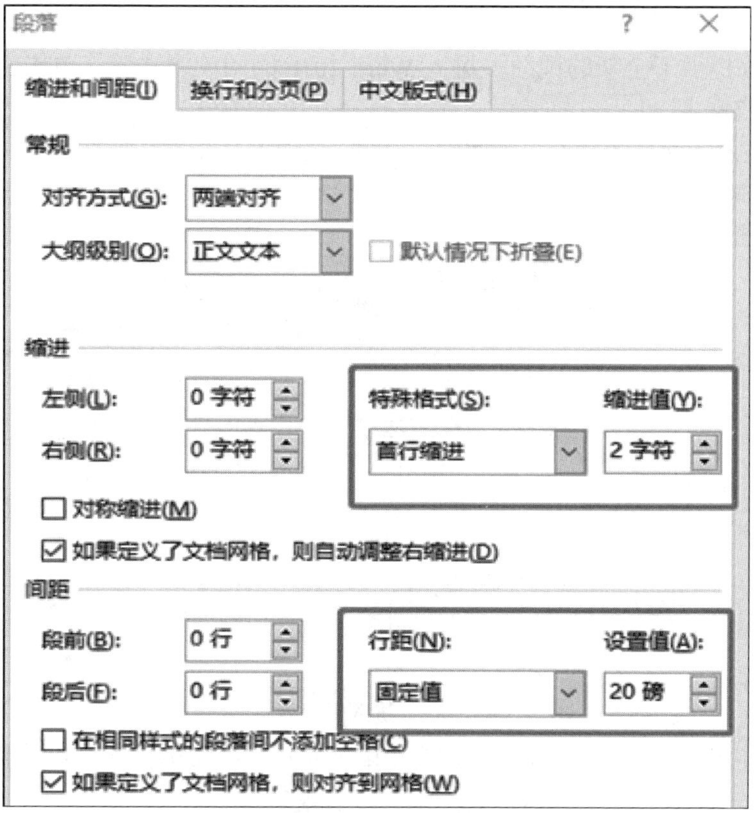

图 3-12　设置段落缩进

步骤 4：设置标题段落间距。选中标题文字“教师培训计划”，打开段落对话框，在“间距”栏将段前和段后右侧的微调框值均设置为“1 行”，如图 3-13(a) 所示。

步骤 5：设置其他小标题段落间距。①选中小标题文字“一、培训的目的与培训内容”，打开段落对话框，在“间距”栏将段前和段后右侧的微调框值均设置为“0.5 行”，如图 3-13(b) 所示。②使用“格式刷”将此格式复制到其他小标题文本。

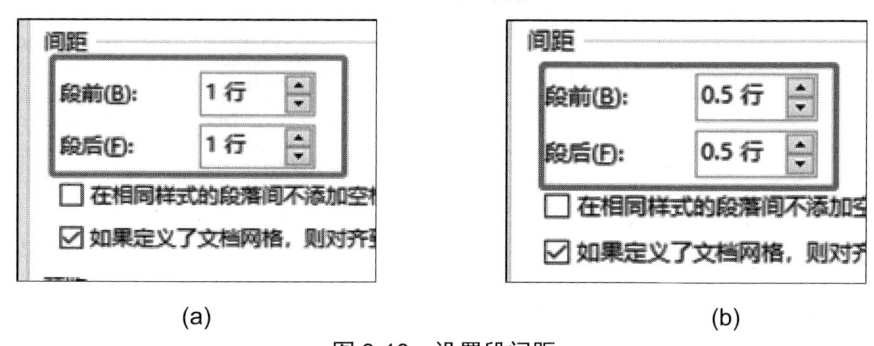


(a)　　　(b)

图 3-13　设置段间距

## 3.1.3　预览文档

在编排完文档后，通常需要查看文档排版后的整体效果，下面介绍以不同方式对文档进行查看。

## 1. 使用阅读视图预览文档

Word 2016 提供了全新的视图，进入 Word 2016 的阅读模式后，单击左右的箭头按钮即可完成翻屏查看。

步骤 1：进入阅读视图状态。切换到“视图”选项卡，单击“视图”组中的“阅读视图”按钮，如图 3-14(a) 所示；也可以单击窗口下方状态栏上的“阅读视图”按钮，进入阅读视图界面，如图 3-14(b) 所示。

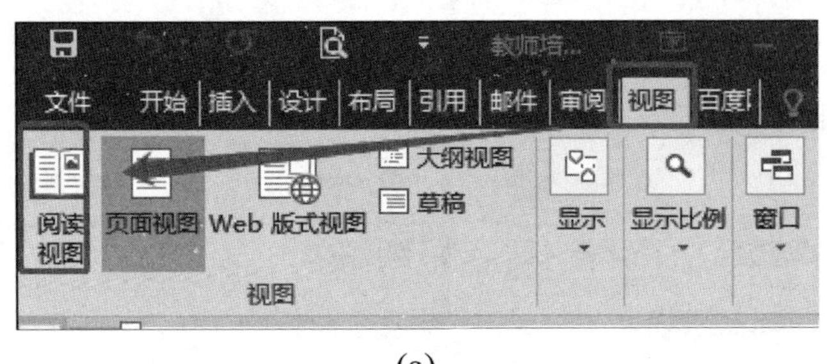


(a)

节: 1　第 1 页, 共 2 页

(b)

图 3-14　进入阅读视图

步骤 2：翻屏阅读。进入阅读视图状态，单击左右的箭头按钮即可进行翻屏，如图 3-15 所示。

步骤 3：设置页面颜色。单击“视图”选项卡，在弹出的级联菜单中选择“页面颜色—褐色”命令即可修改页面的颜色，如图 3-16 所示。

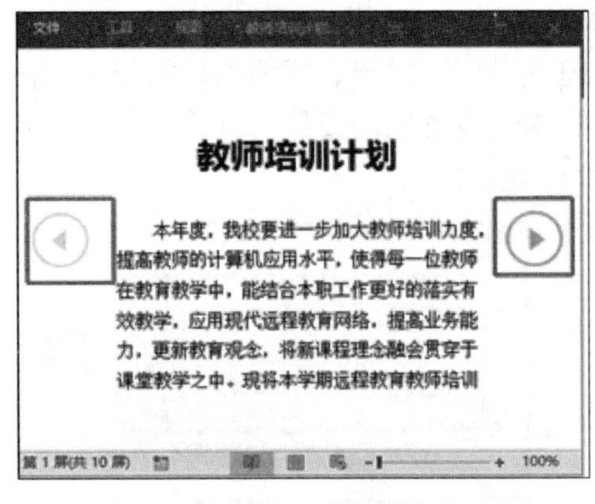


图 3-15　阅读视图

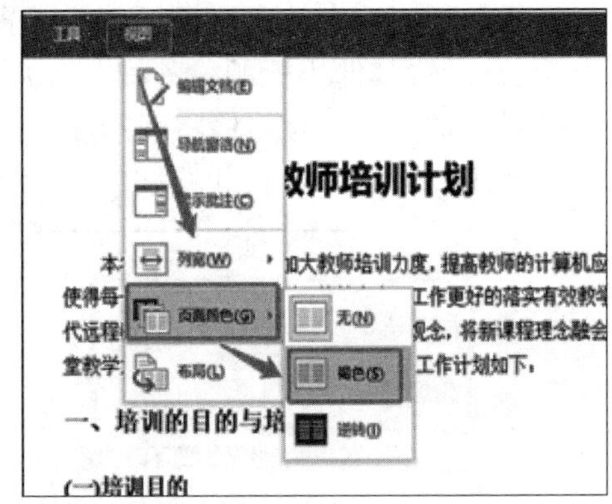


图 3-16　设置页面颜色

## 2. 使用“导航窗格”

Word 2016 提供了可视化的“导航窗格”功能。使用“导航窗格”可以快速查看文档结构图和页面缩略图，从而帮助用户快速定位文档位置。

步骤 1：打开“导航窗格”。单击“视图”选项卡，选中“显示”组中的“导航窗格”复选框，即可调出“导航窗格”，如图 3-17 所示。

步骤 2：浏览文档。在“导航窗格”中，单击“页面”选项卡，即可查看文档的页面缩略图；在查看页面缩略图时，可以拖动右边的滑块查看文档，如图 3-18 所示。

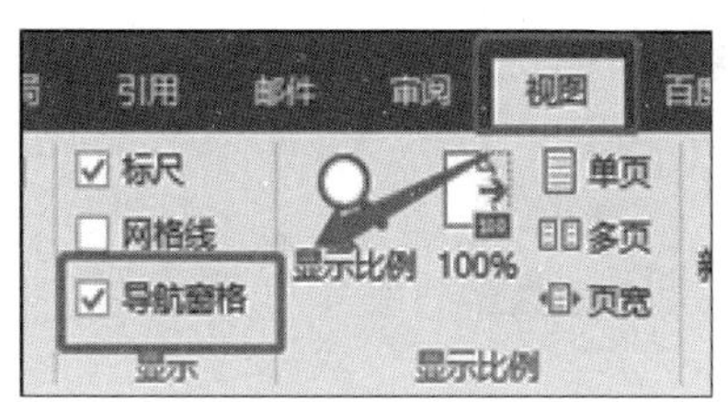


图 3-17　打开“导航窗格”

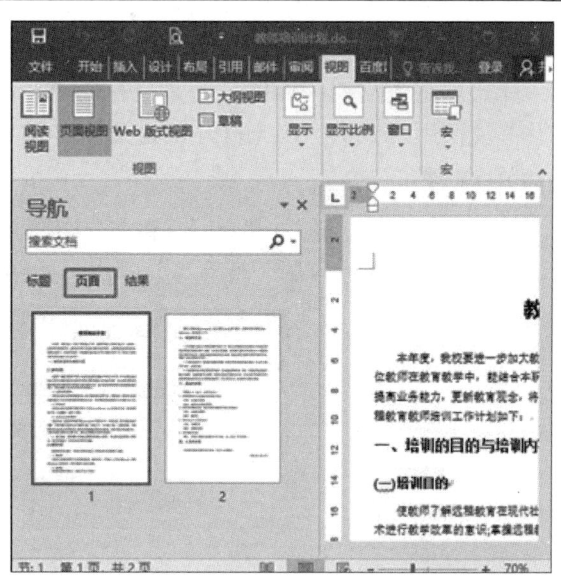


图 3-18　利用“导航窗格”浏览文档

## 3.2　格式化文档

一篇好的文章除了要有好的内容外，好的排版也非常重要。好的排版不但可以增强读者阅读的兴趣，还能使文章的重点更加突出，条理更加清晰。因此不但要对文章的字体及段落进行设置，还要对文章的标题样式、边框、底纹、分栏、项目符号等进行设置，以形成自身特有风格，加深读者阅读印象。本节详细介绍散文——《春》排版的具体步骤，排版完成后的效果如图 3-19 所示。

散文《春》的排版，主要包括样式的应用、段落格式的设置、边框与底纹的添加、项目符号的设置、分栏设置等内容。

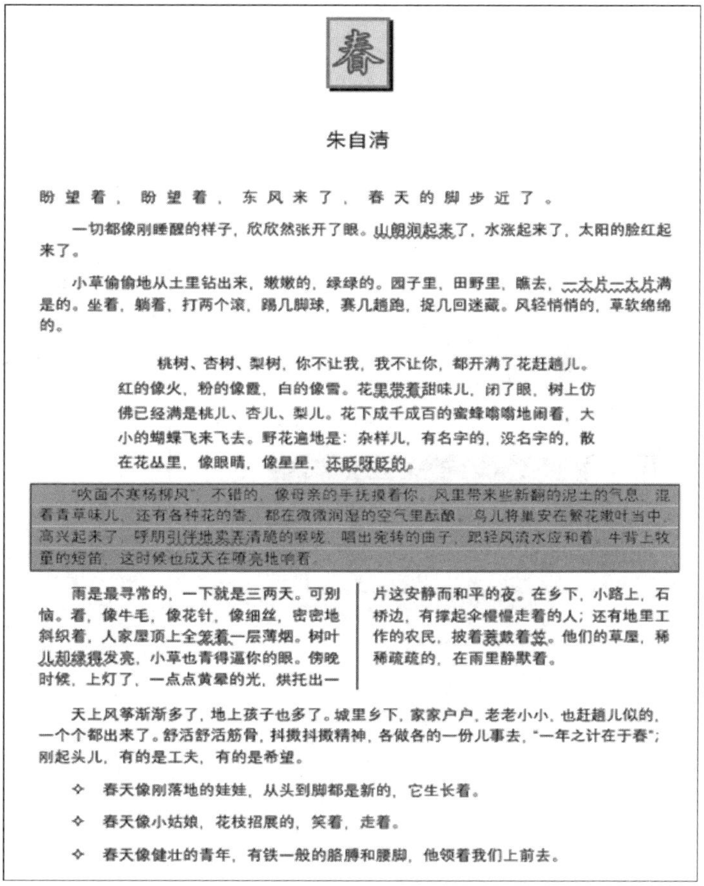

朱自清

盼 望 着 ， 盼 望 着 ， 东 风 来 了 ， 春 天 的 脚 步 近 了 。

一切都像刚睡醒的样子，欣欣然张开了眼。山朗润起来了，水涨起来了，太阳的脸红起来了。

小草偷偷地从土里钻出来，嫩嫩的，绿绿的。园子里，田野里，瞧去，一大片一大片满是的。坐着，躺着，打两个滚，踢几脚球，赛几趟跑，捉几回迷藏。风轻悄悄的，草软绵绵的。

桃树、杏树、梨树，你不让我，我不让你，都开满了花赶趟儿。红的像火，粉的像霞，白的像雪。花里带着甜味儿，闭了眼，树上仿佛已经满是桃儿、杏儿、梨儿。花下成千成百的蜜蜂嗡嗡地闹着，大小的蝴蝶飞来飞去。野花遍地是：杂样儿，有名字的，没名字的，散在花丛里，像眼睛，像星星，还眨呀眨的。

“吹面不寒杨柳风”，不错的，像母亲的手抚摸着你。风里带来些新翻的泥土的气息，混着青草味儿，还有各种花的香，都在微微润湿的空气里酝酿。鸟儿将巢安在繁花嫩叶当中，高兴起来了，呼朋引伴地卖弄清脆的喉咙，唱出宛转的曲子，跟轻风流水应和着。牛背上牧童的短笛，这时候也成天在嘹亮地响着。

雨是最寻常的，一下就是三两天。可别恼。看，像牛毛，像花针，像细丝，密密地斜织着，人家屋顶上全笼着一层薄烟。树叶儿却绿得发亮，小草也青得逼你的眼。傍晚时候，上灯了，一点点黄晕的光，烘托出一片这安静而和平的夜。在乡下，小路上，石桥边，有撑起伞慢慢走着的人；还有地里工作的农民，披着蓑戴着笠。他们的草屋，稀稀疏疏的，在雨里静默着。

天上风筝渐渐多了，地上孩子也多了。城里乡下，家家户户，老老小小，也赶趟儿似的，一个个都出来了。舒活舒活筋骨，抖擞抖擞精神，各做各的一份儿事去，“一年之计在于春”；刚起头儿，有的是工夫，有的是希望。

- 春天像刚落地的娃娃，从头到脚都是新的，它生长着。
- 春天像小姑娘，花枝招展的，笑着，走着。
- 春天像健壮的青年，有铁一般的胳膊和腰脚，他领着我们上前去。

图 3-19 《春》排版效果图

## 3.2.1 样式的应用

样式规定了文档中标题、正文等各个文本元素的形式，使用样式可以使文本格式统一。在设置及使用样式前，首先打开素材文件“春.docx”，接下来再进行设置，具体步骤如下。

### 1. 应用样式

快速应用样式。选中第一行“春”，切换到“开始”选项卡，单击“样式”组中的“标题 1”即可将标题行应用“标题 1”样式，如图 3-20 所示。

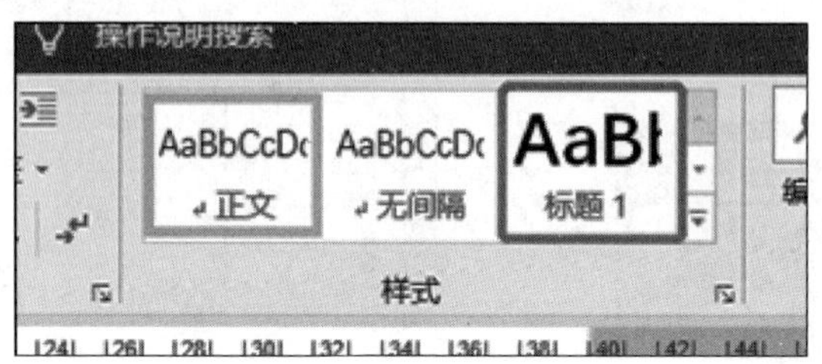


图 3-20 应用样式

### 2. 修改样式

具体步骤如下。

步骤 1：设置字体格式。在“标题 1”样式上右击，选择“修改”命令，如图 3-21 所示，打开“修改样式”对话框，在“格式”栏设置字体为“楷体”、字号为“小初”、加粗，如图 3-22 所示。

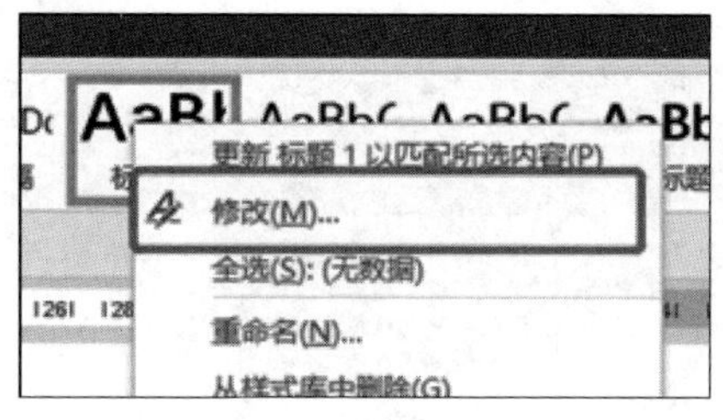


图 3-21 打开“修改样式”对话框

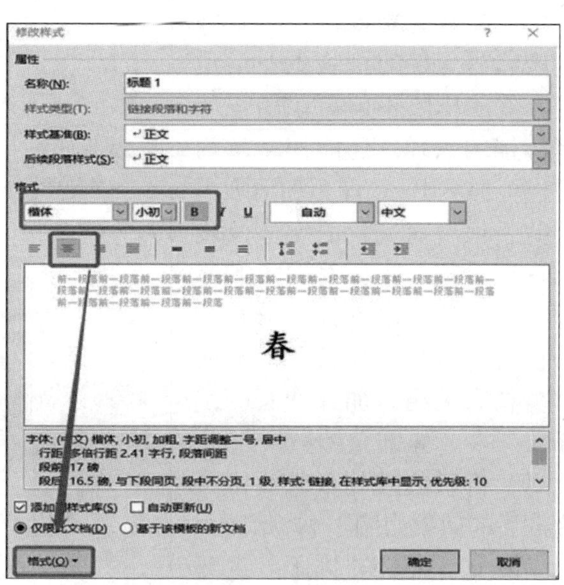


图 3-22 修改样式

步骤 2：设置空心字。①单击图 3-22“修改样式”对话框左下按钮“格式”，在弹出的菜单中选择“文字效果”。②打开“设置文本效果格式”对话框，设置文本填充为“无填充”、文本轮廓为“实线”，线的颜色为“蓝色”、宽度为“1.5 磅”，如图 3-23 所示。③单击“确定”。

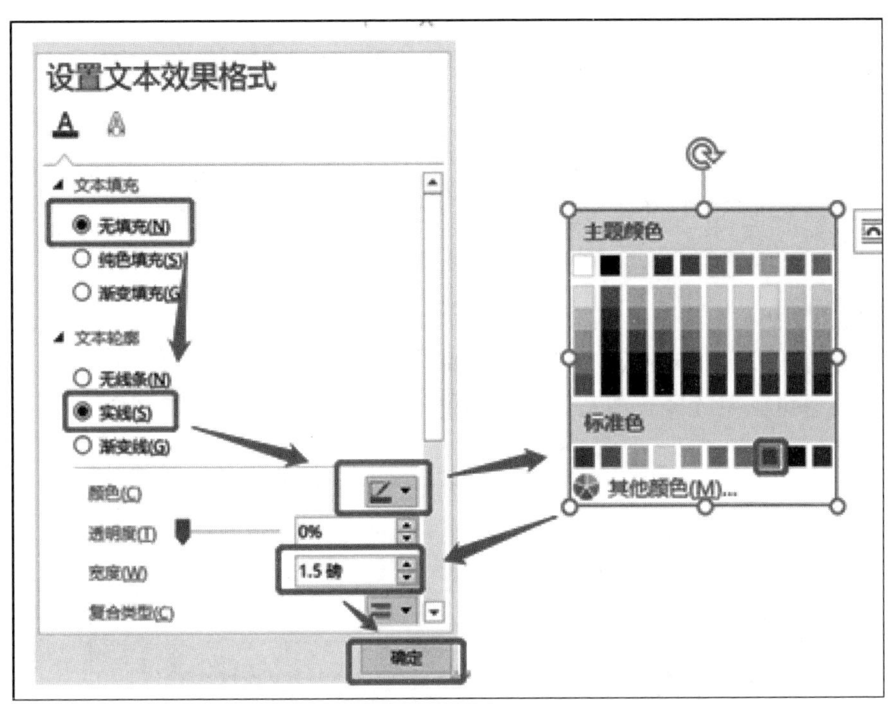


图 3-23　设置空心字

## 3.2.2　设置段落和字符格式

### 1. 设置段间距

步骤 1：设置正文段后间距。选中全部正文，打开 “段落”对话框，在段后间距微调框中输入“8 磅”，如图 3-24 所示。

步骤 2：设置正文第 1 段前间距。选中正文第 1 自然段，打开“段落”对话框，在段前间距微调框中输入“18 磅”。

### 2. 设置行间距

设置正文第 4 段行间距。选中正文第 4 段，打开 “段落”对话框，在行距下拉框中选择固定值，在设置值框中输入“18 磅”，如图 3-24 所示。

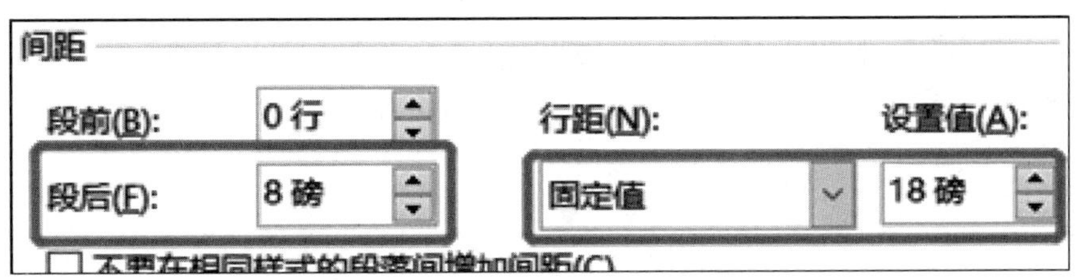


图 3-24　设置段间距、行间距

**3. 设置段落缩进**

设置正文缩进。①保持正文第 4 段选中状态，打开“段落”对话框，在缩进的“左侧”“右侧”右边的微调框中分别输入“1.8 厘米”，特殊下拉框中选择“首行”、缩进值微调框中输入“0.9 厘米”，如图 3-25 所示。②选择其他段（除第 1 段、第 4 段外），设置首行缩进为 2 个字符。

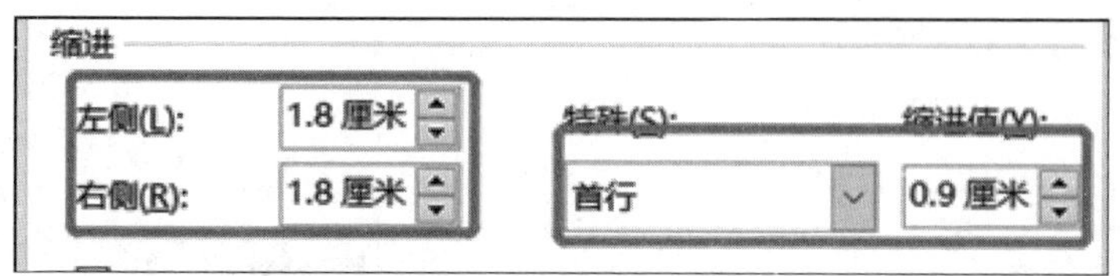


图 3-25　设置段落缩进

**4. 设置字符间距**

设置正文第 1 段字符间距。①选择第 1 段，打开“字体”对话框。②单击“高级”选项卡，在间距下拉框中选择“加宽”，在磅值框中输入“3 磅”，如图 3-26 所示。③单击“确定”按钮。

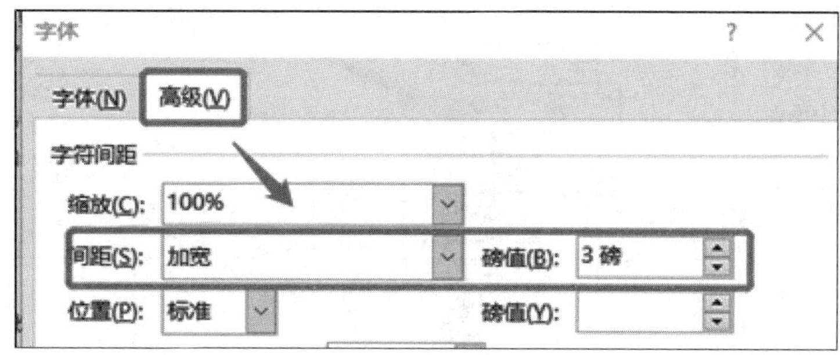


图 3-26　设置字符间距

## 3.2.3　添加边框和底纹

为了突出显示某个段落，美化文档，可以给文本、图形、段落、表格、艺术字的四周或某一侧加上边框和底纹进行修饰。

**1. 设置边框和底纹**

步骤 1：为标题添加边框和底纹。①选中第一行“春”，切换到“开始”选项卡，单击“段落”组中的“边框”按钮右侧的三角形，在级联菜单中选择“边框和底纹”命令，如图 3-27 所示。②在打开“边框和底纹”对话框中选择“边框”选项卡，在设置栏中选择“阴影”项，在样式栏中选择“实线”，并设置边框线的颜色为“绿色”、线宽为“1.5 磅”，在应用栏选择“文字”，如图 3-28 所示。③选择“底纹”选项卡，在填充栏选择“黄色”，在应用栏处选择“文字”，如图 3-29 所示。④单击“确定”。

图 3-27　边框和底纹

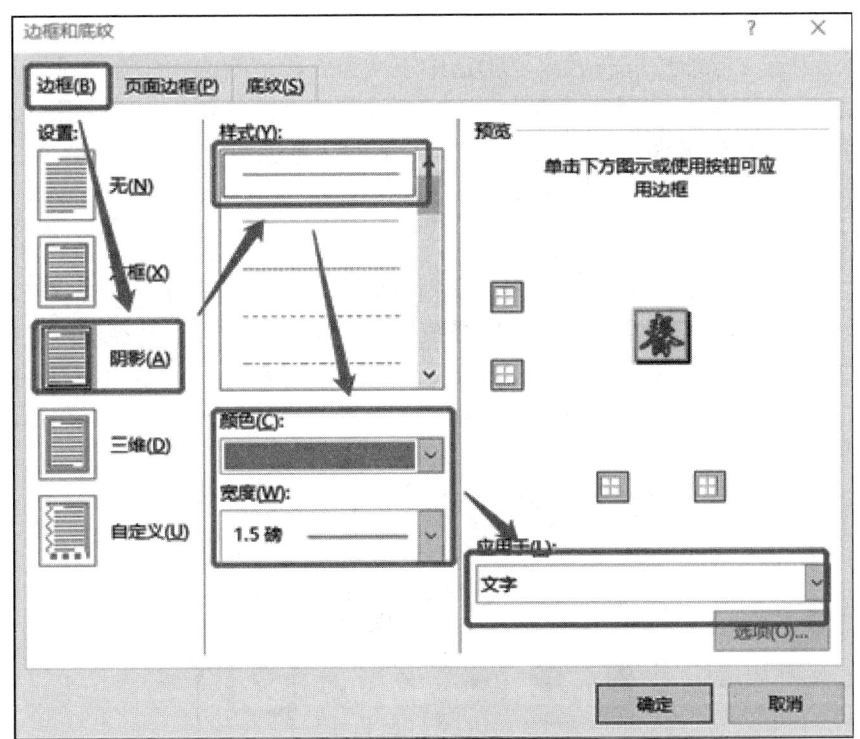


图 3-28　设置文字边框

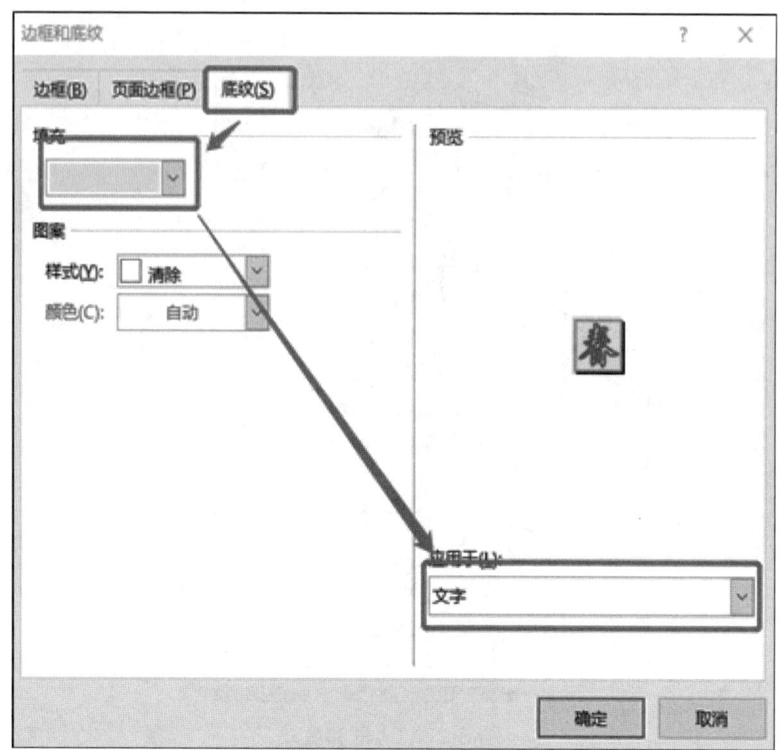


图 3-29　设置文字底纹

步骤 2：为正文添加边框和底纹。①选中正文第 5 段“吹面……嘹亮地响。”②打开“边框和底纹”对话框，选择“边框”选项卡，设置边框线的颜色为“蓝色”，线型及线宽使用缺省，在应用栏选择“段落”。③选择“底纹”选项卡，在填充栏选择“鲜绿色”，在应用栏选择“段落”。④单击“确定”。

## 2. 设置项目符号

在对文档进行排版时，有时需要将正文划分成几个不同的章节，段落或项目，如果借助于项目符号和编号，可使文档自动排序系统化、条理化，使读者更容易抓住要点。

添加项目符号。①选择最后三段“春天像刚落地的娃娃……他领着我们上前去。”②切换到“开始”选项卡，单击“段落”组中的“项目符号”按钮右侧三角形，在拉开的“项目符号库”中选择需要的符号即可，如图 3-30 所示。

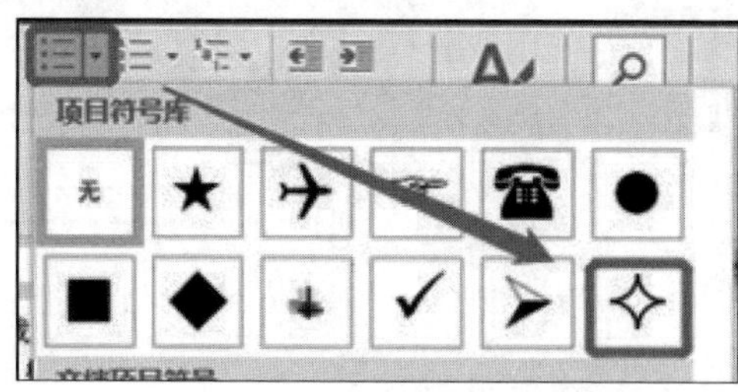


图 3-30　设置项目符号

### 3.2.4　设置分栏

Word 的分栏技术可以实现报纸杂志的分栏排版效果，运用得好可以让文章更漂亮，更容易抓住读者的心，不过必须在页面视图和打印预览窗口才能看到实际的分栏效果。

设置分栏效果。①选中正文第 6 自然段“雨是……在雨里静默着。”②切换到“布局”选项卡，单击“页面设置”组中的“栏”按钮下侧三角形，如图 3-31 所示，打开“栏”对话框。③在预设中选择“两栏”，设置栏间距为“2 字符”，勾选“栏宽相等”和“分隔线”前复选框，如图 3-32 所示。④单击“确定”按钮即可完成分栏设置。

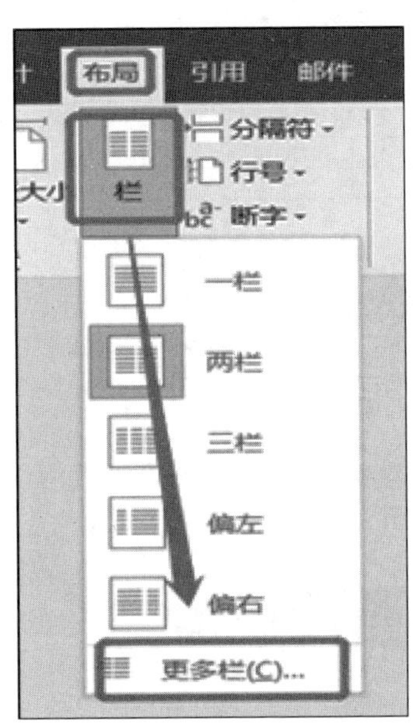


图 3-31　分栏

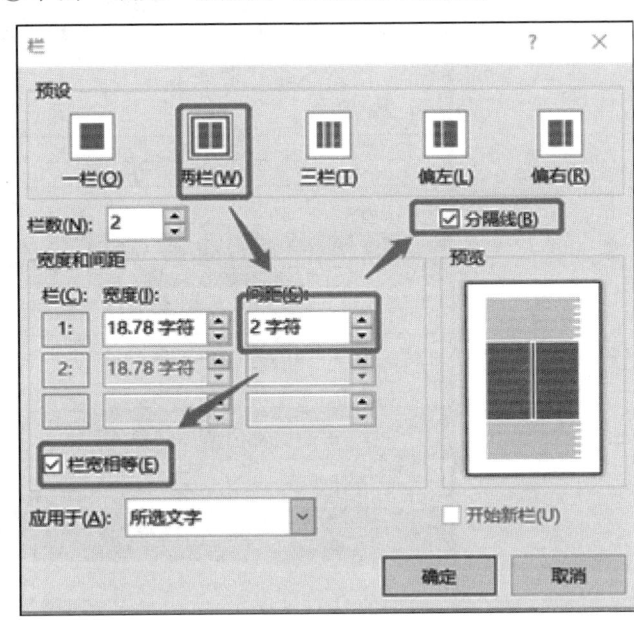


图 3-32　设置分栏

## 3.3　表格处理

求职简历是求职者给招聘单位发的一份简要介绍自己。包含自己的基本信息：姓名、性别、年龄、民族、籍贯、政治面貌、学历、联系方式，以及自我评价、工作经历、学习经历、荣誉与成就、求职愿望、对这份工作的简要理解等。

求职简历对求职者可以有目的地展现自己，对招聘单位可以根据求职简历表快速筛选需要的人才。因此一份良好的求职简历对于获得面试机会至关重要。本节详细介绍求职简历表的制作过程，效果如图 3-33 所示。

| 求职简历 | | | | | | |
|---|---|---|---|---|---|---|
| 求职意向: | | | | | | |
| 基 本 信 息 | | | | | | |
| 姓名 | | 性别 | | 民族 | | 相片 |
| 出生年月 | | 婚否 | | 政治面貌 | | |
| 身高 | | 体重 | | 健康状况 | | |
| 毕业院校 | | 专业 | | 学历 | | |
| 联系电话 | | | 邮箱 | | | |
| 工 作 经 历 | | | | | | |
| 起止时间 | | 公司名称 | | | 担任职务 | |
| | | | | | | |
| 主要工作职责 | | | | | | |
| 起止时间 | | 公司名称 | | | 担任职务 | |
| | | | | | | |
| 主要工作职责 | | | | | | |
| 教 育 培 训 经 历 | | | | | | |
| 起止时间 | 毕业院校（培训机构名称） | | 学历（职位） | | 专业 | |
| | | | | | | |
| | | | | | | |
| | | | | | | |
| | | | | | | |
| 其 他 | | | | | | |
| 计算机能力 | | | 有无驾照 | | | |
| 特长 | | | 兴趣爱好 | | | |
| 个 人 业 绩 | | | | | | |
| | | | | | | |
| 所在单位意见: | | | 所在人力资源部门审核: | | | |

图 3-33　求职简历表效果图

## 3.3.1　创建表格

在Word文档中恰当使用表格，可以使其内容变得更加直观和形象，增强文档的可读性。求职简历表具体创建步骤如下。

创建空白表格。①将插入点定位到需创建表格处，切换到“插入”选项卡。②单击“插入”组中的“表格”下方三角形，在级联菜单中选择“插入表格”命令，打开“插入表格”对话框。③在打开的对话框中，在列数和行数框中分别输入 7 和 25。④单击“确定”按钮，即可创建一个 25 行 ×7 列的空白表格，如图 3-34 所示。

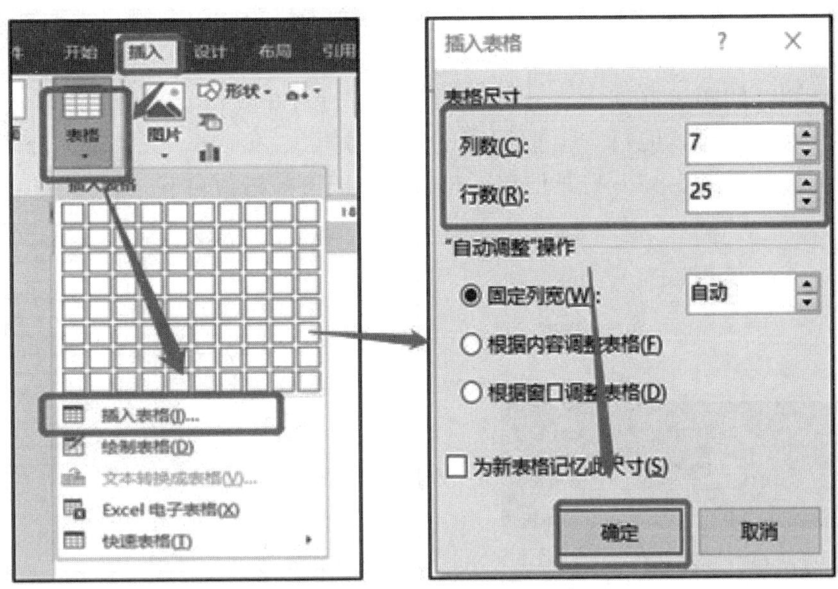


图 3-34　插入表格

## 3.3.2　编辑表格

表格创建后，就需要对表格进行进一步的编辑工作了，如调整行高与列宽，插入行、列或单元格，合并及拆分单元格，删除行、列等。

### 1. 插入行

在表格最后一行的下面插入行。①将插入点定位到最后一行任意位置。②切换到“表格工具布局”选项卡，单击“行和列”组中的“在下方插入”按钮，如图 3-35 所示，即可在表格的最后插入一行。

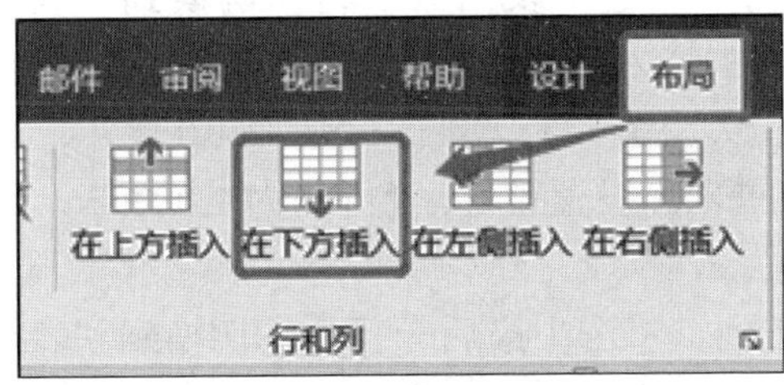


图 3-35　插入行

### 2. 合并单元格

创建好的空白表格是每个单元格都相同大小的表格，但实际上，求职简历表是一个单元格不完全相同的表格，这时就要根据需要对表格中的单元格大小进行调整了。

步骤 1：合并表格第一行。①将鼠标指针移动到表格第一行左侧，当指针变成空心箭头时，单击选中表格第一行。②切换到“表格工具 布局”选项卡，单击“合并”组中的“合并单元格”按钮，如图 3-36 所示，即将选中的第一行合并成一个单元格。

步骤 2：合并表格其他行。①按相同的方法将第 3、9、16、22、24、25 行合并成一个单元格。②按效果图 3-37，将其他单元格按同样的方法进行合并。

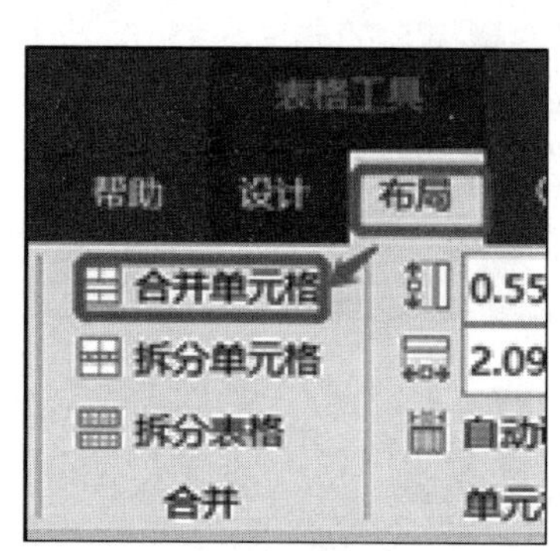


图 3-36 合并单元格

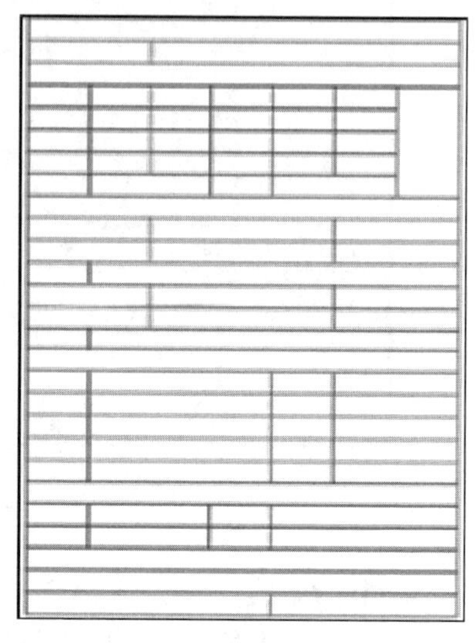

图 3-37 合并单元格后效果图

### 3. 调整行高和列宽

步骤 1：调整表格列宽。①选中表格第二行左边第 1 单元格，将鼠标指针放到右侧边框线旁，当指针变成“⁜”形状时，移动鼠标调整该边框线到合适位置。②按相同的方法将其他单元格边框线调整到效果图 3-33 所示位置。

步骤 2：设置表格行高。①选中表格第一行，切换到“表格工具布局”选项卡，在“单元格大小”组中行高框中输入“1.5 厘米”，如图 3-38 所示。②按同样的方法设置第 3、9、16、22、24 行行高为 1.0 厘米，设置第 12、14 行行高为 1.2 厘米，设置第 24 行行高为 2.0 厘米，设置第 25 行行高为 3.0 厘米。

步骤 3：设置平均分布列。①选中最后一行。②切换到“表格工具 布局”选项卡，如图 3-38 所示，单击“田”按钮，将最后一行两个单元格的列设置为相同。

图 3-38 设置行高

### 4. 输入表格文字并设置格式

①按效果图 3-33 所示输入文字。②选中第一行文字，切换到“开始”选项卡，单击“字体”组右下角对话框启动按钮，打开字体对话框。③从“中文字体”下拉列表框中选择“华文楷体”，从“字号”下拉列表框中选择“一号”，从“字形”下拉列表中选择“加粗”，单击“确定”。④选中第 3、9、16、22、24 行，切换到“开始”选项卡，在“字体”组字号下拉列表框中选择“四号”，单击“**B**”按钮。

## 3.3.3　格式化表格

表格创建好后，还需要对表格进行美化，例如调整表格中字符的对齐方式、表格的样式等，让表格阅读性更强。

### 1. 设置表格文字对齐方式

设置表格文字对齐方式。①选中第一行，按住 Shift 键，再选择第 23 行，切换到“表格工具 布局”选项卡。②单击“对齐方式”组中的“中部居中”按钮，如图 3-39 所示，将所选择的表格单元格内的文字设置为“中部居中”对齐方式。③选中最后两行（第 24 行、第 25 行），在图 3-39 中单击“靠上左对齐”按钮。

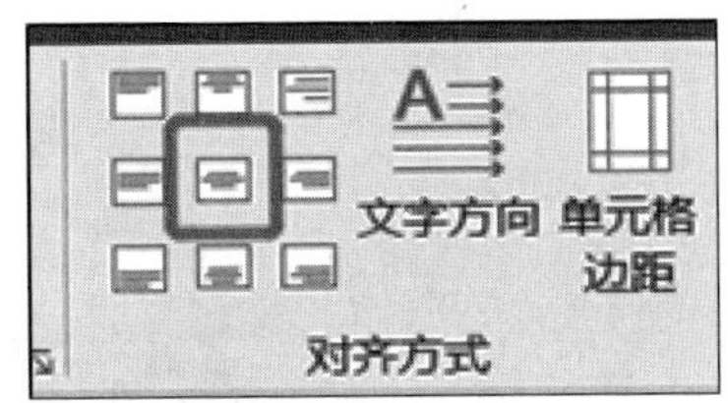


图 3-39　设置对齐方式

### 2. 设置表格边框与底纹

步骤 1：设置表格外边框线。①单击表格左上角“⊞”选中整个表格，切换到“表格工具 设计”选项卡。②单击“边框”组中的“边框样式”下方三角形按钮选择“双实线”，或在线型下拉列表框中选择“双实线”，在“笔画粗细”下拉框中选择“0.5 磅”。③单击“边框”下方三角形，在级联菜单中选择“外侧框”命令，如图 3-40 所示。

步骤 2：设置表格其他边框线。①同时选中第 3、9、16、22、24 行，切换到“表格工具 设计”选项卡。②保持线型和线粗细不变，单击“边框”按钮下方三角形，在级联菜单中依次选择“上框线”和“下框线”命令。

步骤 3：设置表格底纹。①保持第 3、9、16、22、24 行选中状态，切换到“设计”选项卡。②单击“表格样式”组“边框”按钮下方三角形，在弹出的面板中的“主题颜色”下选择“橙色，个性色 2，淡色 60%”，如图 3-41 所示。

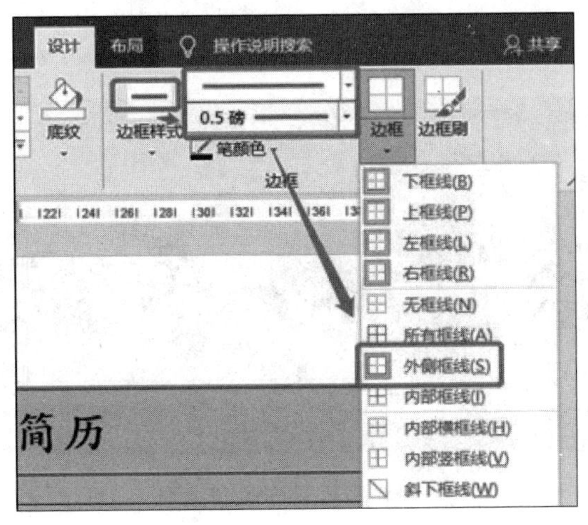


图 3-40　设置表格边框线

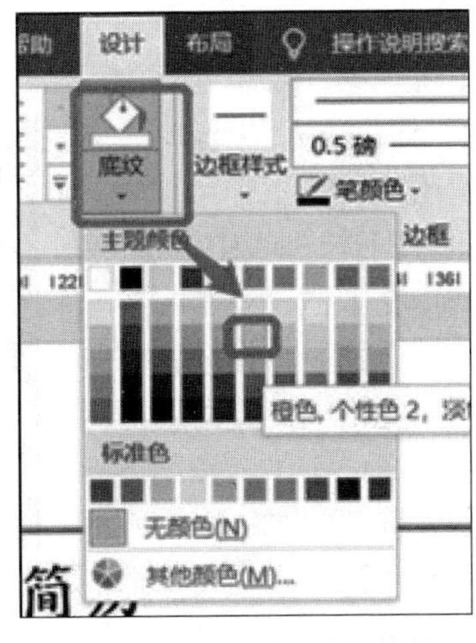


图 3-41　设置表格底纹

### 3. 设置表格页面背景

设置表格页面背景。①切换到“设计”选项卡，单击“页面背景”组中“页面颜色”按钮下方三角形，选择“填充效果”命令，打开“填充效果”对话框。②选择“渐变”选项卡，在“颜色”栏中选择“双色”单选按钮，从“颜色 1”下拉列表中选择“浅蓝”颜色，从“颜色 2”下拉列表中选择“白色，背景 1”颜色。③在“底纹样式”栏中选择“水平”单选按钮，在“变形”列表框中选择第 1 个选项。④单击“确定”按钮。

# 3.4　插图处理

学校招生宣传单为的是展示学校的办学思想、教育思想、办学目标、培养目标、硬件资源、教师资源、教学管理、教学质量，以及为学生成长提供发展空间和条件，同时展现学校的办学成绩和办学效益，吸引更多的学子来校咨询和就读。本节详细介绍学校招生宣传单的制作过程，效果如图 3-42 所示。

图 3-42　学校招生宣传单效果图

先根据前一节所学的表格处理方法，制作一个 7 行 2 列的表格，如图 3-43 所示。

## 3.4.1　插入文本框

### 1. 插入文本框

插入文本框。①将插入点定位到第一行单元格中，切换到“插入”选项卡。②单击“文本”组中“文本框”按钮，在下拉列表中选择“绘制横排文本框”，如图 3-44 所示。③将鼠标指针移到第一行单元格内，此时鼠标指针将变成“+”，按下鼠标左键并移动绘制一个文本框后松开左键。④在文本框内输入文字“国家公办全日制普通高等院校”。

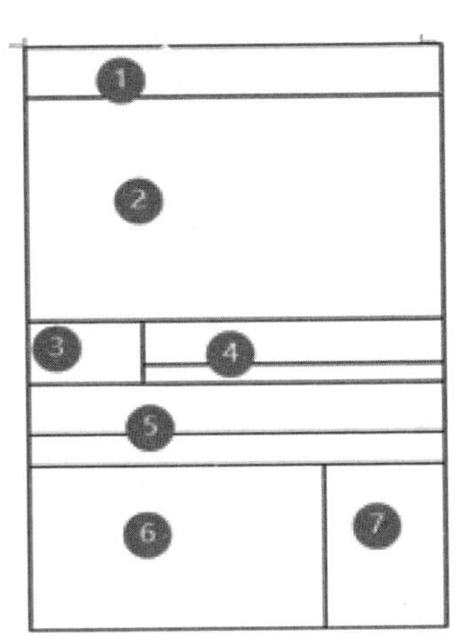


图 3-43　学校招生海报版面效果图

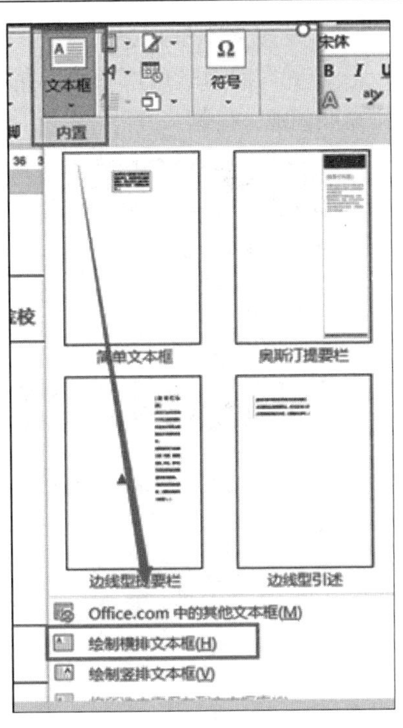


图 3-44　插入文本框

## 2. 编辑文本框

步骤 1：设置文本框字体格式。①选中文本框中的文字，切换到“开始”选项卡。②单击“字体”组中“字体”下拉框中选择“黑体”，“字号”下拉框中选择“三号”，“字体颜色”按钮右侧三角形，在下拉列表中选择“其他颜色”。③在打开的“颜色”对话框中选择“标准”选项卡，再在“颜色”面板中选择一种颜色，如图 3-45 所示。

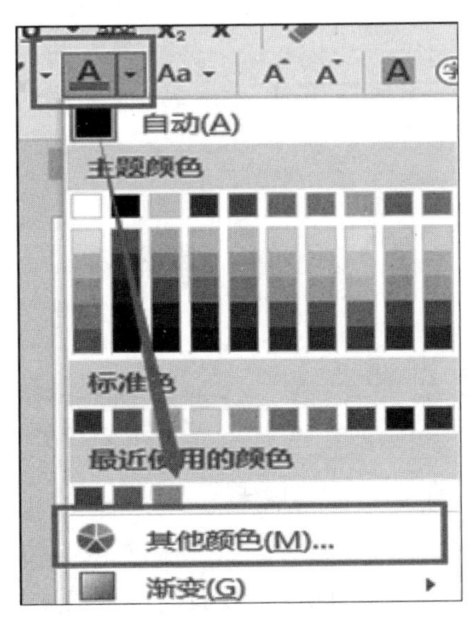


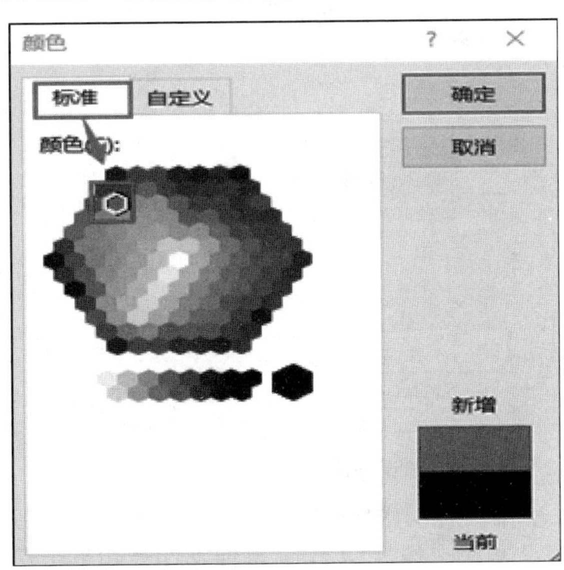


图 3-45　设置文本框文字颜色

步骤 2：设置文本框格式。①选中文本框，切换到“格式”选项卡。②单击“形状样式”组中“形状填充”右侧三角形按钮，在拉开的下拉框中选择“无填充”。③再单击“形状样式”组中“形状轮廓”右侧三角形按钮，在拉开的下拉框中选择“无轮廓”，如图 3-46 所示。

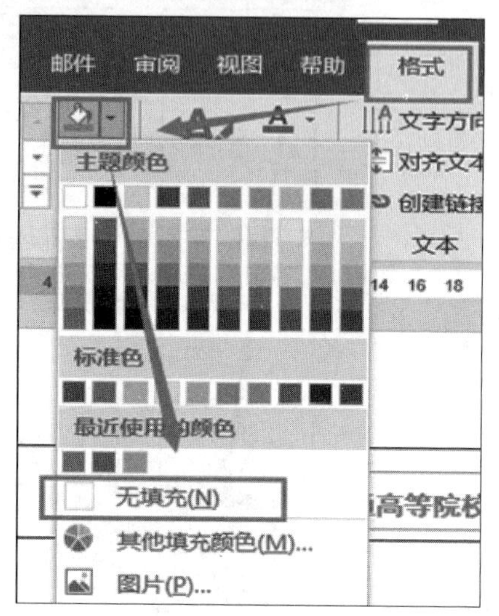


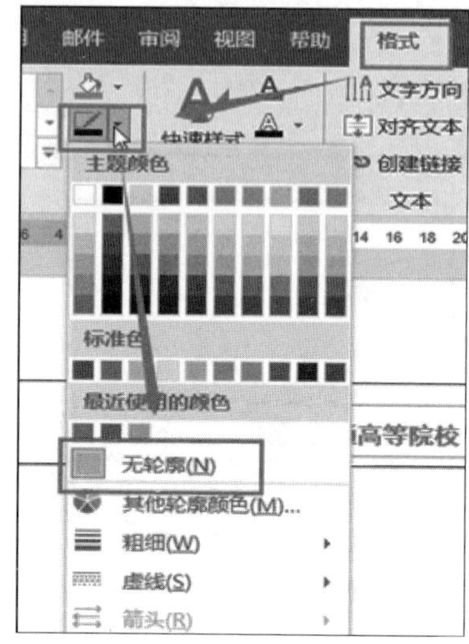


图 3-46　设置文本框格式

## 3.4.2　插入图片

### 1. 插入图片

步骤 1：插入校门图片。①将插入点定位到第二行单元格中，切换到“插入”选项卡。②单击“插图”组中“图片”按钮，在下拉列表中选择“此设备”，如图 3-47 所示，打开“插入图片”对话框。③在“插入图片”对话框中选择图片保存的位置，再选中图片，单击“插入”按钮，如图 3-48 所示。

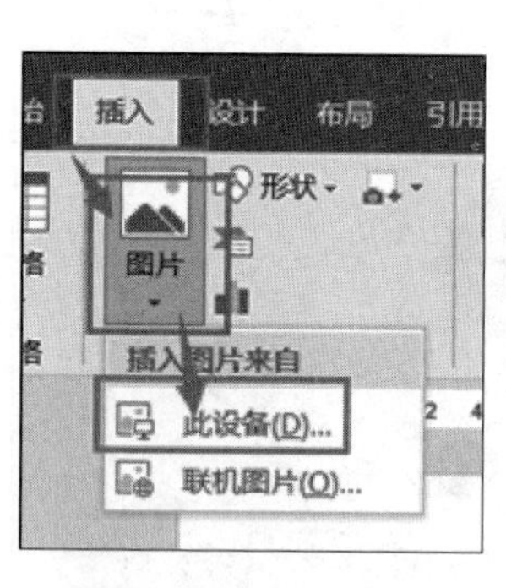


图 3-47　插入图片

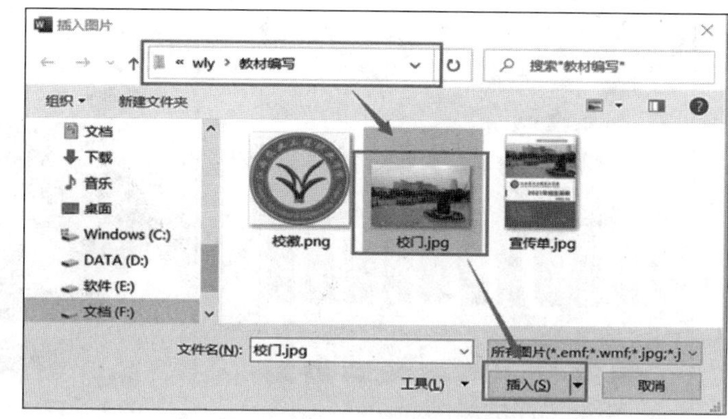


图 3-48　选择图片

步骤 2：裁剪图片。①选中刚插入的图片，切换到“图片工具　格式”选项卡。②单击“大小”组中“裁剪”按钮，此时在图片四个角及边的中央将出现八个裁剪控点，如图 3-49 所示。③将鼠标指针放在控点上，按下鼠标左键进行裁剪。④选中图片，将鼠标指针移到控点上，拖动鼠标调整图片的大小，使其填满单元格。

图 3-49　裁剪图片

步骤 3：设置图片布局。①选中刚插入的图片，这时在图片右侧上方将出现一个“布局选项”按钮。②单击“布局选项”按钮，在“布局选项”列表中选择“嵌入型”，如图 3-50 所示。

步骤 4：插入学校校徽。①将插入点定位到第三行第一个单元格，按照步骤 1 的方法插入学校校徽图片。②选中校徽图片，切换到“图片工具　格式”选项卡，在“大小”组中，设置图片的高度与宽度均为 2 厘米，如图 3-51 所示。③将图片移动到合适位置。

图 3-50　设置图片布局

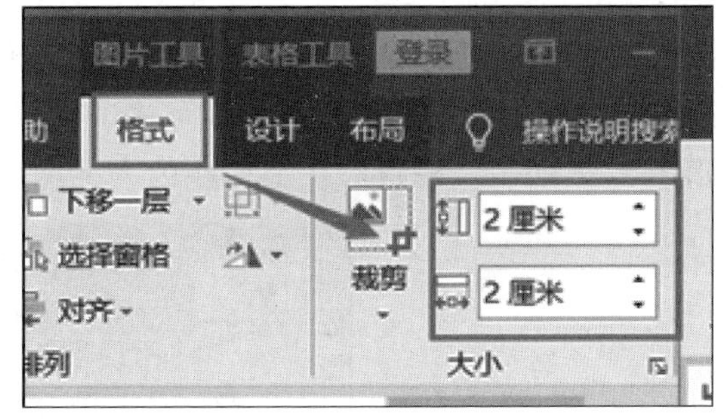


图 3-51　设置图片大小

## 2. 插入艺术字

步骤 1：插入中文校名艺术字。①将插入点定位到第三行第二个单元格，切换到“插入”选项卡。②单击“文本”组中“插入艺术”按钮，在“艺术字样式”列表中选择第一行第二列样式，如图 3-52 所示。③输入文字“江西农业工程职业学院”。

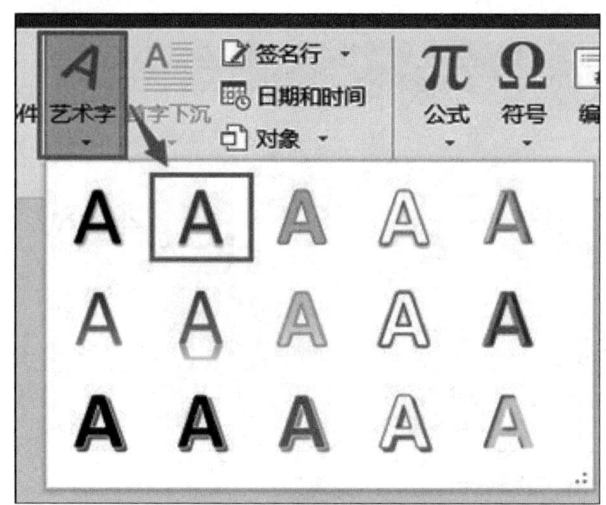

图 3-52　设置艺术字

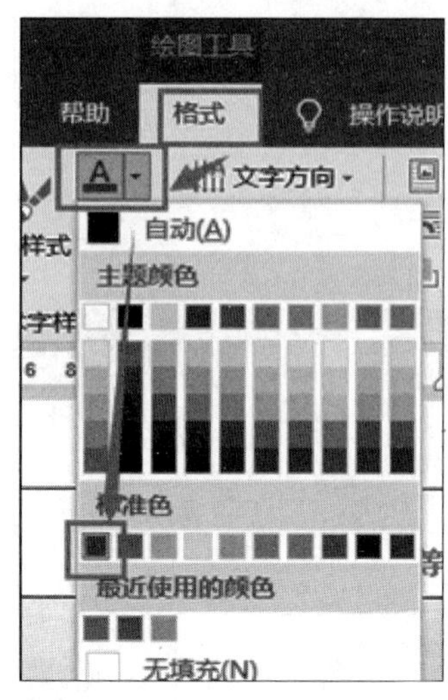


图 3-53　设置艺术字颜色

步骤 2：设置艺术字格式。①选中艺术字，切换到“绘图工具　格式”选项卡，单击“艺术字样式”组中“文本填充”按钮，在列表中“标准色”栏选择“深红色”，如图 3-53 所示。②切换到“开始”选项卡，在“字体”组中设置字体为“华文行楷”，字号为“一号”。③按照设置图片布局的方法将艺术字布局设置为“浮于文字上方”，并移动到合适的位置。

步骤 3：插入西文校名艺术字。①将插入点定位到第三行第三个单元格，按照步骤 1 的方法在图 3-52 中选择第一行第一列样式。②输入文字“JIANGXI AGRICLTURAL ENGINEERING COLLEGE”。③切换到“开始”选项卡，在“字体”组中设置艺术字字体为“Time New Roman”，字号为“11 磅”。④按照将艺术字布局设置为“浮于文字上方”，并移动到合适的位置。

### 3. 插入形状

步骤 1：绘制并编辑形状。①将插入点定位到第四行单元格中，切换到“插入”选项卡。②单击“插图”组中的“形状”按钮，在列表中选择“矩形”形状，如图 3-54 所示。③鼠标指针变成“＋”，按下鼠标左键并移动绘制一个矩形后松开左键。④选中矩形，切换到“绘图工具 格式”，设置其高度为 1.9 厘米、宽度为 0.4 厘米，如图 3-55 所示，将矩形移动到单元格的最左侧。⑤单击“形状样式”组中“形状填充”和“形状轮廓”按钮，如图 3-56 所示，设置形状填充颜色为“深青色”、形状轮廓为“无轮廓”。

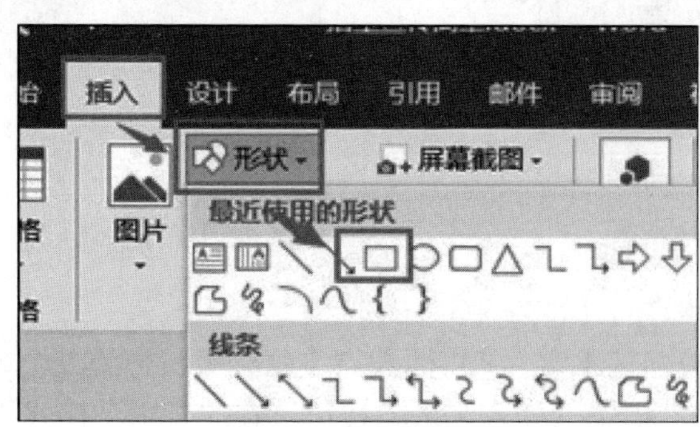


图 3-54　绘制矩形

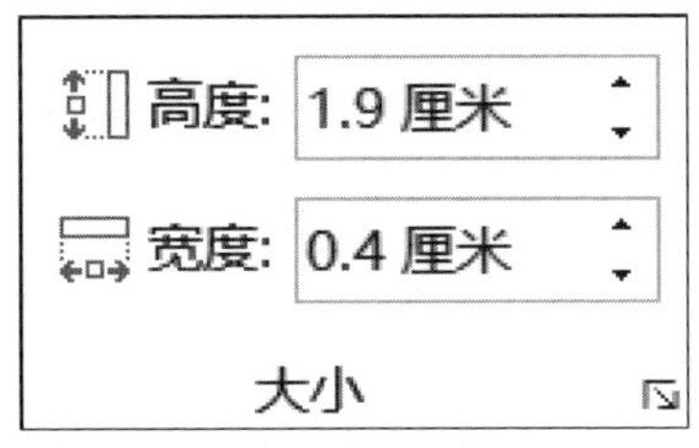


图 3-55　设置形状大小

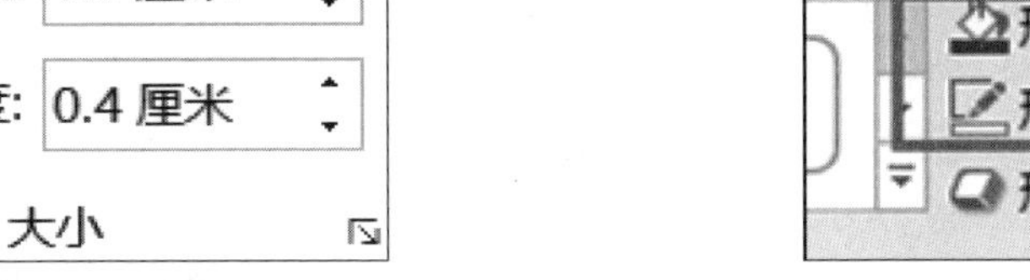


图 3-56　设置形状填充及轮廓

步骤 2：绘制海报标题文本框。①将插入点定位到第四行单元格中，切换到“插入”选项卡。②单击“文本”组中的“文本框”按钮，在列表中选择“绘制横排文本框”。③鼠标指针变成“+”，按下鼠标左键并移动绘制一个文本框后松开左键。④选中文本框，输入文字“2021 年招生简章”。

步骤 3：设置海报标题字体格式。①选中文本框内文字，切换到“开始”选项卡，打开字体对话框，设置如图 3-57 所示。②将文本框布局设置为“浮于文字上方”，并移动到适合的位置。

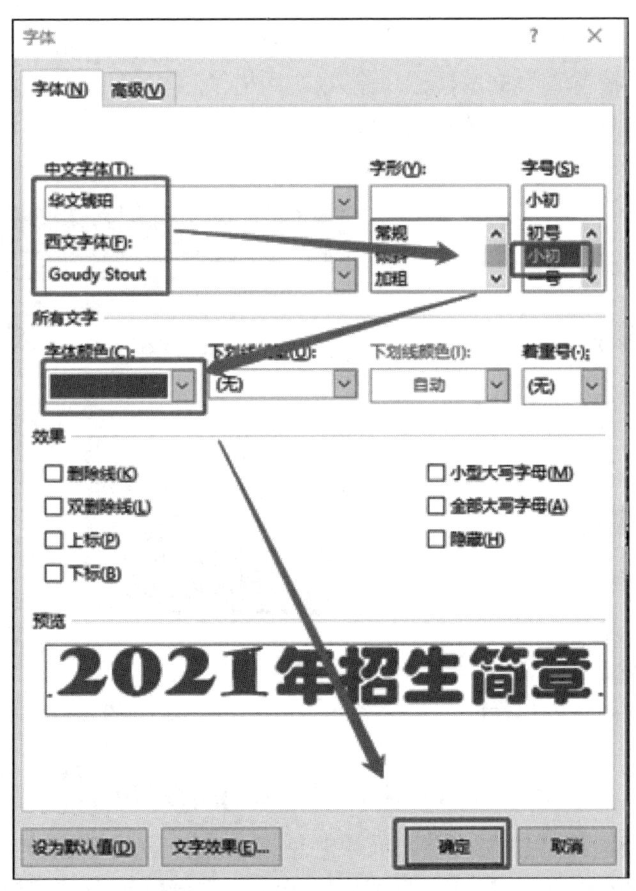


图 3-57　设置海报标题字体格式

步骤 4：绘制并设置“报考代码”文本框。①将插入点定位到第四行单元格中，切换到“插入”选项卡，按步骤 2 方法绘制报考代码文本框。②设置文本框文字字体为“黑体”，字号为“小四”。③将文本框布局设置为“浮于文字上方”，并移动到适合的位置。

#### 4. 插入文字

步骤 1：绘制并设置学校特色文本框。①将插入点定位到最后一行左侧单元格中，按上面的方法绘制“学校特色”文本框，参照效果图输入内容文字。②选中所有内容，切换到“开始”选项卡，设置字体格式如图 3-58 所示。③单击“段落”组中“项目符号”按钮，选择项目符号，如图 3-59 所示。

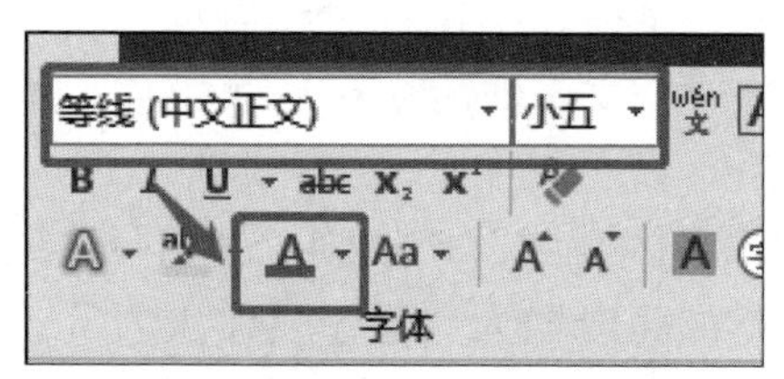


图 3-58　设置海报内容字体格式

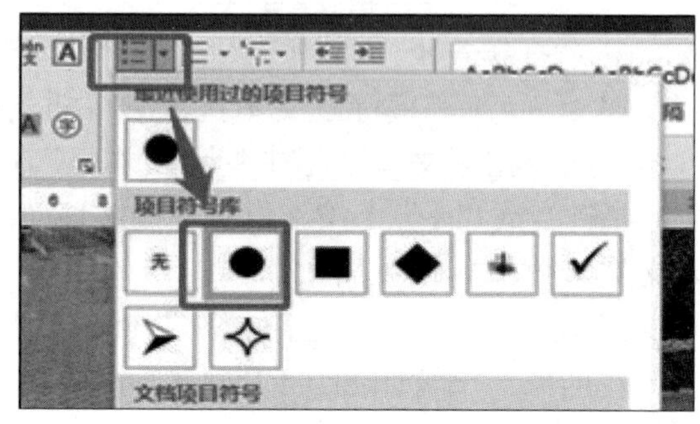


图 3-59　设置海报内容项目符号

步骤 2：绘制并设置学校位置文本框。①将插入点定位到最后一行右侧单元格中，按上面的方法绘制“学校位置”文本框，并输入文字内容。②按如图 3-60 所示设置文本格式。

步骤 3：设置表格边框。选中整张表格，切换到“表格工具—设计”选项卡。单击“边框”组中“边框”按钮，在下拉列表中选择“内部框线”取消表格的内部框，如图 3-61 所示。

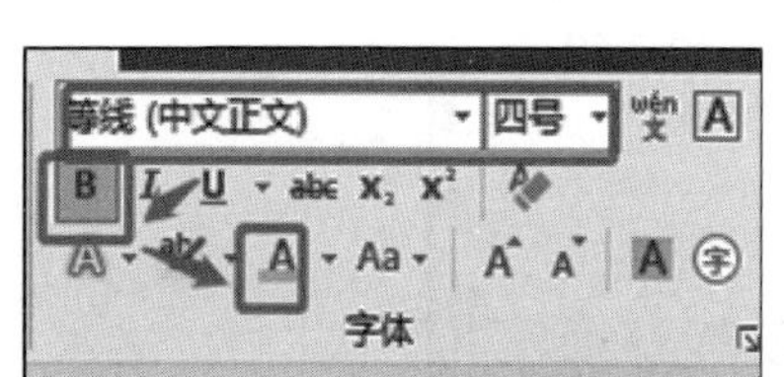


图 3-60　设置海报内容字体格式

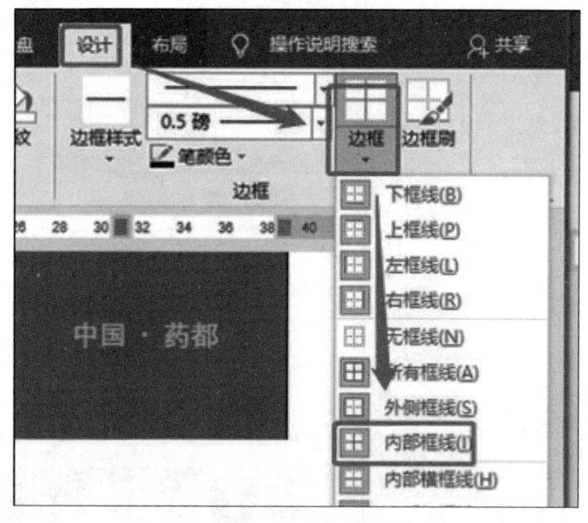


图 3-61　设置海报表格框线

## 3.5　Word 2016 的高级应用

撰写毕业论文是检验学生在校学习成果的重要措施，也是检验教学质量的重要环节。大学生在毕业前都必须完成毕业论文的撰写任务。一篇好的毕业论文除了内容重要外，论文的排版也是非常重要的。论文的排版总体要求是：得体大方，重点突出，能很好地表现论文内容，让人看了赏心悦目。本节详细介绍毕业论文的排版过程，效果如图 3-62 所示。

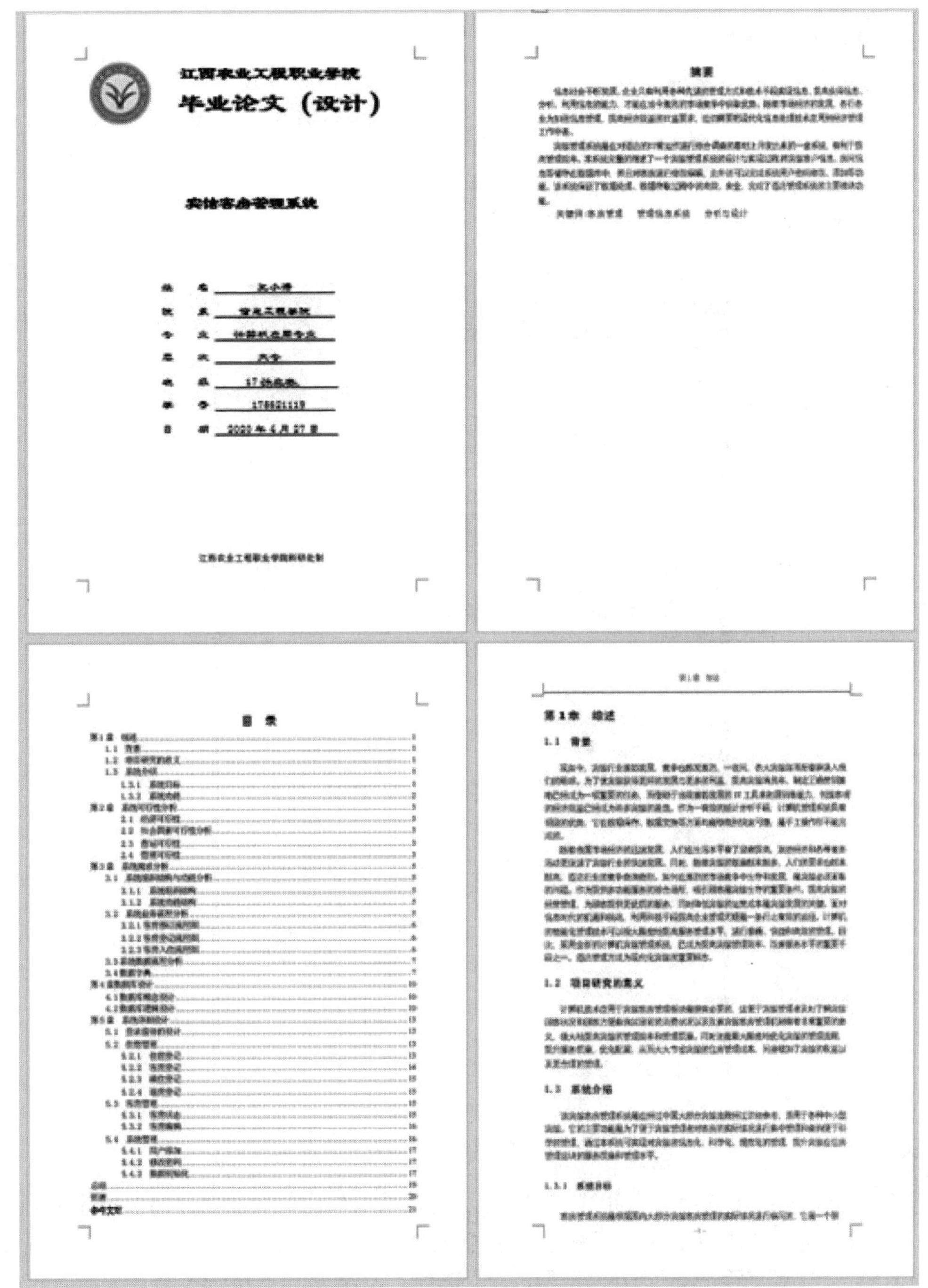

图 3-62　毕业论文排版效果图

按照前面学习的方法，设计好论文的封面、摘要和内容页。

## 3.5.1 插入并编辑目录

### 1. 生成目录

插入内置目录。①将插入点定位到论文正文第一行的行首位置，切换到“引用”选项卡。②单击“目录”组中“目录”按钮，从弹出的下拉列表框中选择“自动目录 1”选项，如图 3-63 所示，这时插入点所在位置自动生成了目录。

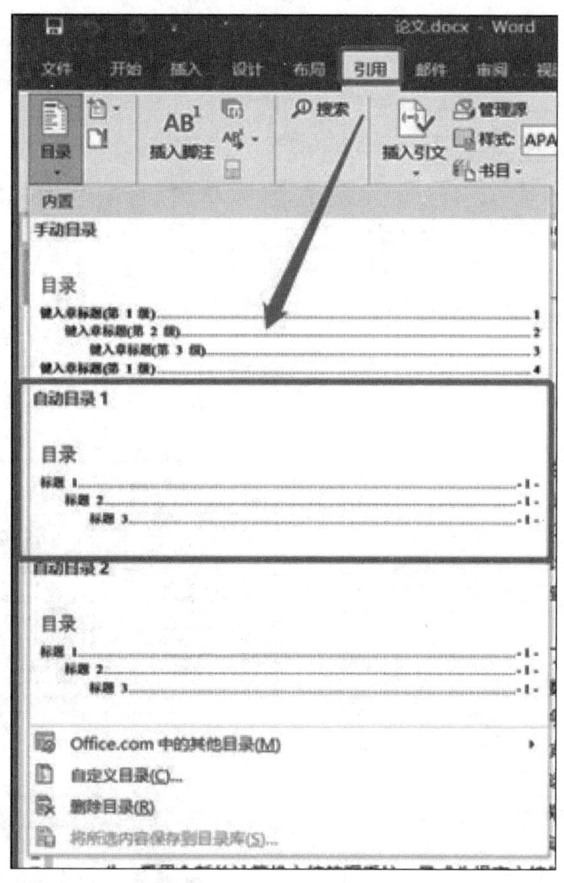


图 3-63　插入内置目录

### 2. 修改目录

修改目录。①单击“目录”组中的“目录”按钮，从下拉列表中选择“自定义目录”，打开如图 3-64 所示的“目录”对话框，单击“修改”按钮，打开“样式”对话框。②从“格式”栏中的“字体”下拉列表中选择“隶书”选项，“字号”下拉列表框中选择“小四”，再单击“加粗”按钮。③单击“确定”按钮返回到“样式”对话框，如图 3-65 所示。

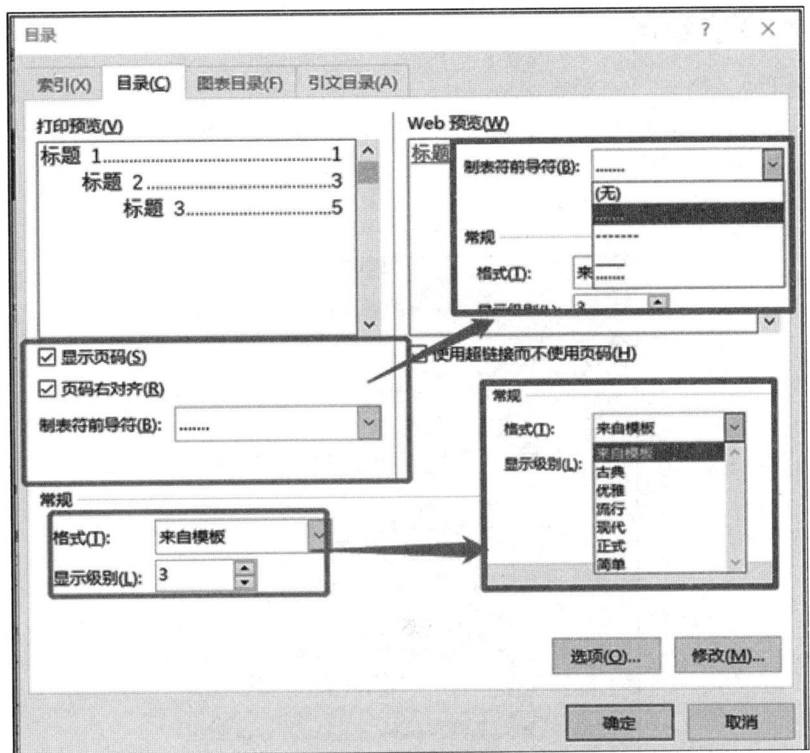


图 3-64　自定义目录

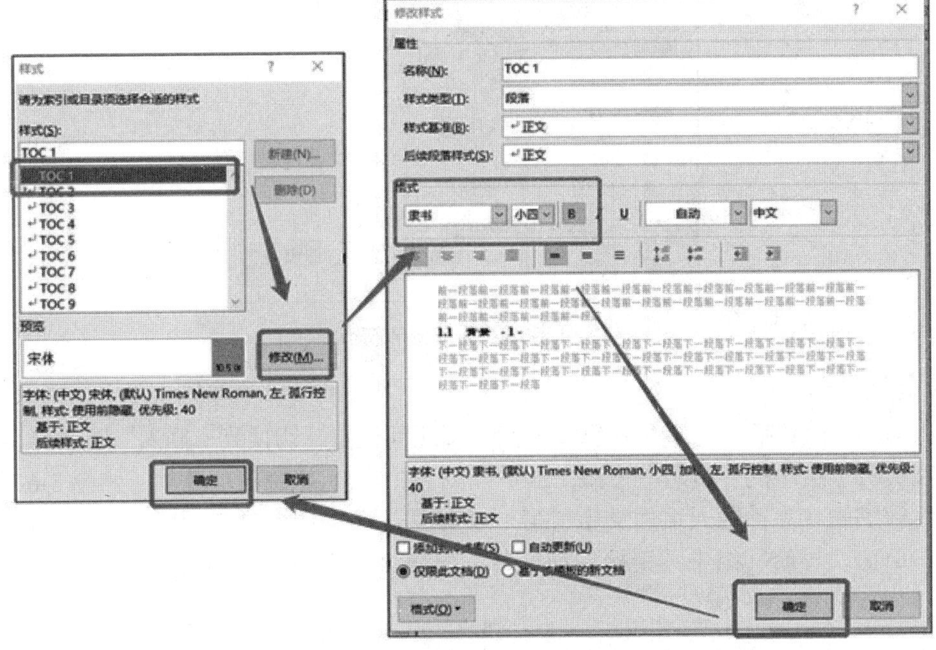


图 3-65　修改目录

## 3.5.2　插入页眉页脚

### 1. 插入分隔符

插入分节符。①将插入点定位在一级标题“第 1 章 综述”的行首，切换到“布局”选项卡。②单击“页面设置”组中的“分隔符”按钮，从下拉列表中选择“分节符”栏中的“下一页”选项，如图 3-66 所示。此时，插入了一个分节符，插入点之后的文本自动切换到了下一页。

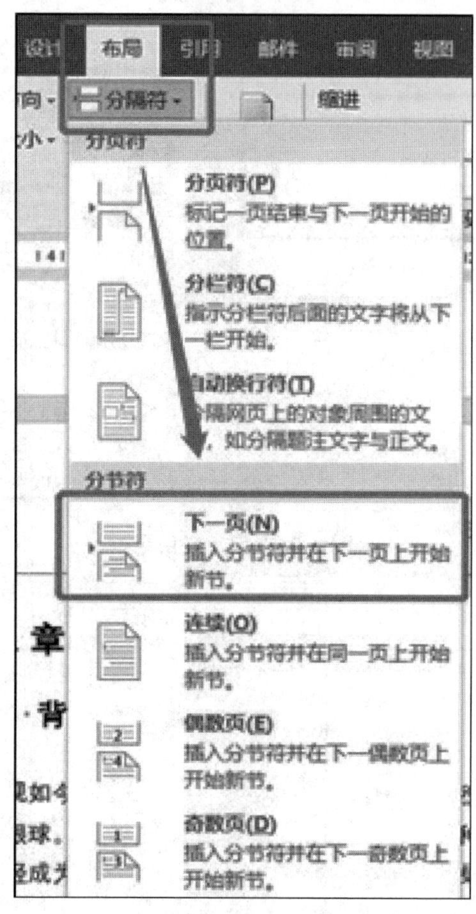


图 3-66　插入分节符

### 2. 插入页眉

插入页眉。①将插入点定位在第 2 节第 1 页任何位置，切换到“插入”选项卡。②单击“页眉和页脚”组中的“页眉”按钮，从下拉列表中选择“空白”选项，如图 3-67 所示。③进入页眉编辑状态，输入页眉文字“第 1 章 综述”。④切换到“页眉和页脚工具 设计”选项卡，单击“导航”组中“链接到前一节”按钮，取消与上一节的相同页眉，如图 3-68 所示。

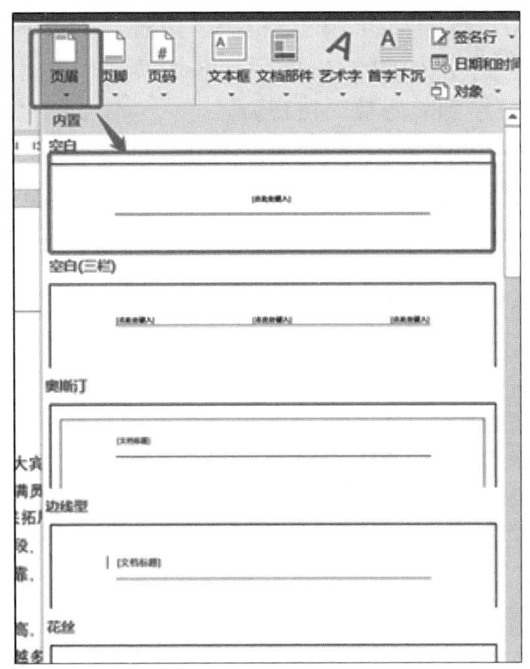

图 3-67　插入页眉

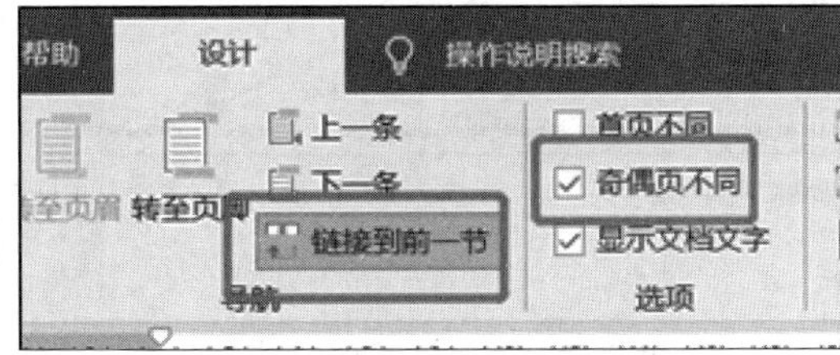

图 3-68　编辑页眉

## 3. 插入页码

步骤 1：设置页码格式。①将插入点定位在第 2 节第 1 页任何位置，切换到“插入”选项卡。②单击“页眉和页脚面”组中的“页码”按钮，从下拉列表中选择“设置页码格式”选项，如图 3-70 所示，打开“页码格式”对话框。③选择一种编号格式，在“页码编号”栏选择“起始页码”，并设置为“-1-”，如图 3-69 右图所示。④单击“确定”按钮。

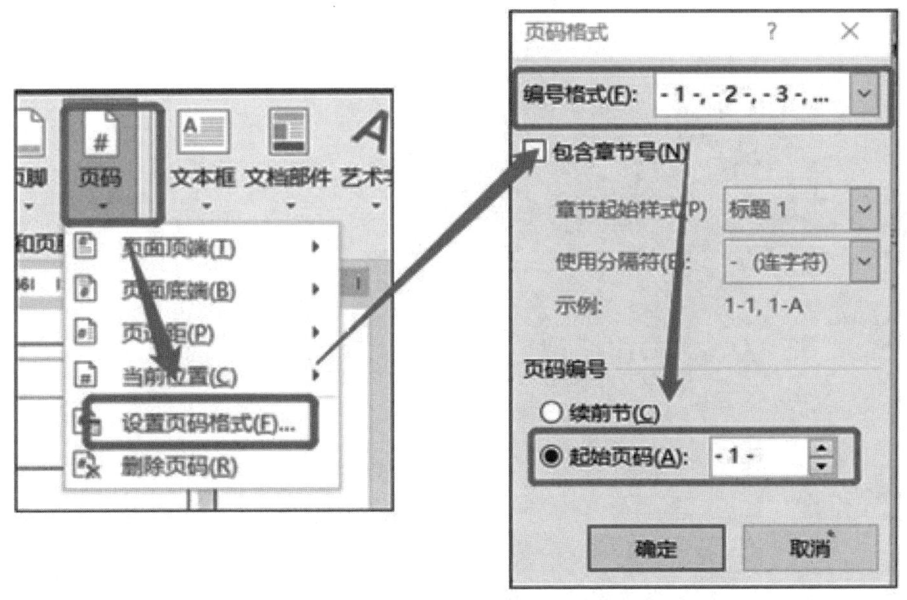

图 3-69　设置页码格式

步骤 2：插入页码。①再次单击“页眉和页脚面”组中的“页码”按钮。②从下拉列表中选择 “页面底端”选项下的“普通数字 2”，如图 3-70 所示。③切换到“页眉和页脚工具 设计”选项卡，单击“导航”组中“链接到前一节”按钮。

步骤 3：更新目录。①将插入点定位到文档的目录处，切换到“引用”选项卡。②单击“目录”组中的“更新目录”，如图 3-71 所示，即按新设置的页码更新目录。

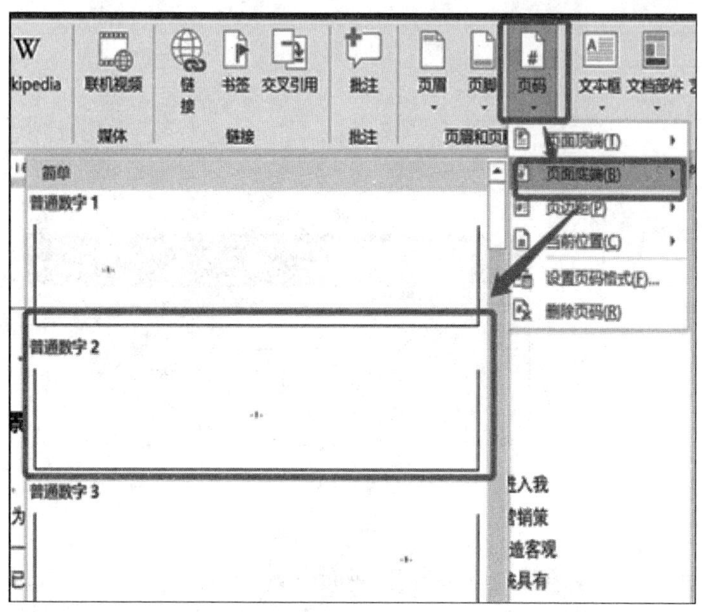


图 3-70　插入页码

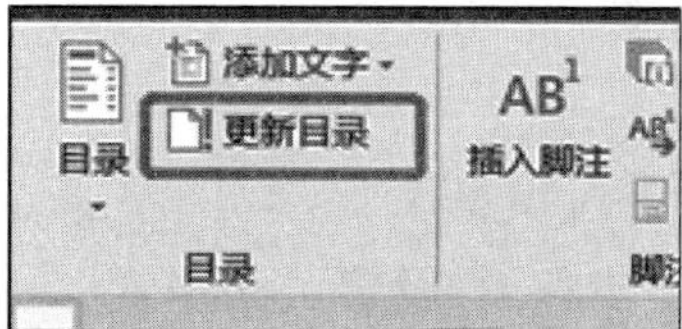


图 3-71　更新目录

# 本章习题

## 一、单选题

1 用 Word 2016 编辑文档时，只有（ ）视图才能直接看到设置的页眉和页脚。

A. 普通 B.Web 版式 C. 页面 D. 大纲

2. 用 Word 2016 编辑文档时（ ）。

A. 只能打开一个文档窗口 B. 只能打开两个文档窗口

C. 能打开多个文档窗口 D. 以上都不对

3. 在 Word 2016 编辑状态中有一行被选中，当按下 Delete 键时，将（ ）。

A. 删除所有内容 B. 删除所选行 C. 删除所选行及其后面的内容 D. 以上都不对

4. 在一个正处于编辑状态的 Word 2016 文档中，选择一段文字有两种方法：一种是将鼠标移到这段文字的开头，按住鼠标左键，一直拖到这段文字的末尾；另一种方法是将光标移到这段文字的开头，按住（ ）键再按住方向键，直至选中需要的文字。

A. Ctrl B.Alt C.Shift D.Esc

5. 利用 Word 2016 工具栏上的“显示比例”按钮，可以实现（ ）。

A. 字符的缩放 B. 字符的缩小 C. 字符放大 D. 以上都不正确

6. 在 Word 2016 中，选择一个矩形文字块时，应按住（ ）键并拖动鼠标左键。

A. Ctrl B.Shift C.Alt D.Tab

7. Word 2016 具有分栏功能，下列关于分栏的说法中，正确的是（ ）。

A. 最多可以设 4 栏 B. 各栏的宽度必须相同

C. 各栏的宽度可以不同 D. 各栏之间的间距是固定的

8. 在 Word 2016 中为快速生成表格可以从常用工具栏中单击（ ）按钮。

A. 插入图标 B. 分栏 C. 插入表格 D. 绘图

9. 在 Word 2016 的编辑状态，进行字体设置操作后，按新设置的字体显示的文字是（ ）。

A. 插入点所在段落中的文字 B. 文档中被选择的文字

C. 插入点所在行中的文字 D. 文档全部文字

10. 在 Word 2016 中选定整个文档为文本块，可选按快捷键（ ）。

A. Ctrl+A B. Shift+A C. Alt+A D. Ctrl+Shift+A

11. 在 Word 2016 窗口中，“文件”菜单底部的若干文件名表明（ ）。

A. 这些文件目前处于打开状态 B. 这些文件目前正排队等待打印

C. 这些文件最近用 Word 2016 处理过 D. 这些文件是当前目录中扩展名为 .doc 的文件

12. 打开 Word 2016 文档一般是指（ ）。

A. 从内存中读文档的内容，并显示出来

B. 为指定文件开设一个新的、空的文档窗口

C. 把文档的内容从磁盘调入内存，并显示出来

D. 显示并打印出该文档的内容

13. 在 Word 2016 中使用标尺不能在排版过程中设置的是改变（ ）。

A. 左缩进标志 B. 右缩进标志 C. 行缩进标志 D. 字体

14. 在 Word 2016 的编辑状态，按先后顺序依次打开了 d1.doc、d2.doc、d3.doc、

d4.doc 四个文档，当前的活动窗口是（　）文档的窗口。

A. d1.doc　　B.d2.doc　　C.d3.doc　　D.d4.doc

15. 在 Word 2016 的编辑状态，执行两次“剪切”操作，则剪贴板中（　）。

A. 仅有第一次被剪切的内容　　B. 仅有第二次被剪切的内容

C. 有两次被剪切的内容　　D. 内容被清除

16. 在 Word 2016 的编辑状态下，若要调整左右边界，比较直接、快捷的方法是（　）。

A. 工具栏　　B. 格式栏　　C. 菜单　　D. 标尺

17. 在 Word 2016 的编辑状态下，当前输入的文字显示在（　）。

A. 鼠标光标处　　B. 插入点　　C. 文件尾部　　D. 当前行尾部

18. Word 2016 文档文件的扩展名是（　）。

A. .txt　　B..docx　　C..wps　　D.bmp

19. 要将在 Windows 的其他软件环境中制作的图片复制到当前 Word 2016 文档中，下列说法正确的是（　）。

A. 不能将其他软件中制作的图片复制到当前 Word 2016 文档中

B. 可以通过剪贴板将其他软件中制作的图片复制到当前 Word 2016 文档中

C. 先在屏幕上显示要复制的图片，打开 Word 2016 文档时便可以将图片复制到文档中

D. 打开 Word 2016 文档，然后直接在 Word 2016 环境下显示要复制的图片

20. 在 Word 2016 文档中，每个段落都有自己的段落标记，段落标记的位置在（　）。

A. 段落的首部　　B. 段落的结尾部

C. 段落的中间位置　　D. 段落中，但用户找不到位置

## 二、填空题

1. 文字处理软件的基本功能之一是______。

2. 新建 Word 2016 文件的快捷键是______。

3. 在 Word 2016 窗口中，利用______可方便地调整段落伸出缩进，页面上下左右边距、表格的列宽和行高。

4. 保存 Word 2016 文件的快捷键是______。

5. 关闭当前文件的快捷键是______。

6. 用鼠标选择光标所在单词，可以______该单词。

7. 选择全文按______键。

8. 查找的快捷键是______。

9. 替换的快捷键是______。

10. 所有的特殊符号都可以通过______菜单中“符号”命令打开的对话框实现。

## 三、判断题

1. 在 Word 2016 中，用户若需要将一篇文章中的字符串“Internet”全部替换为字符串“因特网”，则可以在编辑菜单中选择替换选项，也可以按组合键 Ctrl+A。（　）

2. 退出 Word 2016 的快捷键为 Alt+F4。（　）

3. 启动 Word 2016 后，空白文档的名字为文档 1.doc。（　）

4.Word 2016 提供了六种显示文档的方式，有所见即所得的显示效果方式是大纲视图。（　）

5. 当鼠标指针通过 Word 2016 工作区文档窗口时的形状为 I 型。（　）

6. 在 Word 2016 中，当系统设定了自动替换功能，将 CC 替换为 the，现输入 CC Ccory，则将被自动替换为 the Ccory。（　）

7. 在 Word 2016 中，想用新名字保存文件应选择文件菜单中的“保存”命令。（　）

8.Word 2016 中的拼写检查功能可以检查英文拼写和语法错误。（　）

9. 在编辑 Word 2016 文档时，制作矩形文本块的方法是：按住 Ctrl 键不放，再按住鼠标左键从矩形块的左上角拖至右下角即可。（　）

10. 在计算机软件系统中，文字处理软件属于应用软件。（　）

## 四、简答题

1. 简述 Word 2016 的工具栏中的“格式刷”的作用及使用方法。

2. 对段落设置缩进格式时，包含哪几种缩进方式?

3. 在 Word 2016 中，怎样设置每页不同的页眉？如何使不同的章节显示的页眉不同?

4. 在 Word 2016 文档中设置文字格式有哪些操作？设置段落格式有哪些操作？设置页面格式有哪些操作?

5. 什么是分节符？什么是分页符？两者有什么区别?

# 本章实训

## 实训 1　文档的录入及编辑

### 一、实训目的

1. 掌握启动 Word 2016 的方式，完成文档的输入。

2. 完成查找和替换、保存、打开、退出等基本操作。

3. 实现对文档的基本排版操作，如设置字体、字号、对齐方式和段落排版。

### 二、实训内容

1. 新建一个 Word 文件，在其中输入如下文字：

本报讯　经北京市市政府批准，本市城市居民最低生活保障标准再次调整，由家庭人均月收入 280 元增加到 285 元。新标准的执行起始日期定为今年 7 月 1 日。

据了解，1996 年 7 月 1 日本市开始建立城市居民最低生活保障制度时，最低生活保障标准为家庭人均月收入 170 元，到目前为止已经调整过 6 次，累计投入救助资金近 3.9 亿元。

又讯　本市将对最低工资标准、下岗职工基本生活费标准进行调整，最低工资标准从每月 412 元调整到 435 元，下岗职工的基本生活费从每人每月 296 元调整到 305 元。最低工资标准从每小时不低于 2.46 元人民币，提高到每小时不低于 2.6 元人民币。该通知从 2001 年 7 月 1 日起执行。

2. 在文档内容最前面一行插入标题文字“最低生活保障标准再次调高”。

3. 将文中所有“最低生活保障标准”替换为“低保标准”；将文中除标题外所有“低

保标准”文字改变成红色并加着重号；所有的阿拉伯数字修改为：绿色且倾斜加粗。

4. 将标题段“低保标准再次调高”设置为三号楷体 _GB2312、居中、字符间距加宽 3 磅、并添加 5% 图案样式颜色为紫色，3 磅蓝色边框。

5. 将正文各段文字设置为小四号宋体；各段落左右各缩进 0.5 厘米，首行缩进 2 字符，段前间距 1 行；正文中“本报讯”设置为五号黑体。

6. 将此文件以“低保标准再次调高”为名保存在你自己的文件夹中，效果图如图 3-72 所示。

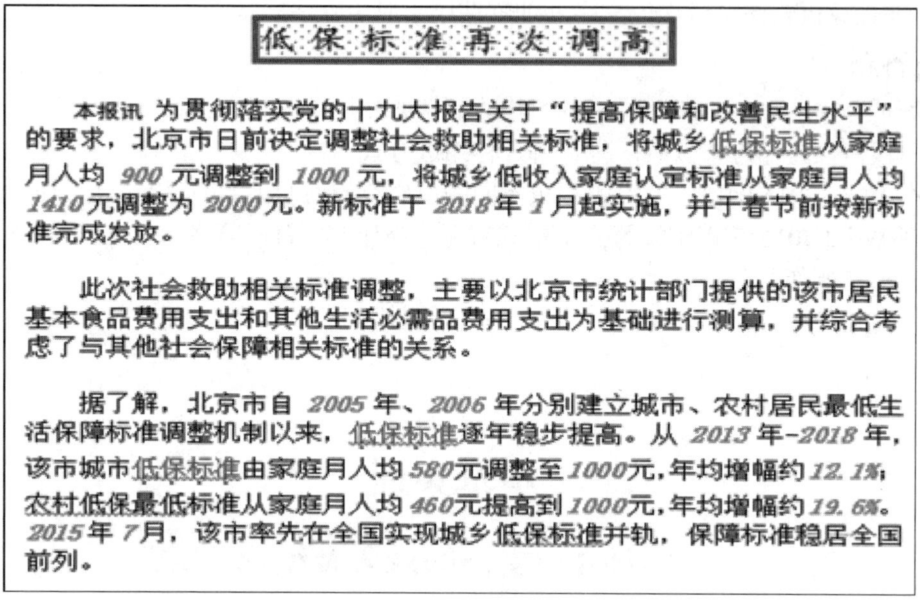

低保标准再次调高

本报讯 为贯彻落实党的十九大报告关于“提高保障和改善民生水平”的要求，北京市日前决定调整社会救助相关标准，将城乡低保标准从家庭月人均 ***900*** 元调整到 ***1000*** 元，将城乡低收入家庭认定标准从家庭月人均 ***1410*** 元调整为 ***2000*** 元。新标准于 ***2018*** 年 ***1*** 月起实施，并于春节前按新标准完成发放。

此次社会救助相关标准调整，主要以北京市统计部门提供的该市居民基本食品费用支出和其他生活必需品费用支出为基础进行测算，并综合考虑了与其他社会保障相关标准的关系。

据了解，北京市自 ***2005*** 年、***2006*** 年分别建立城市、农村居民最低生活保障标准调整机制以来，低保标准逐年稳步提高。从 ***2013*** 年-***2018*** 年，该市城市低保标准由家庭月人均 ***580*** 元调整至 ***1000*** 元，年均增幅约 ***12.1%***；农村低保最低标准从家庭月人均 ***460*** 元提高到 ***1000*** 元，年均增幅约 ***19.6%***。***2015*** 年 ***7*** 月，该市率先在全国实现城乡低保标准并轨，保障标准稳居全国前列。

图 3-72　最终效果图

# 实训 2　文档格式化与排版

## 一、实训目的

1. 掌握字符、段落格式的设置方法。
2. 了解分栏与首字下沉的操作。
3. 掌握样式、项目符号、编号、边框和底纹、页眉与页脚的设置操作。

## 二、实训内容

打开素材文件“计算机的应用领域 .docx”，进行如下操作：

1. 为文档增加标题文字“计算机的应用领域”，将正文第 2 段在结尾复制两遍，形成两个新段落；将正文第 3 段在结尾复制两遍，形成两个新段落。

2. 在正文末尾插入当前系统日期及 Wingdings 字体的符号“🕮”。

3. 标题文字“计算机的应用领域”设置为“标题 2”样式、居中；将其中文字“计算机的”设置为红色、字符间距加宽 6 磅、文字提升 6 磅、加着重号；将其中文字“应用领域”设置为二号。为标题加 15% 的底纹及 2.25 磅的阴影边框（注意：应用范围为段落）。

4. 设置正文各段，段前间距 0.5 行，段后间距 2.5 磅，首行缩进 2 字符，单倍行距。

5. 正文第 1 段设置为宋体、小四；文字“海量的存储”添加 1.5 磅单线框；文字“特别是国际互联网的出现，开辟了使用计算机的新领域”加宽 6 磅、文字提升 6 磅、加着重号。将正文第一段设置为首字下沉，下沉行数 2 行，距正文 0 厘米。

6. 文档末尾文字“2019 年 4 月 28 日星期日 🕮”，位置居右。

7. 利用格式刷，将正文第 2 段中所有文字“计算”的格式设置为红色、加粗。

8. 将第 2 段、第 3 段加上红色、五号的菱形项目符号，项目符号缩进 0.5 厘米、文字位置缩进 0.3 厘米；将第 4、5、6 段分成三栏，有分隔线。

9. 将所有文字“计算机”替换为“微型计算机”。

10. 新建样式名为“计算机”，格式为黑体、五号、倾斜、下划线，将该样式应用于正文最后一段。

11. 给文档设置图片水印，图片文件为“水印 .jpg”、缩放 150%、冲蚀。最终效果图如图 3-73 所示。

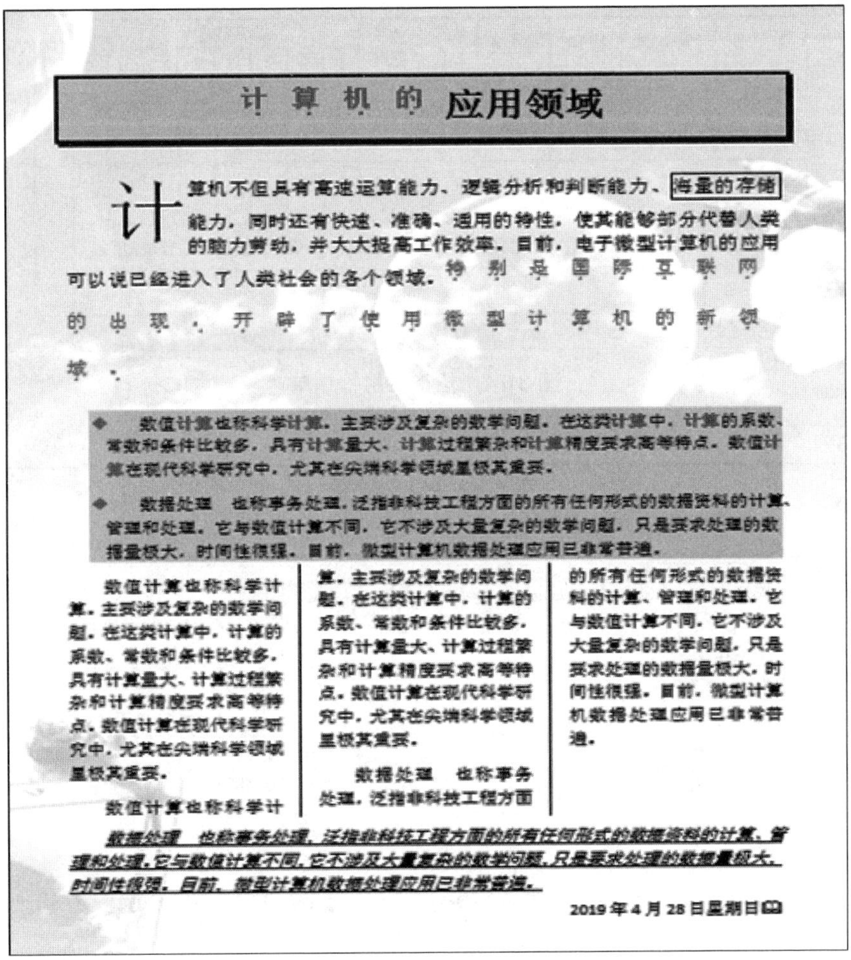

图 3-73　最终效果图

# 实训 3　表格制作

## 一、实训目的

1. 掌握表格的创建、输入和编辑方法。
2. 掌握表格的格式化及美化操作。

## 二、实训内容

1. 创建一张招待费用报销单表格，如图 3-74 所示。

**招待费用报销单**

编号：　　　　　　　　　　　　　　填表日期：　年　月　日

<table>
<tr><td>姓 名</td><td colspan="2"></td><td>职务</td><td colspan="2"></td><td colspan="2" rowspan="2">招待事由</td><td colspan="6" rowspan="2"></td><td rowspan="12">附件<br>张</td></tr>
<tr><td>部 门</td><td colspan="5"></td></tr>
<tr><td>招待对象</td><td></td><td colspan="2">招待人数</td><td colspan="3">客人 人，陪同 人</td><td colspan="2">备注</td><td colspan="5"></td></tr>
<tr><td rowspan="2">日 期</td><td rowspan="2">招待地点</td><td rowspan="2">餐饮费</td><td rowspan="2">住宿费</td><td rowspan="2">礼品礼金</td><td rowspan="2">其他费用</td><td colspan="8">金额合计</td></tr>
<tr><td>十</td><td>万</td><td>千</td><td>百</td><td>十</td><td>元</td><td>角</td><td>分</td></tr>
<tr><td></td><td></td><td></td><td></td><td></td><td></td><td></td><td></td><td></td><td></td><td></td><td></td><td></td><td></td></tr>
<tr><td></td><td></td><td></td><td></td><td></td><td></td><td></td><td></td><td></td><td></td><td></td><td></td><td></td><td></td></tr>
<tr><td></td><td></td><td></td><td></td><td></td><td></td><td></td><td></td><td></td><td></td><td></td><td></td><td></td><td></td></tr>
<tr><td>金额（大写）</td><td colspan="4"></td><td>合计</td><td></td><td></td><td></td><td></td><td></td><td></td><td></td><td></td></tr>
<tr><td>财务审批</td><td colspan="2">部门主管审批</td><td colspan="2">财务复核</td><td colspan="3">部门经理审核</td><td colspan="3">经办人签名</td><td colspan="3">报销人签名</td></tr>
<tr><td></td><td colspan="2"></td><td colspan="2"></td><td colspan="3"></td><td colspan="3"></td><td colspan="3"></td></tr>
</table>

图 3-74　招待费用报销单

2. 创建一张如图 3-75 所示的软件申请表。

**软件申请表**

<table>
<tr><td rowspan="6">企业</td><td>企业名称</td><td colspan="6"></td></tr>
<tr><td>所在地址</td><td colspan="6"></td></tr>
<tr><td>企业性质</td><td colspan="3"></td><td>法人代表</td><td colspan="2"></td></tr>
<tr><td>电 话</td><td colspan="3"></td><td>传 真</td><td colspan="2"></td></tr>
<tr><td>通讯地址</td><td colspan="4"></td><td>邮政编码</td><td></td></tr>
<tr><td>帐 号</td><td></td><td>税号</td><td></td><td>开户行</td><td colspan="2"></td></tr>
<tr><td rowspan="3">联系人</td><td>姓 名</td><td colspan="3"></td><td>身份证号码</td><td colspan="2"></td></tr>
<tr><td>部 门</td><td colspan="3"></td><td>职位</td><td colspan="2"></td></tr>
<tr><td>网 址</td><td colspan="3"></td><td>E-mail</td><td colspan="2"></td></tr>
<tr><td rowspan="3">应用状态</td><td>所申请软件</td><td colspan="3">□Win NT Server</td><td colspan="2">□Novell</td><td>□Sco-Unix</td></tr>
<tr><td>机房环境</td><td colspan="3"></td><td colspan="3">工作站数量<br>□30　□50　□100</td></tr>
<tr><td>申请试用理由</td><td colspan="6">签字盖章：<br>年　月　日</td></tr>
</table>

图 3-75　软件申请表

# 实训 4　Word 图文混排

## 一、实训目的

1. 掌握 Word 2016 中绘制自选图形的基本方法。
2. 学会创建艺术字。
3. 学会插入图形或图片实现文章的图文混排效果。
4. 学会利用文本框制作小标题。

## 二、实训内容

新建一个名为“图文混排 .docx”的文档，进行如下操作，最终效果图如图 3-76 所示。

Internet

应用

在Internet上储存着巨大的动态信息，为了方便用户查询所需信息，目前已出现了许多交互式的查询软件，他们大多采用客户机/服务器方式。但是当前在 Internet 上最为流行的信息查询服务就是“环球网”(World Wide Web)，简称 WWW。

网络学堂

WWW 是一个基于“超文本”(hyper text) 方式的信息查询工具，它将位于全世界 Internet 网上不同地点的相关信息有机地编织在一起，并为用户提供一种友好的、强有力的查询界面。WWW 似乎把 Internet 网络变成了一个巨大的磁盘驱动器，只要操纵计算机的鼠标器，你就可以通过 Internet 从世界各地调来你所希望得到的信息，至于这些信息储存在哪里以及如何查询，则由 WWW 自动完成。

图 3-76　最终效果图

1. 绘制两条直线，并将线型设置为“3 磅”。
2. 插入艺术字“江西农院简报”，并为艺术字设置效果。
3. 插入文本框，按如图 3-77 所示输入文字，使文本框中的文字采用右对齐的方式，并取消文本框的边线，将填充颜色改为“无填充颜色”。
4. 插入三个“五角星”，为最大的五角星填充一种渐变颜色效果，将中间大小的五角星自由旋转一定角度，再为其填充一种图案纹理效果，为最小的五角星填充某种颜色并设置自己所喜欢的阴影效果。
5. 将三个五角星组合成一个对象后复制，将复制的图形制作出水平对称的镜象效果，并拖放到右侧合适的位置。
6. 打开“Internet.docx”，将该文件中的短文内容复制一份加到“图文混排 .docx”文件原有内容的后面。设置文档内容的中文字体为“楷体”，西文字体为“Times New Roman”，字号为“小四”。

7. 插入艺术字“Internet”和“应用”（分别为它们选择两种不同的艺术字样式），并将它们组合成一个对象，然后把组合好的对象拖到文档中的适当位置，并设置为“紧密型环绕”格式。

8. 插入一幅任意的剪贴画，调整到合适大小，并设置“四周型环绕”格式。

9. 插入一个“竖排文本框”，在其中加入文字“网络学堂”（字体为“黑体”，字号为“小四”），然后给该文本框加上自己喜欢的阴影效果，设置其环绕方式为“四周型环绕”，最后将其拖动到文档中的适当位置。

# 实训 5　长文档排版

## 一、实训目的

1. 掌握 Word 2016 文档中样式的设置和应用方法。

2. 掌握利用分节符对文档进行分节操作的方法。

3. 掌握目录生成的方法。

4. 掌握通过页眉和页脚的设置美化文档的方法。

5. 掌握文档中脚注和尾注的添加方法。

## 二、实训内容

对某公司“员工手册 .docx”进行编辑，具体要求如下。

1. 员工手册必须包括封面、目录、正文等部分，各部分的标题均采用正文中一级标题的样式。

2. 员工手册中的正文：中文字体为宋体、西文字体为 Times New Roman，字号均为五号，首行缩进 2 字符，1.25 倍行距。

3. 目录：自动生成，字号为小四号，对齐方式为右对齐。

4. 员工手册中的各级标题如下。

一级标题：字体为微软雅黑，字号为三号，加粗，对齐方式为居中，段前、段后间距为 0 行，1.5 倍行距。

二级标题：字体为宋体，字号为小四号，加粗，对齐为靠左，段前、段后间距为 0 行，1.25 倍行距。

5. 页面设置：采用 A4 大小纸张，上、下页边距均为 2.5 厘米，左、右页边距分别为 3 厘米和 2.5 厘米，装订线 0.5 厘米，页眉、页脚距边界 1 厘米。

6. 页眉：中文字体为宋体、西文字体为 Times New Roman，字号均为五号，居中对齐。除封面外，其他部分奇数页的页眉中书写章题目，偶数页写“员工手册”字样。

7. 页脚：中文字体为宋体、西文字体为 Times New Roman，字号均为五号，居中对齐，页脚中显示当前页的页码。其中目录的页码使用页码希腊文，单独编号；从正文开始，使用阿拉伯数字，且连续编号。

8. 手册编辑完成之后，左侧装订且双面打印。最终效果图如图 3-77 所示。

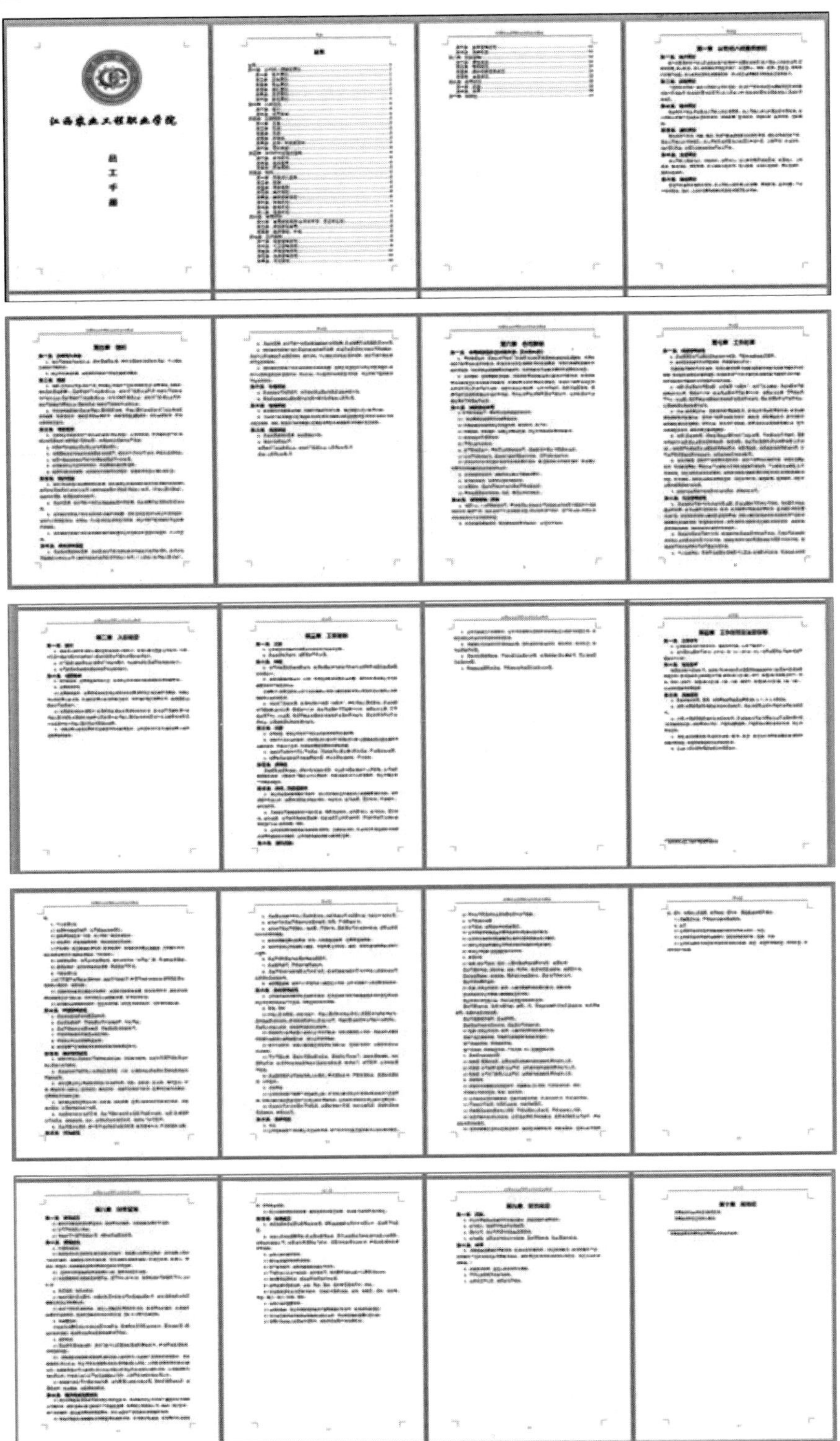

图 3-77　长文档排版效果图

# 实训 6　邮件合并

## 一、实训目的

1. 掌握简单邮件合并操作。

2. 学会使用带有查询条件的邮件合并操作。

## 二、实训内容

1. 制作空白成绩单，创建如图 3-78 所示的主文档，保存为“成绩单格式 .docx”。

| ____（学号:____）同学：本学期你的期终考试成绩如下 | | | |
|---|---|---|---|
| 英语 | | 计算机 | |
| 法律基础 | | 生理学 | |
| 体育 | | 病理学 | |

图 3-78　成绩单

2. 制作数据源，创建如图 3-79 所示的数据源文档，保存为“考试成绩表 .docx”文档。

| 学号 | 姓名 | 英语 | 体育 | 法律基础 | 计算机 | 生理学 | 病理学 |
|---|---|---|---|---|---|---|---|
| 040001 | 张三 | 78 | 90 | 98 | 45 | 70 | 78 |
| 040002 | 李四 | 56 | 70 | 71 | 77 | 45 | 72 |
| 040003 | 王五 | 76 | 90 | 45 | 87 | 90 | 68 |

图 3-79　考试成绩表

3. 使用“邮件合并”功能，以“考试成绩表 .docx”为数据源，生成“成绩通知单”文档。

# 第 4 章　电子表格 Excel 2016

## 学习导读

Excel 2016 是 Microsoft Office 2016 办公套装软件的核心组件之一，它是一款优秀的电子表格制作软件，利用它可以快速制作出各种美观、实用的电子表格，以及对数据进行计算、统计、分析和预测等，并可按需要将表格打印出来。Excel 2016 的操作更加简便、快捷，同时具有更为强大的数据运算处理与分析能力。

使用 Excel 2016 可以方便地进行数据的统计处理和分析，它是工作、生活中的好帮手。例如，利用 Excel 2016 可以帮助我们统计、汇总、分析员工工资、产品销量、资产负债、考勤统计、学生成绩等。应用 Excel 2016 进行数据处理的能力已成为现代职业最基本的岗位能力。

## 学习目标

- 理解工作簿、工作表、单元格及活动单元格的概念。
- 掌握各种数据的输入方法、单元格格式的设置和条件格式设置方法。
- 掌握理解单元格引用（相对引用、绝对引用、混合引用）的概念及使用方法。
- 掌握公式、函数的使用方法。
- 掌握图表的创建方法以及格式的设置方法。
- 掌握对数据的排序、汇总、筛选、合并等统计方法。

| 20级计算机应用班学生信息表 | | | | | | | | |
|---|---|---|---|---|---|---|---|---|
| 学号 | 班级 | 姓名 | 性别 | 身份证号 | 出生日期 | 是否团员 | 联系电话 | 入学成绩 |
| 20100401101 | 1 | 侯倩 | 女 | 36010120020510×××× | 2002/5/10 | 是 | [illegible] | 436 |
| 20100401102 | 1 | 邓秀丽 | 女 | 36010320010215×××× | 2001/2/15 | 是 | [illegible] | 421 |
| 20100401103 | 1 | 沈文涛 | 男 | 36020420010911×××× | 2001/9/11 | 否 | [illegible] | 502 |
| 20100401104 | 1 | 朱自强 | 男 | 36122620001024×××× | 2000/10/24 | 是 | [illegible] | 542 |
| 20100401105 | 1 | 赵金润 | 男 | 36020020010519×××× | 2001/5/19 | 是 | [illegible] | 430 |
| 20100401106 | 1 | 王强 | 男 | 36012820030212×××× | 2003/2/12 | 否 | [illegible] | 386 |
| 20100401107 | 1 | 李廖华 | 男 | 36071220020902×××× | 2002/9/2 | 是 | [illegible] | 468 |
| 20100401108 | 1 | 李婷 | 女 | 36022420020626×××× | 2002/6/26 | 否 | [illegible] | 479 |
| 20100401109 | 1 | 陈曦 | 男 | 36060420010917×××× | 2001/9/17 | 是 | [illegible] | 513 |
| 20100401110 | 1 | 熊小新 | 女 | 36020320011102×××× | 2001/11/2 | 是 | [illegible] | 370 |
| 20100401201 | 2 | 龚春鑫 | 男 | 36270420010736×××× | 2001/8/5 | 是 | [illegible] | 475 |
| 20100401202 | 2 | 蔡晓梅 | 女 | 36012420010616×××× | 2001/6/16 | 否 | [illegible] | 442 |
| 20100401203 | 2 | 王萍 | 女 | 36022420020108×××× | 2002/1/8 | 是 | [illegible] | 431 |
| 20100401204 | 2 | 李宝润 | 男 | 36122120010418×××× | 2001/4/18 | 是 | [illegible] | 468 |
| 20100401205 | 2 | 王琦 | 女 | 36012820011022×××× | 2001/10/22 | 是 | [illegible] | 562 |
| 20100401206 | 2 | 朱凯朋 | 男 | 36020520020325×××× | 2002/3/25 | 是 | [illegible] | 510 |
| 20100401207 | 2 | 金瑶飞 | 男 | 36020520021103×××× | 2002/11/3 | 是 | [illegible] | 523 |
| 20100401208 | 2 | 曾明平 | 男 | 36090320030128×××× | 2003/1/28 | 否 | [illegible] | 467 |
| 20100401209 | 2 | 刘永超 | 女 | 36071220020124×××× | 2002/1/24 | 是 | [illegible] | 488 |
| 20100401210 | 2 | 李磊 | 男 | 36060420021204×××× | 2002/12/4 | 是 | [illegible] | 392 |
| 20100401301 | 3 | 周晓冬 | 男 | 36273620001102×××× | 2000/11/2 | 是 | [illegible] | 472 |
| 20100401302 | 3 | 江树明 | 男 | 36012720000820×××× | 2000/8/20 | 否 | [illegible] | 508 |
| 20100401303 | 3 | 林立 | 男 | 36060420020913×××× | 2002/9/13 | 是 | [illegible] | 426 |
| 20100401304 | 3 | 王小军 | 男 | 36270020001013×××× | 2000/10/13 | 否 | [illegible] | 410 |
| 20100401305 | 3 | 樊宝刚 | 女 | 36270020020136×××× | 2002/2/5 | 是 | [illegible] | 434 |
| 20100401306 | 3 | 唐晓莉 | 女 | 36122120000427×××× | 2000/4/27 | 否 | [illegible] | 367 |
| 20100401307 | 3 | 孙爱国 | 男 | 36090120020714×××× | 2002/7/14 | 是 | [illegible] | 396 |
| 20100401308 | 3 | 何勇强 | 女 | 36273620030224×××× | 2003/2/24 | 是 | [illegible] | 418 |
| 20100401309 | 3 | 杨三平 | 女 | 36270020000625×××× | 2000/6/25 | 是 | [illegible] | 446 |
| 20100401310 | 3 | 黄国伟 | 男 | 36030320020419×××× | 2002/4/19 | 是 | [illegible] | 481 |

图 4-1　学生信息效果图

# 4.1　Excel 2016 基本操作

李老师是计算机应用专业的班主任，为了更好地管理刚入校的新生，他需要对班上学生的信息进行整理并录入计算机以便查找。为了提高学生的动手能力，他把这个任务交给小王，要他用电子表格软件制作一份学生信息表，完成后的效果图如图 4-1 所示，让我们一起和小王来完成这个任务。

## 4.1.1　新建工作簿和工作表

熟悉工作界面，完成工作簿和工作表的建立。

### 1. 启动软件，完成工作簿的建立

步骤 1：启动软件，新建空白工作簿。单击“开始”按钮 ⊞，再滚动鼠标滚轮，按英文字母顺序找到 E，再单击其下的“Excel”选项，或单击任务栏左侧的“Excel 2016”按钮 X，进入其开始界面，如图 4-2 所示，左侧显示 Excel 最近使用过的文档，右侧显示一些常用的模板。

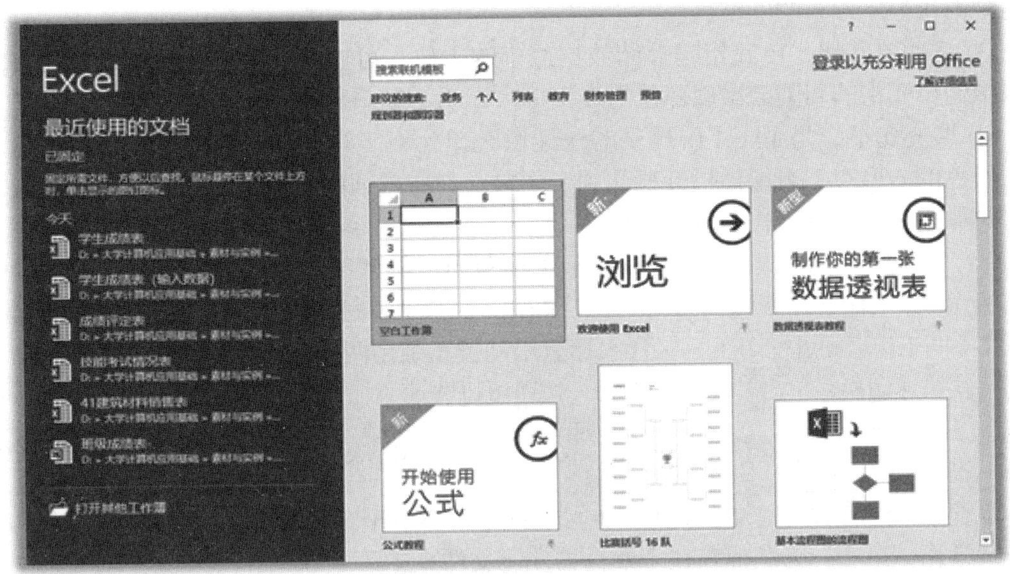


图 4-2　新建空白工作簿

步骤 2：熟悉界面。选择“空白工作簿”选项，即可进入 Excel 2016 工作界面。它主要由快速访问工具栏、标题栏、功能区、编辑栏、工作表编辑区、状态栏和滚动条等组成，如图 4-3 所示。Excel 2016 的工作界面与 Word 2016 相似，下面只介绍不同部分元素的含义。

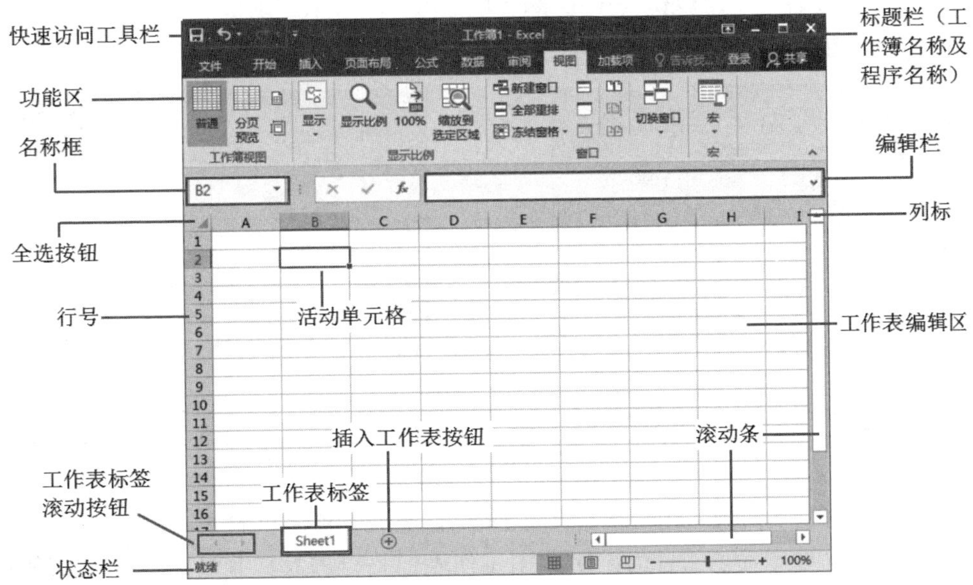


图 4-3　窗口界面

(1) 名称框：用于显示当前活动单元格或单元格区域的名称，还可用于定位单元格或单元格区域。

(2) 编辑栏：用于输入或显示各种数据，如公式、文字或数字等。在编辑栏上单击“fx”按钮。将打开“插入函数”对话框；双击单元格，会出现输入“√”按钮和取消“×”按钮，用于输入或取消在编辑区中输入的数据。当在工作表的某个单元格中输入数据时，编辑栏会同步显示输入的内容。

(3) 活动单元格：单元格是存储数据最小的单位，可以在其中输入数据或公式等，而被选中的单元格的周围会出现黑色的加粗框，即为活动单元格。

(4) 填充句柄：是 Excel 中提供的快速填充单元格工具。在选定的单元格右下角，会看到黑色的方形点，当鼠标指针移动到上面时，会变成细黑十字形，拖曳它即可完成对单元格的数据、格式、公式的填充。

(5) 工作表标签组：工作表标签位于工作簿窗口的底部。包括三个部分，工作表标签滚动按钮组、工作表标签和“插入工作表”按钮，工作表标签列出每个工作表的名称，单击标签，可以在不同工作表间进行切换；工作表标签滚动按钮组由两个按钮组成，主要用于工作表较多的时候快速切换；单击“插入工作表”按钮可以快速添加一个工作表。

(6) 工作表编辑区：它是 Excel 处理数据的主要区域，包括单元格、行号和列标及工作表标签等。

步骤 3：保存工作簿。单击“快速访问工具栏”中的“保存”按钮，将创建的工作簿以“学生成绩学籍信息表”为名保存在“素材文件”文件夹中。

## 2. 工作表操作

步骤 1：增加工作表。在 Excel 中，一个工作簿可以包含多张工作表，用户可以根据需要对工作表进行添加、删除、移动、复制、重命名、隐藏、显示，以及设置工作表标签颜色等操作。

默认情况下，新工作簿只包含 1 个工作表，若工作表不能满足需要，可单击工作表标签右侧的“插入工作表”按钮，在所选工作表的右侧插入一个新工作表，如图 4-4 所示。

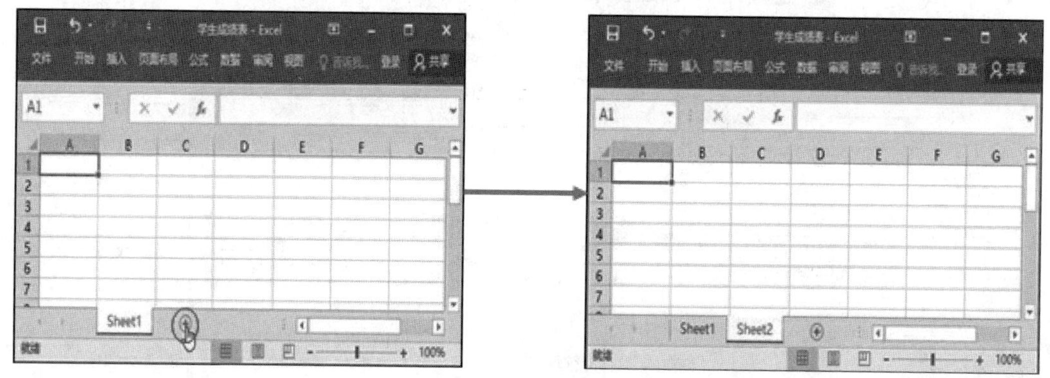


图 4-4　插入工作表

步骤 2：重命名工作表。用户可以为工作表取一个与其保存的内容相关的名字，从而方便区分工作表。要重命名工作表，可双击工作表标签以进入其编辑状态，然后输入工作表名称，再单击除该标签以外工作表的任意处或按“Enter”键即可，如图 4-5 所示。使用同样的方法重命名其他工作表为“学生信息”“成绩数据”“排序”“筛选”等。

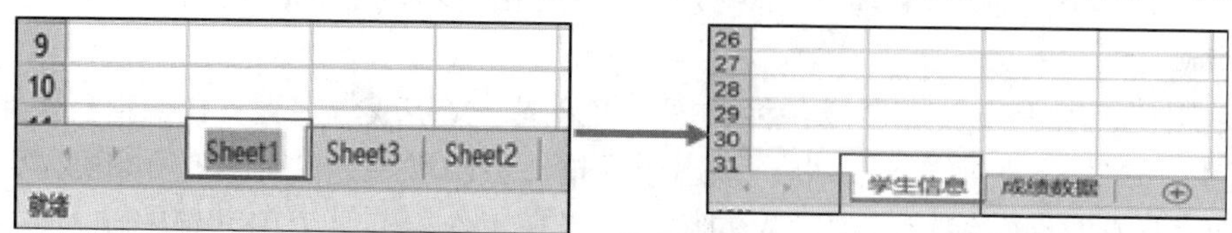


图 4-5　重命名工作表

步骤 3：设置工作表标签颜色。用户可以为工作表设置标签颜色。重命名是识别工作表的一种方式，而将工作表标签设置为不同的颜色是一种更加直观的区别不同工作表的方式。要设置工作表标签颜色，可右击工作表标签，在弹出的快捷菜单中选择“工作表标签颜色”选项，再在打开的颜色列表中选择需要的颜色，如红色，即可将该颜色应用于工作表标签，如图 4-6 所示。

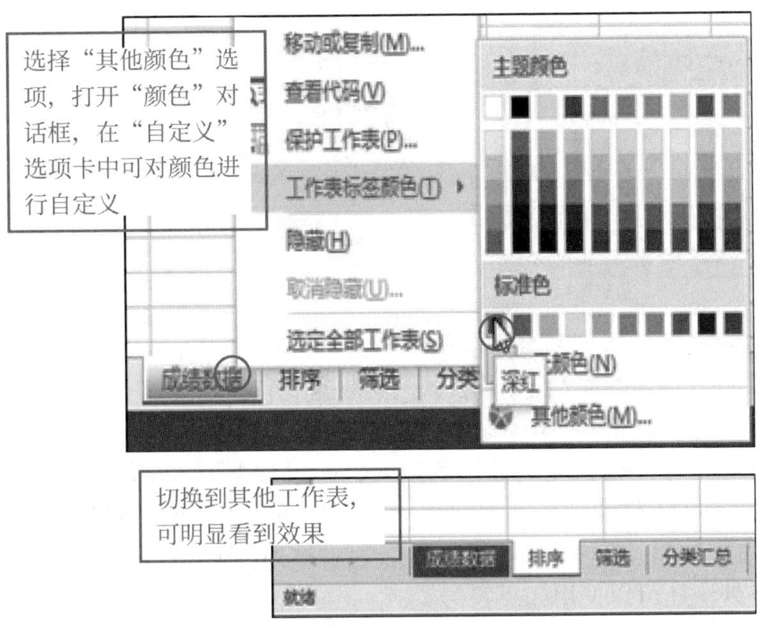


图 4-6　设置工作表标签颜色

## 4.1.2　输入与填充数据

下面开始在工作表中把学生基本信息数据录入到学生信息表中。

### 1. 手动输入数据

步骤 1：录入标题。在“学生信息”工作表中，单击 A1 单元格，然后输入“20 级计算机应用班学生信息表”，输入的内容会同时显示在编辑栏中（也可选中单元格后，直接在编辑栏中输入数据），如图 4-7 所示。若发现输入错误，可按“Backspace”键删除。

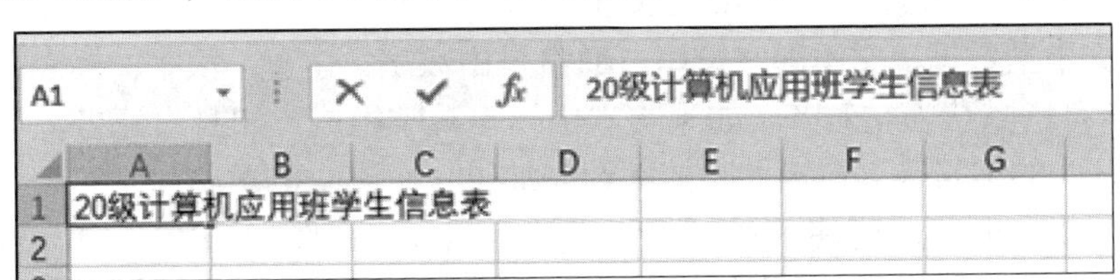


图 4-7　单元格编辑状态

步骤 2：输入其他数据。在 A2 至 I2 单元格中输入各列标题，再在“班级”和“姓名”列单元格输入数据，效果图如图 4-8 所示。可以看到，输入的数值型数据沿单元格右侧对齐，文本型数据沿单元格左侧对齐。

| | A | B | C | D | E | F | G | H | I | J |
|---|---|---|---|---|---|---|---|---|---|---|
| 1 | 20级计算机应用班学生信息表 | | | | | | | | | |
| 2 | 学号 | 班级 | 姓名 | 性别 | 身份证号 | 出生日期 | 是否团员 | 联系电话 | 高考分数 | |
| 3 | | 1 | 侯倩 | | | | | | | |
| 4 | | 1 | 邓秀丽 | | | | | | | |
| 5 | | 1 | 沈文海 | | | | | | | |
| 6 | | 1 | 朱自强 | | | | | | | |
| 7 | | 1 | 赵金润 | | | | | | | |
| 8 | | 1 | 王强 | | | | | | | |
| 9 | | 1 | 李彦学 | | | | | | | |
| 10 | | 1 | 李婷 | | | | | | | |
| 11 | | 1 | 陈曦 | | | | | | | |
| 12 | | 1 | 熊小新 | | | | | | | |
| 13 | | 2 | 柴睿鑫 | | | | | | | |
| 14 | | 2 | 蔡晓梅 | | | | | | | |
| 15 | | 2 | 王萍 | | | | | | | |
| 16 | | 2 | 李吉鸿 | | | | | | | |
| 17 | | 2 | 王琦 | | | | | | | |
| 18 | | 2 | 朱聚鹏 | | | | | | | |
| 19 | | 2 | 金延飞 | | | | | | | |

当输入的数据超过了单元格宽度，导致数据不能在单元格中正常显示时，可选中该单元格，然后通过编辑栏查看和编辑数据

图 4-8　录入数据

用户可以向 Excel 单元格输入常量和公式两类数据。常量是指没有以“=”开头的数据，包括数值、文本、日期、时间等。在选定的单元格中输入数据，然后按“Enter”键或单击编辑栏中的输入按钮“√”确认完成数据的输入；如果想取消本次输入的数据，按“Esc”键或单击编辑栏中的取消按钮“×”。在输入数据时，所使用的标点符号均为英文标点。

(1) 输入数值型数据。直接输入，数据默认为右对齐。输入数值型数据时，除了 0 ～ 9，正负号和小数点外，还可以使用如下符号。

①加“E”和“e”用于指数的输入，如 3E-3 表示 $3\times10^{-3}$=0.003。

②圆括号。表示输入的是负数，如（256）表示 -256。

③逗号。表示千位分隔符，如 923,456。

④以 % 结尾的数值。表示输入的是百分数，如 40% 表示 0.4。

⑤以“¥”或“$”开始的数据，表示货币格式。

⑥当输入数值长度超过单元格的宽度时，将会自动转换成科学计数法，如输入 123456789000，自动会转换为 1.23457E+11。

⑦输入纯分数或假分数时，为了避免与日期的输入方式混淆，可在整数和分数中间加空格，如“4 3/5”“2 3/8”表示 4.6、2.375。

(2) 输入文本型数据。文本即字符串，通常是由数字、字母、汉字、标点符号、符号、空格组成的字符。默认为左对齐。如果文本由一串数字组成，如身份证号、学号、电话号码，以“0”开头的编号等，在输入时前面要先加上一个英文的单引号，然后再输入数字。

(3) 输入日期和时间。可使用斜杠“/”或连字符“-”对输入的年、月、日进行间隔，如输入“2020/6/9”、“2020-6-9”均表示 2020 年 6 月 9 日。输入当天日期可按“Ctrl +;”快捷键。输入时间时，时、分、秒之间用冒号隔开，在后面加上“AM”或“PM”表示上午或下午。输入当前的时间可按“Ctrl + Shift + ;”快捷键。

(4) 自定义输入。Excel 允许用户自定义格式输入数据，如需输入性别“男”“女”可进行自定义，用 1 表示“男”、2 表示“女”。自定义方法如下：选择需输入性别的所有单元格，打开“设置单元格格式”，单击“数字”“分类”→“自定义”，在右侧的类型中输入 [=1]“男”；[=2]“女”，单击“确定”后即可在所选的单元格中用 1 或 2 输入性别，

若输入其他数字，则会显示错误，如图 4-9 所示。

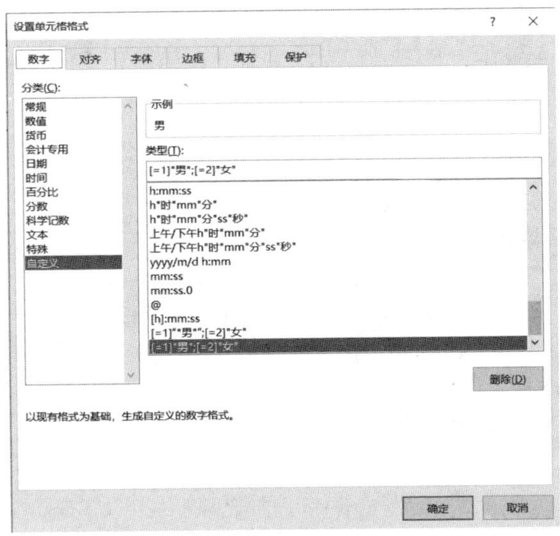


图 4-9　自定义格式输入

## 2. 自动填充数据

在 Excel 工作表的活动单元格的右下角有一个小黑方块，称为填充柄，通过拖动填充柄可以自动在其他单元格填充与活动单元格内容相关的数据，如序列数据或相同数据。其中，序列数据是指有规律地变化的数据，如日期、时间、月份、等差或等比数列。此处以输入“学号”数据为例，介绍自动填充数据的方法。

步骤 1：单击“学号”列中的 A3 单元格，输入数据“20100401101”，将鼠标指针移到 A3 单元格右下角的填充柄上，此时鼠标指针变成实心的十字形，按住鼠标左键并向下拖动，至单元格 A10 后释放鼠标左键，然后单击右下角的“自动填充选项”按钮，在展开的列表中选中“填充序列”单选按钮，系统就会自动以升序填充选中的单元格，效果如图 4-10 所示。

| | A | B | C | D |
|---|---|---|---|---|
| 1 | 20级计算机应用班学生信息表 | | | |
| 2 | 学号 | 班级 | 姓名 | 性别 |
| 3 | 20100401101 | 1 | 侯倩 | |
| 4 | 20100401102 | 1 | 邓秀丽 | |
| 5 | 20100401103 | 1 | 沈文海 | |
| 6 | 20100401104 | 1 | 朱自强 | |
| 7 | 20100401105 | 1 | 赵金润 | |
| 8 | 20100401106 | 1 | 王强 | |
| 9 | 20100401107 | 1 | 李彦学 | |
| 10 | 20100401108 | 1 | 李婷 | |
| 11 | 20100401109 | 1 | 陈曦 | |
| 12 | 20100401110 | 1 | 熊小新 | |
| 13 | | 2 | 柴睿鑫 | |

复制单元格(C)
填充序列(S)
仅填充格式(F)
不带格式填充(O)
快速填充(F)

| | A | B | C |
|---|---|---|---|
| 2 | 学号 | 班级 | 姓名 |
| 3 | 20100401101 | 1 | 侯倩 |
| 4 | 20100401102 | 1 | 邓秀丽 |
| 5 | 20100401103 | 1 | 沈文海 |
| 6 | 20100401104 | 1 | 朱自强 |
| 7 | 20100401105 | 1 | 赵金润 |
| 8 | 20100401106 | 1 | 王强 |
| 9 | 20100401107 | 1 | 李彦学 |
| 10 | 20100401108 | 1 | 李婷 |
| 11 | 20100401109 | 1 | 陈曦 |
| 12 | 20100401110 | 1 | 熊小新 |
| 13 | | 2 | 柴睿鑫 |
| 14 | | 2 | 蔡晓梅 |
| 15 | | 2 | 王萍 |

图 4-10　自动填充

步骤 2：若要一次性在所选单元格区域填充相同数据，可以使用快捷键来完成。此处以输入“性别”数据为例，介绍使用快捷键输入数据的操作。配合“Ctrl”键选中要填充数据的单元格，然后输入要填充的数据“男”，输入完毕按“Ctrl+Enter”组合键，如图 4-11 所示。使用同样的方法，在该列中输入性别“女”。

| | A | B | C | D |
|---|---|---|---|---|
| 2 | 学号 | 班级 | 姓名 | 性别 |
| 3 | 20100401101 | 1 | 侯倩 | |
| 4 | 20100401102 | 1 | 邓秀丽 | |
| 5 | 20100401103 | 1 | 沈文海 | |
| 6 | 20100401104 | 1 | 朱自强 | |
| 7 | 20100401105 | 1 | 赵金润 | |
| 8 | 20100401106 | 1 | 王强 | |
| 9 | 20100401107 | 1 | 李彦学 | |
| 10 | 20100401108 | 1 | 李婷 | |
| 11 | 20100401109 | 1 | 陈曦 | |
| 12 | 20100401110 | 1 | 熊小新 | |
| 13 | 20100401201 | 2 | 柴睿鑫 | |
| 14 | 20100401202 | 2 | 蔡晓梅 | |
| 15 | 20100401203 | 2 | 王萍 | |
| 16 | 20100401204 | 2 | 李吉鸿 | |
| 17 | 20100401205 | 2 | 王琦 | |
| 18 | 20100401206 | 2 | 朱聚鹏 | |
| 19 | 20100401207 | 2 | 金延飞 | |

| | A | B | C | D |
|---|---|---|---|---|
| 2 | 学号 | 班级 | 姓名 | 性别 |
| 3 | 20100401101 | 1 | 侯倩 | |
| 4 | 20100401102 | 1 | 邓秀丽 | |
| 5 | 20100401103 | 1 | 沈文海 | |
| 6 | 20100401104 | 1 | 朱自强 | |
| 7 | 20100401105 | 1 | 赵金润 | |
| 8 | 20100401106 | 1 | 王强 | |
| 9 | 20100401107 | 1 | 李彦学 | |
| 10 | 20100401108 | 1 | 李婷 | |
| 11 | 20100401109 | 1 | 陈曦 | |
| 12 | 20100401110 | 1 | 熊小新 | |
| 13 | 20100401201 | 2 | 柴睿鑫 | |
| 14 | 20100401202 | 2 | 蔡晓梅 | |
| 15 | 20100401203 | 2 | 王萍 | |
| 16 | 20100401204 | 2 | 李吉鸿 | |
| 17 | 20100401205 | 2 | 王琦 | |
| 18 | 20100401206 | 2 | 朱聚鹏 | 男 |

| | A | B | C | D |
|---|---|---|---|---|
| 2 | 学号 | 班级 | 姓名 | 性别 |
| 3 | 20100401101 | 1 | 侯倩 | |
| 4 | 20100401102 | 1 | 邓秀丽 | |
| 5 | 20100401103 | 1 | 沈文海 | 男 |
| 6 | 20100401104 | 1 | 朱自强 | 男 |
| 7 | 20100401105 | 1 | 赵金润 | 男 |
| 8 | 20100401106 | 1 | 王强 | 男 |
| 9 | 20100401107 | 1 | 李彦学 | 男 |
| 10 | 20100401108 | 1 | 李婷 | |
| 11 | 20100401109 | 1 | 陈曦 | 男 |
| 12 | 20100401110 | 1 | 熊小新 | |
| 13 | 20100401201 | 2 | 柴睿鑫 | 男 |
| 14 | 20100401202 | 2 | 蔡晓梅 | |
| 15 | 20100401203 | 2 | 王萍 | |
| 16 | 20100401204 | 2 | 李吉鸿 | 男 |
| 17 | 20100401205 | 2 | 王琦 | |
| 18 | 20100401206 | 2 | 朱聚鹏 | 男 |

图 4-11　快捷填充

### 3. 设置数据的有效性

数据有效性是对单元格或单元格区域输入的数据从内容到数量上的限制。对于符合条件的数据，允许输入；对于不符合条件的数据，则禁止输入。这样就可以依靠系统检查数据的正确有效性，避免错误的数据录入。下面将“学生信息”工作表中的身份证号输入限制条件，将数据长度控制在 18。

步骤 1：选择 E3:E32 单元格区域，选择功能区的“数据”→“数据验证”命令，打开“数据验证”对话框。

步骤 2：在“设置”选项卡，“验证条件 / 允许”的下拉框中选择“文本长度”，在“数据”的下拉列表框中选择“等于”，在长度文本框中输入 18，如图 4-12 所示，单击“确定”。

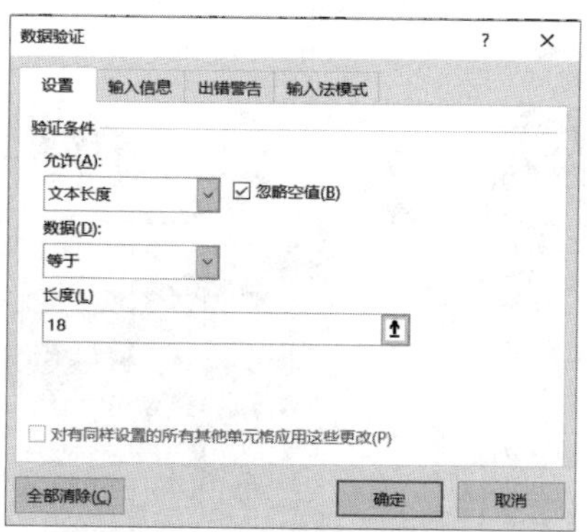


图 4-12　数据验证对话框

步骤 3：在“输入信息”选项卡，在标题输入框中输入“身份证号输入”，在输入信息框中输入“身份证号长度为18”，如图 4-13 所示，这样在单元格中就会出现提示，如图 4-14 所示。

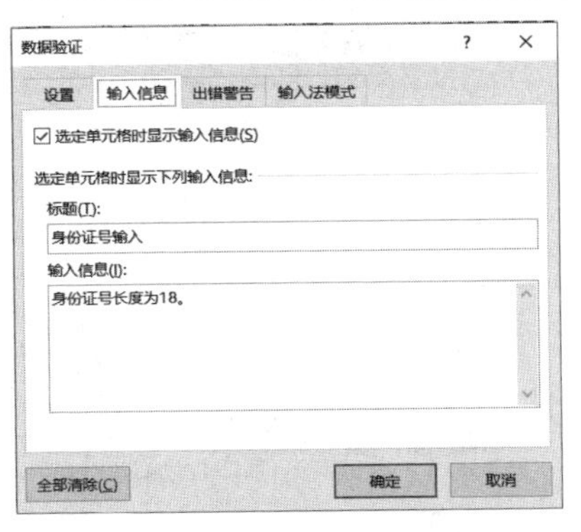


图 4-13　输入信息提示设置

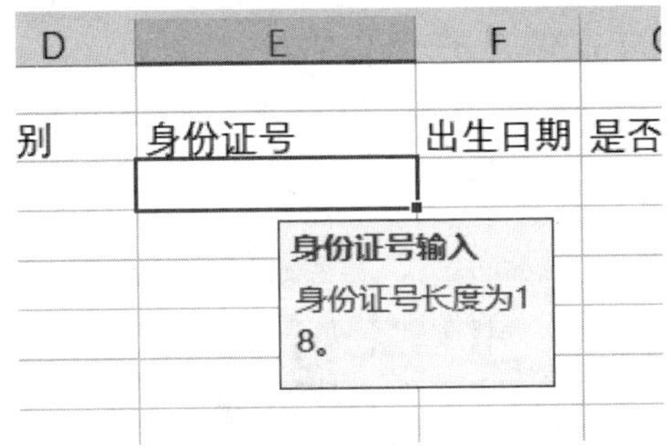


图 4-14　提示信息

步骤 4：在“出错警告”选项卡，在错误信息输入框中输入“输入错误信息，请重新输入”，如图 4-15 所示，这样如果输入无效数据，就会出现错误警告，如图 4-16 所示。

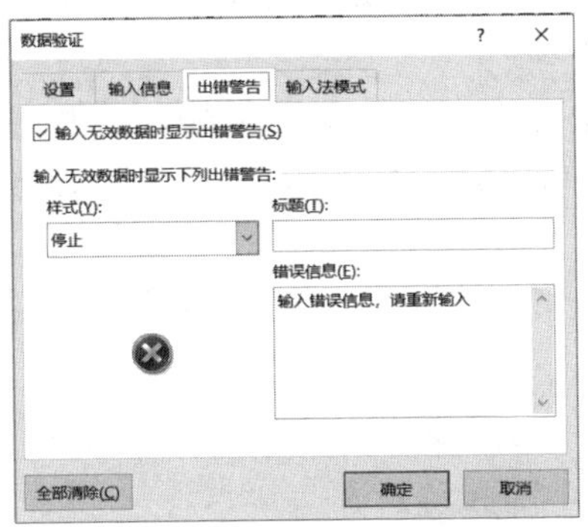


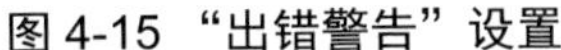
图 4-15　“出错警告”设置

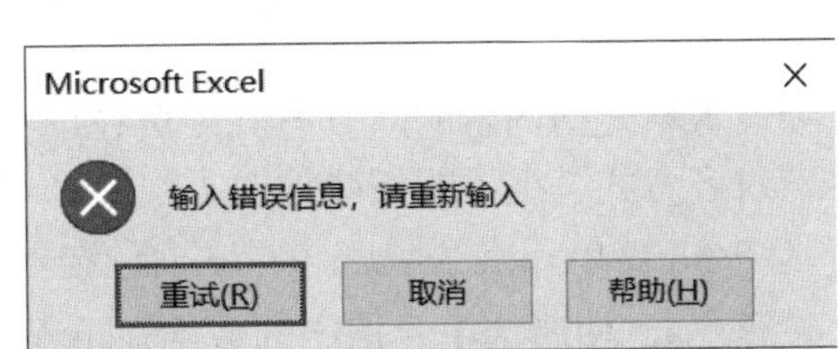


图 4-16　出错停止反馈

## 4.1.3　美化工作表

接下来对工作表进行美化，包括字符格式的设置、对齐方式、数字格式、边框和底纹设置、行高与列宽的设置、背景的设置、表格格式套用等。

### 1. 单元格格式

步骤 1：设置字符格式。选中 A1:I1 单元格区域，然后在“开始”选项卡的“对齐方式”组中单击“合并后居中”按钮 ，将所选单元格区域合并制作表头。在“开始”选项卡的“字体”组中选择“字体”为“隶书”，字号为“36”，字体颜色为“蓝色”，效果如图 4-17 所示。

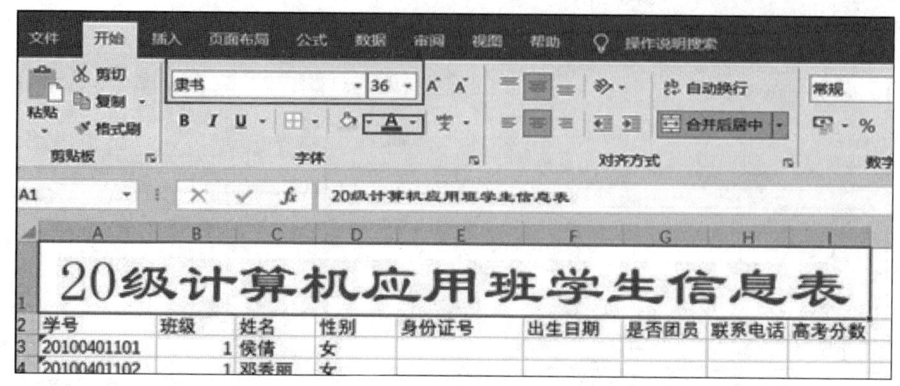


图 4-17　表头设置

选中 A2:I32 单元格区域，在“开始”选项卡“字体”组的“字体”下拉列表中依次选择宋体和 Times New Roman，再设置字号为 12。设置 A2:I2 单元格区域的字符格式为微软雅黑、14、紫色。

步骤 2：设置对齐方式。通常情况下，输入到单元格中的文本为左对齐，数字为右对齐，逻辑值和错误值为居中对齐。用户可以通过设置单元格的对齐方式，使整个表格看起来更整齐。

要设置单元格内容的对齐方式，可在选中单元格或单元格区域后直接单击“开始”选项卡“对齐方式”组中的相应按钮。

选中 A2:I2 单元格区域后，在“开始”选项卡的“对齐方式”组中单击“底端对齐”和“居中”按钮 ，使所选单元格中的数据在单元格的中部底端对齐。

选中 A3:I32 单元格区域，然后在“开始”选项卡的“对齐方式”组中单击“居中”按钮，使所选单元格中的数据在单元格中居中对齐，如图 4-18 所示。

第 1 排按钮用来设置垂直对齐，第 2 排用来设置水平对齐

对齐方式

20级计算机应用班学生信息表

| 学号 | 班级 | 姓名 | 性别 | 身份证号 | 出生日期 | 是否团员 | 联系电话 | 高考分数 |
|---|---|---|---|---|---|---|---|---|
| 20100401101 | 1 | 侯倩 | 女 | | | | | |
| 20100401102 | 1 | 邓秀丽 | 女 | | | | | |
| 20100401103 | 1 | 沈文海 | 男 | | | | | |
| 20100401104 | 1 | 朱自强 | 男 | | | | | |
| 20100401105 | 1 | 赵金润 | 男 | | | | | |
| 20100401106 | 1 | 王强 | 男 | | | | | |

图 4-18　对齐方式设置

步骤 3：设置数字方式。Excel 提供了多种数字格式，如数值格式、货币格式、日期格式、百分比格式、会计专用格式等，灵活地利用这些数字格式，可使制作的表格更加专业和规范。

“数字”选项组提供了多个快速设置数字格式的控件，其中包括“数据格式”下拉列表、“会计数字格式”“百分比样式”“千分分隔样式”“增加小数位数”“减少小数位数”按钮。

对于数字设置好格式后，如果数据过长，单元格会显示“###########”符号，此时只需调整列宽，使之比数据的宽度稍大，数据即可正常显示。

选择要设置格式的单元格区域 I3:I32，然后单击“开始”选项卡“数字”组右下角的对话框启动器按钮，打开“设置单元格格式”对话框的“数字”选项卡。在“分类”列表

中选择数字类型，如“数值”，在右侧设置相关格式，如小数位数等，单击“确定”按钮，如图 4-19 所示。用户也可直接在功能区“开始”选项卡“数字”组的“数字格式”下拉列表中选择数字类型，以及单击相关按钮来设置数字格式，如图 4-20 所示。

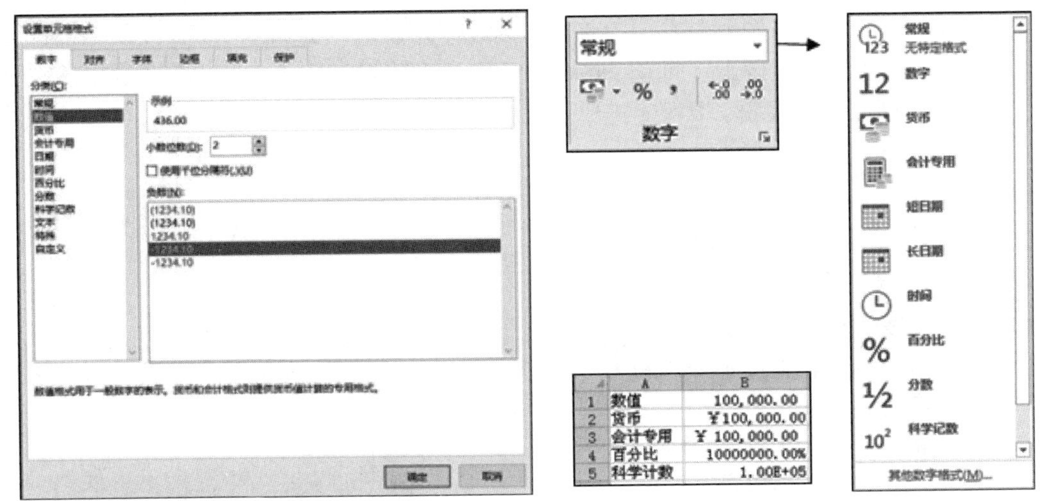


图 4-19　单元格格式对话框设置　　　　图 4-20　数字格式

步骤 4：设置边框和底纹。在 Excel 工作表中，虽然从屏幕上看每个单元格都带有浅灰色的边框线，但是实际打印时不会出现任何线条。为了使表格中的内容更为清晰明了，可以为表格添加边框。此外，通过为某些单元格添加底纹，可以衬托或强调这些单元格中的数据，同时使表格显得更美观。

选定要添加边框的单元格区域 A2:I32，然后单击“开始”选项卡“字体”组中“边框”按钮右侧的下拉按钮，在展开的下拉列表中选择“所有框线”选项，如图 4-21 所示，为选中的单元格区域添加边框线。

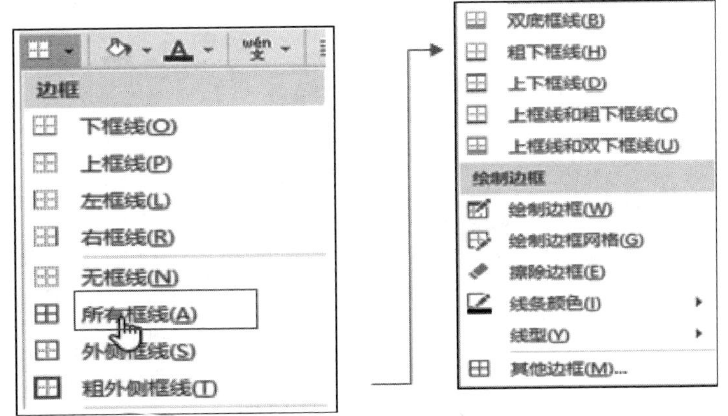


图 4-21　框线设置

选中 A2:I2 单元格区域，然后单击“开始”选项卡“字体”组中“填充颜色”按钮右侧的下拉按钮，在展开的下拉列表中选择“橙色”，如图 4-22 所示。

如果要为工作表设置复杂的边框和底纹，可在“设置单元格格式”对话框的“边框”和“底纹”选项卡中进行设置，如为表格设置内外不同颜色和粗细的边框线，为表格设置渐变或图案背景等。

## 2. 行高列宽操作

默认情况下，Excel 中所有行的高度和所有列的宽度都是相等的。用户可以利用鼠标拖动方式和“格式”列表中的命令来调整行高和列宽。

步骤 1：行高设置。将鼠标指针移至要调整行高的行号的下框线处，待鼠标指针变成“✢”形状后按下鼠标左键上下拖动（此时在工作表中将显示出一个提示行高的信息框），到合适位置后释放鼠标左键，即可调整所选行的行高，如图 4-23 所示。

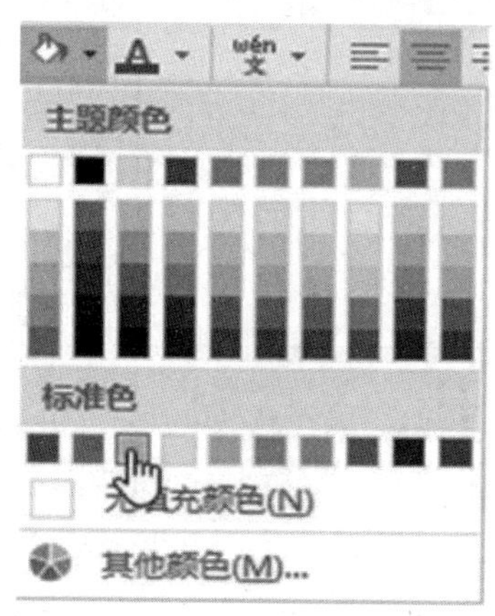


图 4-22　底纹设置

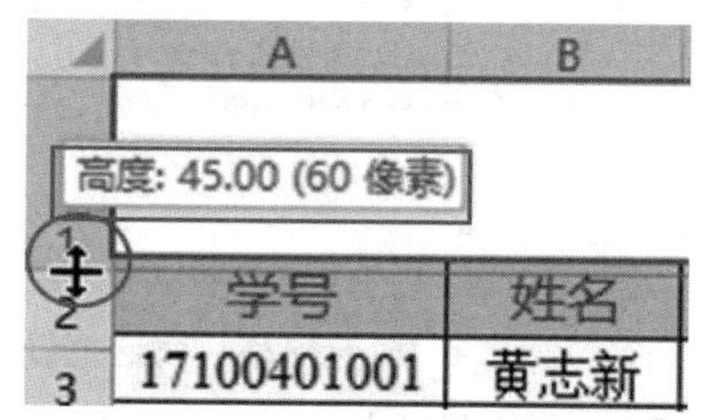


图 4-23　行高设置

要精确调整行高，可先选中要调整行高的单元格或单元格区域，本例同时选中第 2 行至第 32 行，然后右击所选行，在弹出的快捷菜单中选择“行高”选项，或单击“开始”选项卡“单元格”组中的“格式”按钮，在展开的下拉列表中选择“行高”选项，接着在打开的“行高”对话框中设置行高值，单击“确定”按钮，如图 4-24 所示。

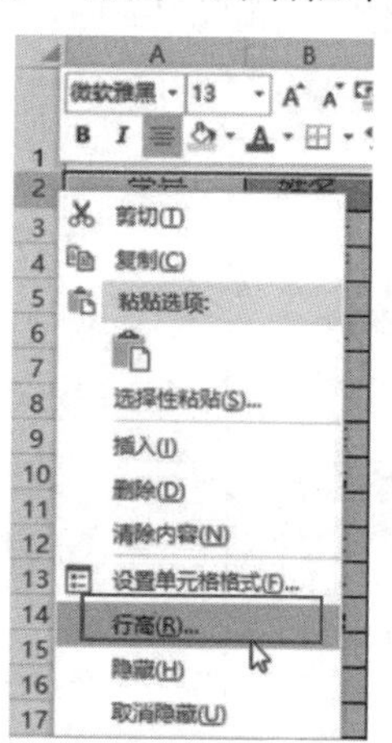


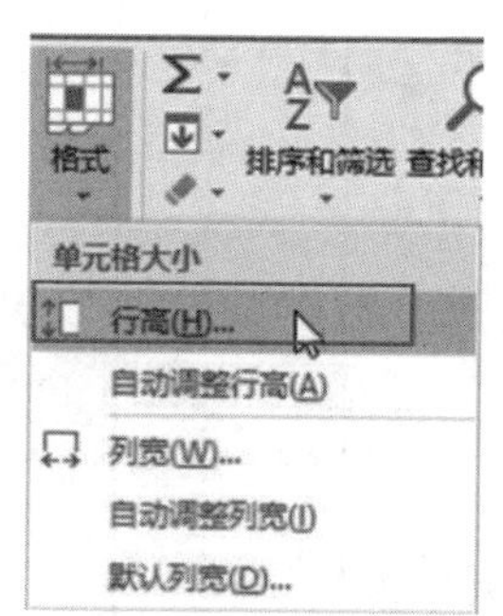


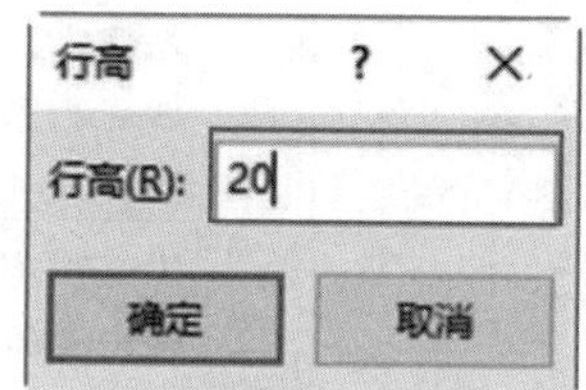


图 4-24　精确调整行高

步骤 2：设置列宽。拖动鼠标选中 E:G 列，然后将鼠标指针移到选中的任意列右侧的边框线，待鼠标指针变成“✛”形状后双击，将选中多列的列宽调整至合适位置。

### 3. 条件格式

在 Excel 中应用条件格式，可以让满足特定条件的单元格以醒目方式突出显示，便于对工作表数据进行更好的比较和分析。

此处以将入学成绩大于 520 分的单元格用浅红填充色深红色文本突出显示，小于 400 的用绿填充色深绿色文本突出显示。

步骤 1：选择要添加条件格式的单元格区域，选择 I3:I32 单元格区域。

步骤 2：单击“开始”选项卡“样式”组中的“条件格式”按钮，在展开的下拉列表中选择“突出显示单元格规则”选项，再在展开的子列表中选择一种具体的条件，如“大于”选项，如图 4-25 所示。

步骤 3：打开“大于”对话框，参照图 4-26 所示设置“大于”对话框中的参数。

图 4-25　条件格式选项

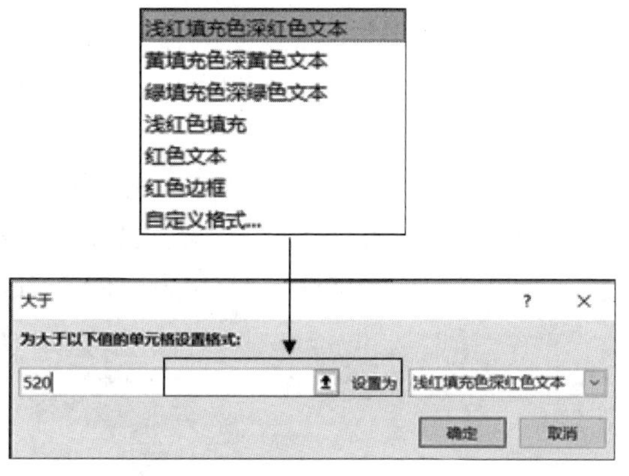


图 4-26　条件格式的“大于”对话框

步骤 4：最后单击“确定”按钮，即可完成大于 520 分的单元格用浅红填充色深红色文本突出显示。设置小于条件的显示类似操作。

从图 4-25 可看出，Excel 2016 提供了 5 种条件规则，各规则的意义如下：

突出显示单元格规则：突出显示所选单元格区域中符合特定条件的单元格。

最前 / 最后规则：其作用与突出显示单元格规则相同，只是设置条件的方式不同。

数据条、色阶和图标集：使用数据条、色阶（颜色的种类或深浅）和图标集来标识各单元格中数据值的大小，从而方便查看和比较数据。设置时，只需在相应的子列表中选择需要的图标即可。

步骤 5：用户可对已应用的条件格式进行修改，方法是在“条件格式”下拉列表中选择“管理规则”选项，打开“条件格式规则管理器”对话框，在“显示其格式规则”下拉列表中选择“当前工作表”选项，此时对话框下方将显示当前工作表中设置的所有条件格式规则，如图 4-27 所示，在其中修改条件格式并确定即可。当不需要应用条件格式时，可以将其删除，方法是在“条件格式”按钮下拉列表中选择“清除规则”选项中相应的子项。

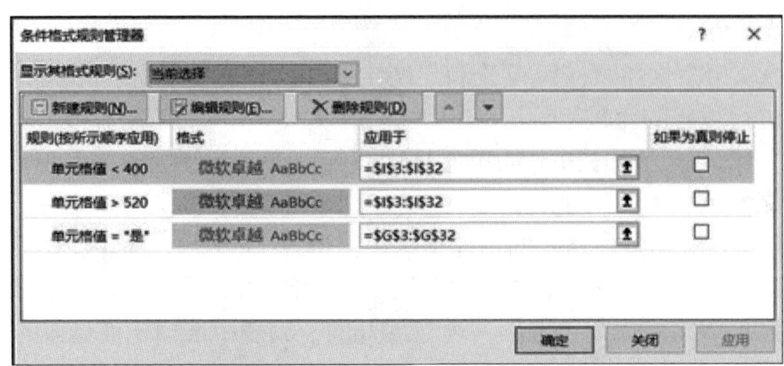


图 4-27　条件格式规则管理器

## 4. 套用表格格式

除了利用前面介绍的方法美化表格外，Excel 2016 还提供了许多内置的单元格样式和表样式，利用它们可以快速对表格进行美化。

应用单元格样式。选中要套用单元格样式的单元格区域，如 A2:L2，然后单击“开始”选项卡“样式”组中的“其他”按钮，在展开的下拉列表中选择要应用的样式，如“标题 3”，如图 4-28 所示。

应用表样式。选中要应用表样式的单元格区域，然后单击“开始”选项卡“样式”组中的“套用表格格式”按钮，在展开的下拉列表中单击要使用的表格样式，如图 4-29 所示，再在打开的“套用表格式”对话框中单击“确定”按钮。

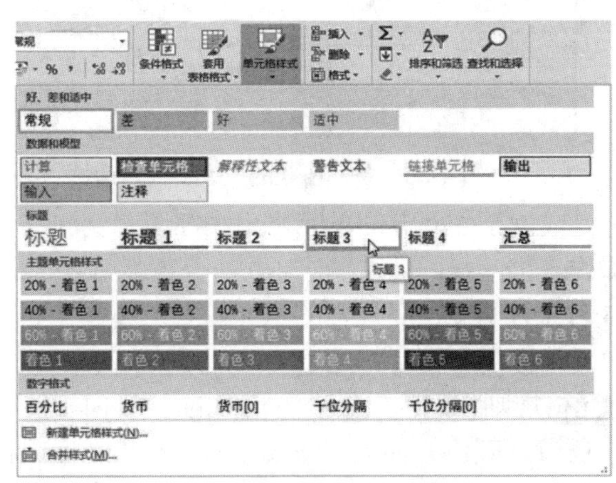


图 4-28　单元格样式

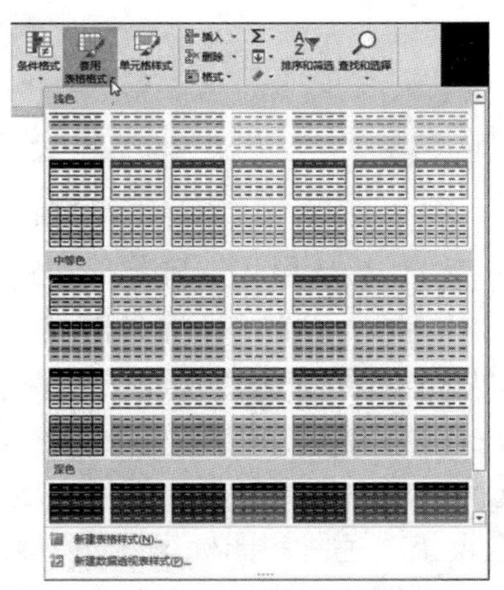


图 4-29　套用表格样式

# 4.2　公式与函数

学期结束后，李老师把同学们的成绩录入到成绩数据表中，下面我们与李老师和小王一起，利用公式和函数快速计算出学生成绩表中每个学生的平均分、总分，根据总成绩由高分到低分排出名次，并根据平均分判断成绩等次，按奖学金标准能拿到的奖学金，最后效果图如图 4-30 所示。

第一学年第二学期成绩单

| 学号 | 班级 | 姓名 | 性别 | 网络基础 | 高等数学 | 大学英语 | 平均分 | 总分 | 名次 | 等次 | 奖学金 |
|---|---|---|---|---|---|---|---|---|---|---|---|
| 20100401101 | 1 | 侯倩 | 女 | 95 | 67 | 96 | 86.0 | 258 | 8 | 优 | 200 |
| 20100401102 | 1 | 邓秀丽 | 女 | 86 | 99 | 82 | 89.0 | 267 | 6 | 良 | 150 |
| 20100401103 | 1 | 沈文海 | 男 | 65 | 88 | 46 | 66.3 | 199 | 22 | 不及格 | 0 |
| 20100401104 | 1 | 朱自强 | 男 | 88 | 54 | 60 | 67.3 | 202 | 21 | 及格 | 50 |
| 20100401105 | 1 | 赵金润 | 男 | 63 | 60 | 38 | 53.7 | 161 | 29 | 不及格 | 0 |
| 20100401106 | 1 | 王强 | 男 | 89 | 96 | 78 | 87.7 | 263 | 7 | 中 | 100 |
| 20100401107 | 1 | 李彦学 | 男 | 88 | 45 | 84 | 72.3 | 217 | 16 | 良 | 150 |
| 20100401108 | 1 | 李婷 | 女 | 81 | 88 | 46 | 71.7 | 215 | 17 | 不及格 | 0 |
| 20100401109 | 1 | 陈曦 | 男 | 94 | 84 | 94 | 90.7 | 272 | 4 | 优 | 200 |
| 20100401110 | 1 | 熊小新 | 女 | 96 | 46 | 87 | 76.3 | 229 | 14 | 良 | 150 |
| 20100401201 | 2 | 柴啸鑫 | 男 | 83 | 99 | 92 | 91.3 | 274 | 3 | 优 | 200 |
| 20100401202 | 2 | 蔡晓梅 | 女 | 97 | 85 | 99 | 93.7 | 281 | 1 | 优 | 200 |
| 20100401203 | 2 | 王萍 | 女 | 29 | 88 | 77 | 64.7 | 194 | 23 | 中 | 100 |
| 20100401204 | 2 | 李吉鸿 | 男 | 83 | 54 | 95 | 77.3 | 232 | 12 | 优 | 200 |
| 20100401205 | 2 | 王琦 | 女 | 63 | 46 | 81 | 63.3 | 190 | 24 | 良 | 150 |
| 20100401206 | 2 | 朱振鹏 | 男 | 95 | 38 | 18 | 50.3 | 151 | 30 | 不及格 | 0 |
| 20100401207 | 2 | 金廷飞 | 男 | 78 | 66 | 88 | 77.3 | 232 | 12 | 良 | 150 |
| 20100401208 | 2 | 曾明平 | 男 | 95 | 91 | 84 | 90.0 | 270 | 5 | 良 | 150 |
| 20100401209 | 2 | 刘永耀 | 女 | 68 | 62 | 85 | 71.7 | 215 | 17 | 良 | 150 |
| 20100401210 | 2 | 李磊 | 男 | 75 | 65 | 63 | 67.7 | 203 | 20 | 及格 | 50 |
| 20100401301 | 3 | 闫晓冬 | 男 | 58 | 64 | 46 | 56.0 | 168 | 28 | 不及格 | 0 |
| 20100401302 | 3 | 江树明 | 男 | 97 | 63 | 83 | 81.0 | 243 | 10 | 良 | 150 |
| 20100401303 | 3 | 林立 | 男 | 65 | 65 | 85 | 71.7 | 215 | 17 | 良 | 150 |
| 20100401304 | 3 | 王小军 | 男 | 93 | 66 | 23 | 60.7 | 182 | 27 | 不及格 | 0 |
| 20100401305 | 3 | 娄宝刚 | 女 | 91 | 68 | 68 | 75.7 | 227 | 15 | 及格 | 50 |
| 20100401306 | 3 | 唐晓莉 | 女 | 98 | 94 | 87 | 93.0 | 279 | 2 | 良 | 150 |
| 20100401307 | 3 | 孙爱国 | 男 | 59 | 85 | 46 | 63.3 | 190 | 24 | 不及格 | 0 |
| 20100401308 | 3 | 何勇强 | 女 | 84 | 96 | 76 | 85.3 | 256 | 9 | 中 | 100 |
| 20100401309 | 3 | 杨三平 | 女 | 55 | 45 | 84 | 61.3 | 184 | 26 | 良 | 150 |
| 20100401310 | 3 | 黄国伟 | 男 | 92 | 63 | 88 | 81.0 | 243 | 10 | 良 | 150 |

| | | | |
|---|---|---|---|
| 总分最高分 | 281 | 等次 | 奖金标准 |
| 总最低分 | 151 | 优 | 200 |
| 高等数学的及格人数 | 26 | 良 | 150 |
| 大学英语的实考人数 | 30 | 中 | 100 |
| 女生奖学金总额 | 1550 | 及格 | 50 |
| | | 不及格 | 0 |

图 4-30　数据计算效果图

## 4.2.1　认识公式、函数和公式中的运算符

### 1. 公式和函数

公式由运算符和参与运算的操作数组成。运算符可以是算术运算符、比较运算符、文本运算符和引用运算符；操作数可以是常量、单元格引用和函数等。要输入公式必须先输入“=”，然后在其后输入运算符和操作数，否则 Excel 会将输入的内容作为文本型数据处理。如图 4-31 所示，分别是在某个单元格中输入的未使用函数和使用函数的公式。

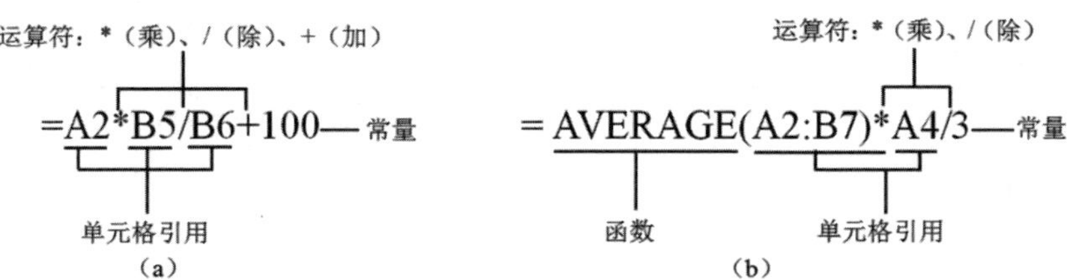


图 4-31　公式和函数示例

如图 4-31 (a) 所示公式的意义是：求 A2 单元格与 B5 单元格之积再除以 B6 单元格后加 100 的值；如图 4-31 (b) 所示公式的意义是：使用函数 AVERAGE 求 A2:B7 单元格区域的平均值，并将求出的平均值乘 A4 单元格后再除以 3。计算结果将显示在输入公式的单元格中。

例如，如图 4-32 所示，要求计算各种饮料的销售额和利润。公式为：销售额 = 零售单价 × 销售量，利润 = 销售额 × 利润率。

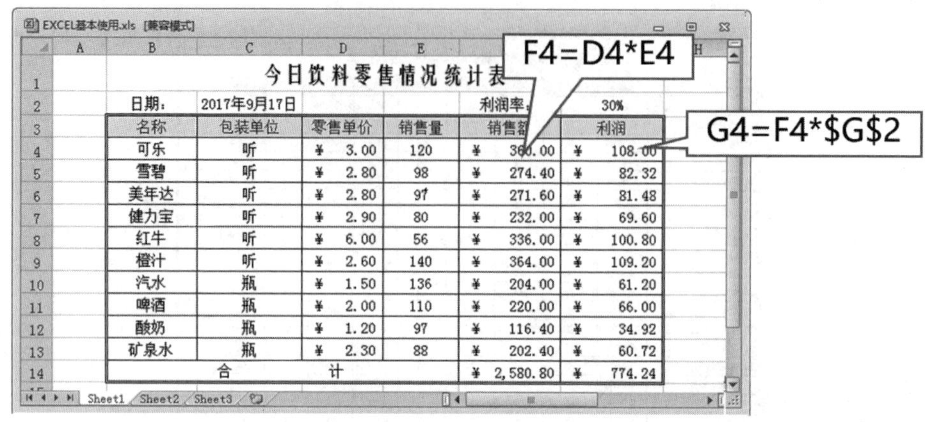


今日饮料零售情况统计表

| 日期： | 2017年9月17日 | | | 利润率： | 30% |
|---|---|---|---|---|---|
| 名称 | 包装单位 | 零售单价 | 销售量 | 销售额 | 利润 |
| 可乐 | 听 | ¥ 3.00 | 120 | ¥ 360.00 | ¥ 108.00 |
| 雪碧 | 听 | ¥ 2.80 | 98 | ¥ 274.40 | ¥ 82.32 |
| 美年达 | 听 | ¥ 2.80 | 97 | ¥ 271.60 | ¥ 81.48 |
| 健力宝 | 听 | ¥ 2.90 | 80 | ¥ 232.00 | ¥ 69.60 |
| 红牛 | 听 | ¥ 6.00 | 56 | ¥ 336.00 | ¥ 100.80 |
| 橙汁 | 听 | ¥ 2.60 | 140 | ¥ 364.00 | ¥ 109.20 |
| 汽水 | 瓶 | ¥ 1.50 | 136 | ¥ 204.00 | ¥ 61.20 |
| 啤酒 | 瓶 | ¥ 2.00 | 110 | ¥ 220.00 | ¥ 66.00 |
| 酸奶 | 瓶 | ¥ 1.20 | 97 | ¥ 116.40 | ¥ 34.92 |
| 矿泉水 | 瓶 | ¥ 2.30 | 88 | ¥ 202.40 | ¥ 60.72 |
| 合 | | 计 | | ¥ 2,580.80 | ¥ 774.24 |

图 4-32　公式示例

函数是预先定义好的表达式，它必须包含在公式中。每个函数都由函数名和参数组成，其中函数名表示将执行的操作（如求平均值函数 AVERAGE），参数表示函数将使用的值的单元格地址，通常是一个单元格区域，也可以是更为复杂的内容。在公式中合理地使用函数，可以完成诸如求和、求平均值、逻辑判断等数据处理操作。

## 2. 公式中的运算符

公式中的运算符是用来对公式中的元素进行运算而规定的特殊符号。Excel 包含 4 种类型的运算符：文本运算符、算术运算符、比较运算符和引用运算符。

**文本运算符：**使用文本运算符“&”（与号）可将两个或多个文本值串起来产生一个连续的文本值。例如：输入“祝你”&“快乐、开心！”会生成“祝你快乐、开心！”。

**算术运算符：**如表 4-1 所示，其作用是完成基本的数学运算，并产生数字结果。

**比较运算符：**如表 4-2 所示。它们的作用是比较两个值，并得出一个逻辑值，即“TRUE”（真）或“FALSE”（假）。

表 4-1　算术运算符

| 算术运算符 | 含义 | 举例 |
|---|---|---|
| +（加号） | 加法 | A1+A2 |
| –（减号） | 减法或负数 | A1-A2 |
| *（星号） | 乘法 | A1*2 |
| /（正斜杠） | 除法 | A1/3 |
| %（百分号） | 百分比 | 50% |
| ^（脱字号） | 乘方 | 2^3 |

表 4-2　比较运算符

| 比较运算符 | 含义 | 比较运算符 | 含义 |
|---|---|---|---|
| >（大于号） | 大于 | >=（大于等于号） | 大于等于 |
| <（小于号） | 小于 | <=（小于等于号） | 小于等于 |
| =（等于号） | 等于 | <>（不等于号） | 不等于 |

**引用运算符：** 如表 4-3 所示。它们的作用是对单元格区域中的数据进行合并计算。

表 4-3　引用运算符

| 引用运算符 | 含义 | 举例 |
|---|---|---|
| :（冒号） | 区域运算符，用于引用单元格区域 | B5:D15 |
| ,（逗号） | 联合运算符，用于引用多个单元格区域 | B5:D15,F5:I15 |
| （空格） | 交叉运算符，用于引用两个单元格区域的交叉部分 | B7:D7 C6:C8 |

## 3. 运算符的优先级

如果公式中同时使用了多个运算符，则计算时会按运算符优先级的顺序进行运算，运算符的优先级如表 4-4 所示。如果公式中包含相同优先级的运算符，则从左到右进行运算。如果要改变运算的顺序，可以使用括号“（）”把要优先进行的运算括起来。

表 4-4　运算符的优先级

| 优先级 | 运算符 | 说明 |
|---|---|---|
| 由高到低 | 区域（冒号） | 引用运算符 |
| | 联合（号） | 引用运算特 |
| | 交叉（空格） | 引用运算符 |
| | – | 负号 |
| | % | 百分号 |
| | ^ | 乘方 |
| | * 和 / | 乘和除 |
| | + 和 – | 加和减 |
| | & | 文本连接符 |
| | =，<.>.<>，>=.<= | 逻辑运算符 |

# 4.2.2　公式和函数计算

## 1. 常用函数

Excel 提供了大量的函数，表 4-5 列出了常用的函数类型和使用范例。

表 4-5　常用函数

| 函数类型 | 函数 | 使用范例 |
|---|---|---|
| 常用 | SUM（求和）、AVERAGE（求平均值）、MAX（求最大值）、MIN（求最小值）、COUNT（计数）等 | =AVERAGE(F2:F7) 表示求 F2:F7 单元格区域中数字的平均值 |
| 财务 | DB（资产的折扣值）、IRR（现金流的内部报酬率）、PMT（分期偿还额）等 | =PMT(B4,B5,B6) 表示在输入利率、周期和规则作为变量时，计算周期支付值 |
| 日期与时间 | DATA（日期）、HOUR（小时数）、SECOND（秒数）、TIME（时间）等 | =DATA(C2,D2,E2) 表示返回 C2,D2,E2 所代表的日期 |
| 数学与三角 | ABS（求绝对值）、EXP（求指数）、SIN（求正弦值）、ACOSH（求反双曲余弦值）、INT（求整数）、LOG（求对数）等 | =ABS(E4) 表示得到 E4 单元格中数值的绝对值，即不带负号的绝对值 |

续表

| 函数类型 | 函数 | 使用范例 |
|---|---|---|
| 统计 | AVERAGE（求平均值）、RANK（求大小排名）、COUNTIF（统计单元格区域中符合指定条件的单元格数）、AVEDEV（求绝对误差的平均值）、COVAR（求协方差） | =COUNTIF(H3:H13,”>=120”）表示求H3:H13 单元格区域中数据大于等于 120 的单元格数 |
| 逻辑 | AND（与）、OR（或）、FALSE（假）、TRUE（真）、IF（如果）、NOT（非） | =IF(A3>＝B5,A3*2,A3/B5) 表示使用条件测试 A3 是否大于等于 B5，条件结果要么为真，要么为假 |

## 2. 使用公式计算总分

步骤 1：单击要计算总分的单元格 I3，输入等号“=”，然后输入要参与运算的单元格和运算符 E3+F3+G3，如图 4-33 所示。也可以直接单击要参与运算的单元格，将其添加到公式中。

步骤 2：按“Enter”键或单击编辑栏中的“输入”按钮，结束公式编辑，计算出第一个学生的总分，如图 4-33 所示。

步骤 3：将鼠标指针移到 I3 单元格右下角的填充柄处，待鼠标指针变成实心的十字形时，按住鼠标左键向下拖动，至目标位置后释放鼠标，将求和公式复制到同列的其他单元格中，计算出其他学生的总分，如图 4-34 所示。

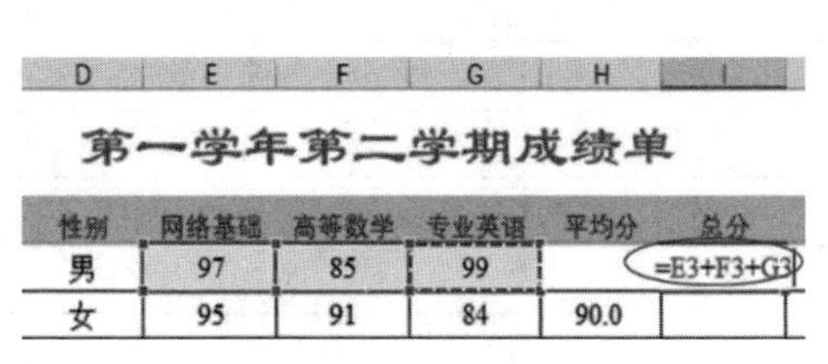


图 4-33　公式输入

第一学年第二学期成绩单

| 性别 | 网络基础 | 高等数学 | 专业英语 | 平均分 | 总分 |
|---|---|---|---|---|---|
| 男 | 97 | 85 | 99 | 93.7 | 281 |
| 女 | 95 | 91 | 84 | 90.0 | 270 |
| 女 | 83 | 99 | 92 | 91.3 | 274 |
| 女 | 94 | 84 | 94 | 90.7 | 272 |
| 男 | 86 | 99 | 82 | 89.0 | 267 |
| 男 | 84 | 96 | 76 | 85.3 | 256 |

图 4-34　公式自动填充

## 3. 使用求和按钮计算平均分

步骤 1：单击要计算平均分的单元格 H3，然后单击“开始”选项卡“编辑”组中的“求和”按钮右侧的下拉按钮，在展开的下拉列表中选择“平均值”选项，如图 4-35 所示。

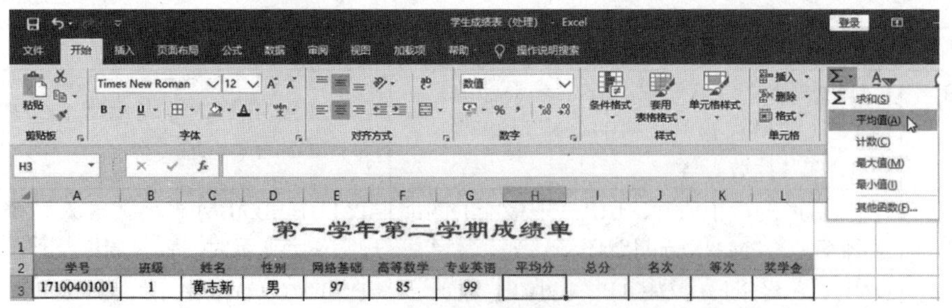


图 4-35　求平均值按钮

步骤 2：此时，可看到单元格和编辑栏中自动显示要计算平均值的单元格区域，如图 4-36 所示，对该区域进行确认。如果不正确的话，可以在工作表中拖动鼠标重新选择，这里保持默认。

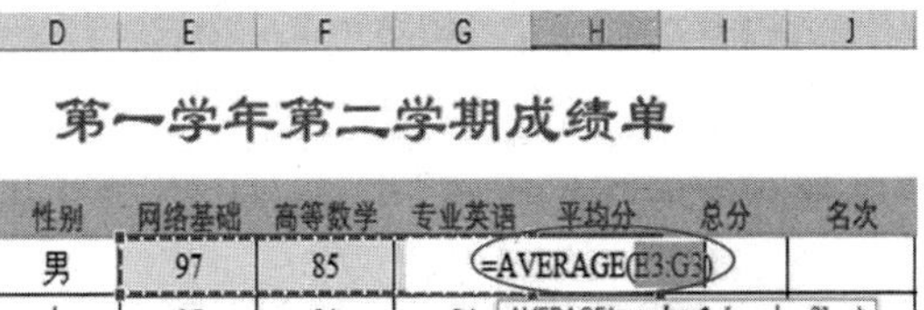


图 4-36　输入函数

步骤 3：按“Enter”键，即可计算出第一个学生的平均分，如图 4-37 所示。

步骤 4：选中含有公式的单元格 H3，将鼠标指针移到该单元格右下角的填充柄处，此时鼠标指针由空心十字形变成实心十字形，按住鼠标左键向下拖动，至目标位置后释放鼠标，将求平均值公式复制到同列的其他单元格中，计算出其他学生的平均分，如图 4-38 所示。

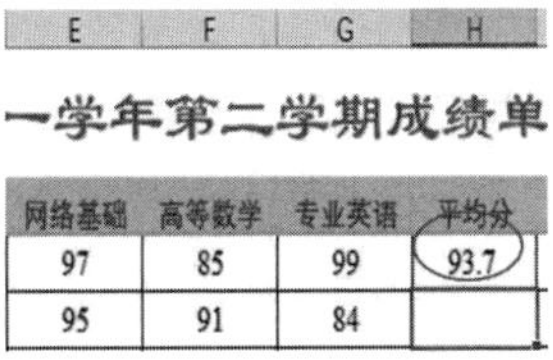

图 4-37　平均值函数计算结果

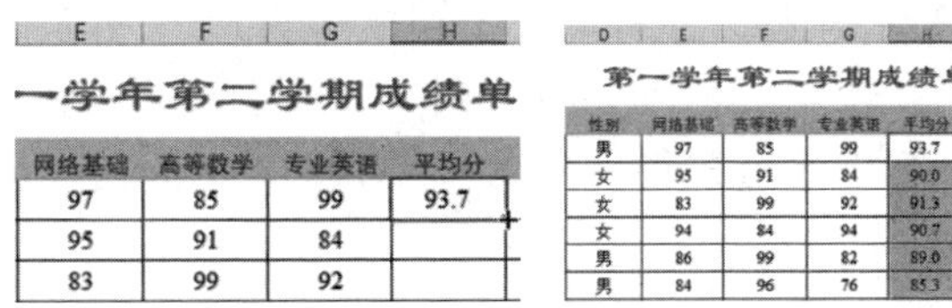

图 4-38　自动填充完成函数复制

## 4. 使用公式计算总分

RANK.EQ 函数的语法为 RANK.EQ(Number,Ref,Order)。

其中：Number 为要进行排位的数字；Ref 为参与排位的数字列表或单元格区域。Ref 中的非数值型数据将被忽略；Order 为设置数字列表中数字的排位方式。若 Order 为 0（零）或省略，系统将基于 Ref 按降序对数字进行排位；若 Order 不为 0，系统将基于 Ref 按升序对数字进行排位。

函数 RANK.EQ 对重复数的排位相同，但重复数的存在将影响后续数值的排位。

步骤 1：单击“名次”列中的单元格 J3，然后单击编辑栏左侧的“插入函数”按钮，打开“插入函数”对话框，选择“统计”类别，然后选择“RANK.EQ”函数，如图 4-39 所示。

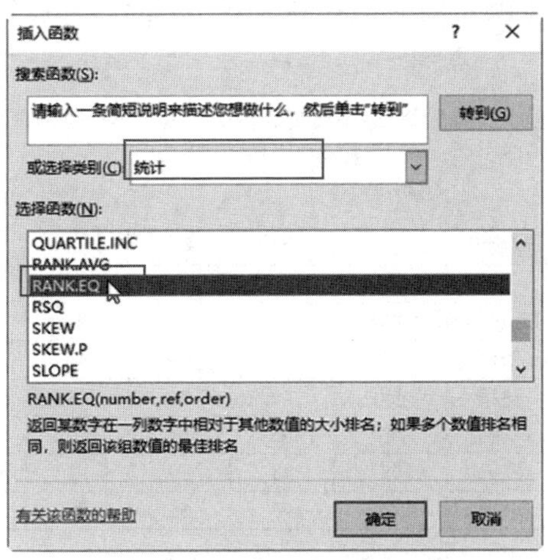


图 4-39　插入函数对话框

步骤 2：单击“确定”按钮，打开“函数参数”对话框，单击第一个参数编辑框，然后在工作表中选择要进行排位的单元格 I3，如图 4-40 所示。

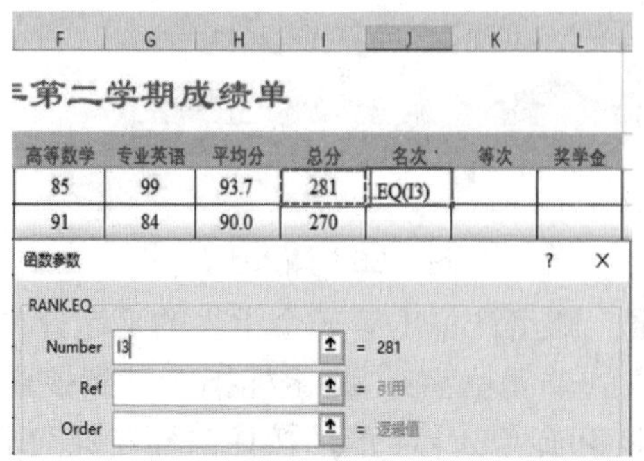

图 4-40　函数参数选择

步骤 3：单击第 2 个参数编辑框，然后在工作表中拖动鼠标选择参与排位的单元格区域 I3:I32，松开鼠标可在编辑框中看到选择的单元格区域。

步骤 4：按键盘上的“F4”键将选择的单元格区域转换为绝对引用，这样可以保证后面复制排序公式时，公式内容不变，从而使返回的排名准确，此时的“函数参数”对话框如图 4-41 所示。

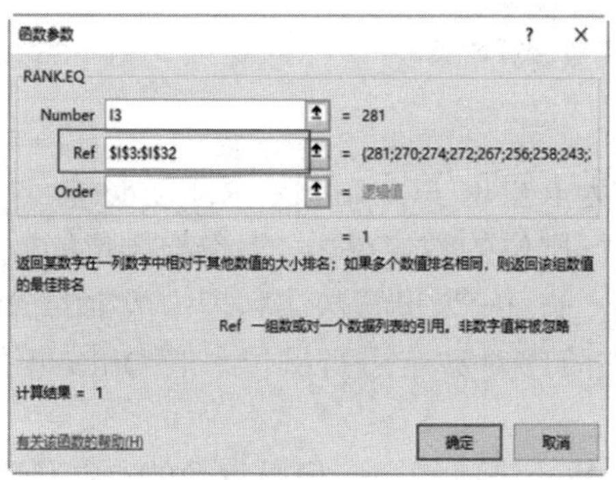

图 4-41　函数参数对话框

步骤 5：单击“确定”按钮，计算出第一个学生的排名名次，即 J3 单元格在单元格区域 I3:I32 中的排名。拖动 J3 单元格的填充柄到单元格 J32，计算出其他学生的名次，结果如图 4-42 所示。

J6　=RANK.EQ(I6,$I$3:$I$32)

| | A | B | C | D | E | F | G | H | I | J |
|---|---|---|---|---|---|---|---|---|---|---|
| 7 | 20100401105 | 1 | 赵金润 | 男 | 63 | 60 | 38 | 53.7 | 161 | 30 |
| 8 | 20100401106 | 1 | 王强 | 男 | 89 | 96 | 78 | 87.7 | 263 | 8 |
| 9 | 20100401107 | 1 | 李彦学 | 男 | 88 | 55 | 84 | 75.7 | 227 | 15 |
| 10 | 20100401108 | 1 | 李婷 | 女 | 81 | 88 | 46 | 71.7 | 215 | 18 |
| 11 | 20100401109 | 1 | 陈曦 | 男 | 94 | 84 | 94 | 90.7 | 272 | 5 |
| 12 | 20100401110 | 1 | 熊小新 | 女 | 96 | 46 | 87 | 76.3 | 229 | 14 |
| 13 | 20100401201 | 2 | 柴睿鑫 | 男 | 83 | 99 | 92 | 91.3 | 274 | 4 |
| 14 | 20100401202 | 2 | 蔡晓梅 | 女 | 97 | 85 | 99 | 93.7 | 281 | 1 |

图 4-42　名次函数计算效果

## 5. 使用 IF 函数判断平均分等次

下面使用 IF 函数根据平均分来判断学生的等次。该函数的作用是执行真假值判断，根据逻辑计算的真假值返回不同结果。

假设平均分大于等于 90 分为优，大于等于 80 分为良，大于等于 70 分为中，大于等于 60 分为及格，其他为不及格。

IF 函数的语法格式为 IF(logical_test,value_if_true,value_if_false)。其中：

logical_test 表示要选取的条件，可以为任意值或表达式。

value_if_true 表示条件为真时返回的值。

value_if_false 表示条件为假时返回的值。

步骤 1：根据假设条件，在 K3 单元格中输入公式"=IF(G3>=90," 优 ",IF(G3>=80," 良 ",IF(G3>=70," 中 ",IF(G3>=60," 及格 ",IF(G3<60," 不及格 ",0)))))"，如图 4-43 所示。

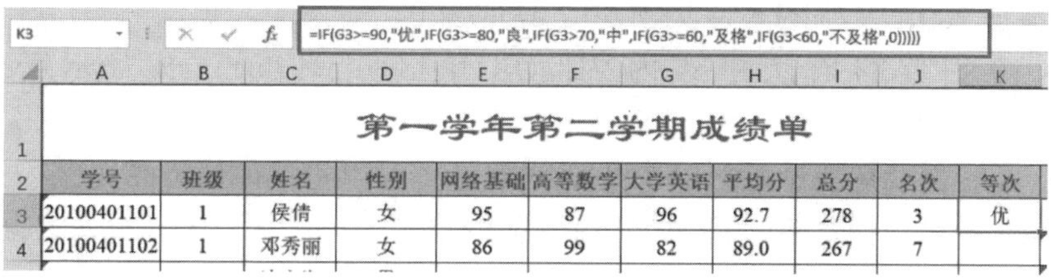

K3　=IF(G3>=90,"优",IF(G3>=80,"良",IF(G3>70,"中",IF(G3>=60,"及格",IF(G3<60,"不及格",0)))))

| | A | B | C | D | E | F | G | H | I | J | K |
|---|---|---|---|---|---|---|---|---|---|---|---|
| 1 | 第一学年第二学期成绩单 | | | | | | | | | | |
| 2 | 学号 | 班级 | 姓名 | 性别 | 网络基础 | 高等数学 | 大学英语 | 平均分 | 总分 | 名次 | 等次 |
| 3 | 20100401101 | 1 | 侯倩 | 女 | 95 | 87 | 96 | 92.7 | 278 | 3 | 优 |
| 4 | 20100401102 | 1 | 邓秀丽 | 女 | 86 | 99 | 82 | 89.0 | 267 | 7 | |

图 4-43　IF 函数使用

步骤 2：向下拖动 K3 单元格的填充柄到 K32 单元格后释放鼠标，可依据平均分判断出所有学生的等次。

## 6. 使用 MAX 和 MIN 函数计算总分最高分和最低分

步骤 1：在单元格 F34 输入公式"=MAX(I3:I32)"，按"Enter"键得到总分最高分，如图 4-44 所示。

步骤 2：在单元格 F35 输入公式"=MIN(I3:I32)"，按"Enter"键得到总分最低分，如图 4-45 所示。

| 总分最高分 | 281 |
|---|---|
| 总分最低分 | |
| 高等数学的及格人数 | |
| 专业英语的实考人数 | |
| 女生 奖学金总额 | |

图 4-44　MAX 函数使用

| 总分最高分 | 281 |
|---|---|
| 总分最低分 | 151 |
| 高等数学的及格人数 | |
| 专业英语的实考人数 | |
| 女生 奖学金总额 | |
| | |

图 4-45　MIN 函数使用

## 7. 使用 COUNTIF 和 COUNT 函数统计人数

下面使用 COUNTIF 和 COUNT 函数统计高等数学课程的及格人数与专业英语的实考人数。COUNTIF 函数的作用是统计单元格区域中满足给定条件的单元格的个数；COUNT 的作用是统计单元格区域中含有数字的单元格的个数。

COUNTIF 函数的语法格式为 COUNTIF(range,criteria)。其中：

range 表示用于条件判断的单元格区域。

criteria 表示求和判断的条件，其形式可以为数字、表达式或文本。

步骤 1：在单元格 F36 输入公式"=COUNTIF(E3:E32,">=60")"，按"Enter"键得到高等数学课程的及格人数，如图 4-46 所示。

步骤 2：在单元格 F37 输入公式“=COUNT(F3:F32)”，按“Enter”键得到专业英语课程的实际参加考试人数，如图 4-47 所示。

| 总分最高分 | 281 | 等次 | 奖金标准 |
|---|---|---|---|
| 总最低分 | 161 | 优 | 200 |
| 高等数学的及格人数 | 26 | 良 | 150 |
| 大学英语的实考人数 | | 中 | 100 |
| 女生奖学金总额 | | 及格 | 50 |
| | | 不及格 | 0 |

图 4-46　COUNTIF 函数使用

| 总分最高分 | 281 | 等次 | 奖金标准 |
|---|---|---|---|
| 总最低分 | 161 | 优 | 200 |
| 高等数学的及格人数 | 26 | 良 | 150 |
| 大学英语的实考人数 | 30 | 中 | 100 |
| 女生奖学金总额 | | 及格 | 50 |
| | | 不及格 | 0 |

图 4-47　COUNT 函数使用

## 8. 使用 VLOOKUP 函数奖励不同等次的学生

下面使用 VLOOKUP 函数奖励不同等次的学生。该函数的作用在数据源区域中根据给定的查找值进行他项对应数据查找。假设等次为优的奖励 200，为良的人＝奖励 150，为中的人＝奖励 100，及格的人＝奖励 50，其他为 0。

VLOOKUP 函数的语法格式为 VLOOKUP(lookup_value,table_array,col_index_num,range_lookup)。其中：

lookup_value 表示在数据源区域中要查找的值，可以是具体值或单元格引用。

table_array 表示查找范围，即供给查找的数据源区域引用，其第一列数据必须是查找值搜索的数据。

col_index_num 表示查找后返回值所在的列，即通过关键字查找后需要返回他项对应数据所在的列号。该列号必须以数据源区域第一列为自然数“1”起的计数类推。

range_lookup 表示查找方式，即精确查找或模糊查找，为逻辑值 True 或 False。True 为模糊或近似查找，False 为精确查找。在实际工作中，经常使用精确查找。

步骤 1：根据假设条件，在 L3 单元格输入公式“=VLOOKUP(K3,{" 优 ",200;" 良 ",150;" 中 ",100;" 及格 ",50;" 不及格 ",0},2,)”，如图 4-48 所示。

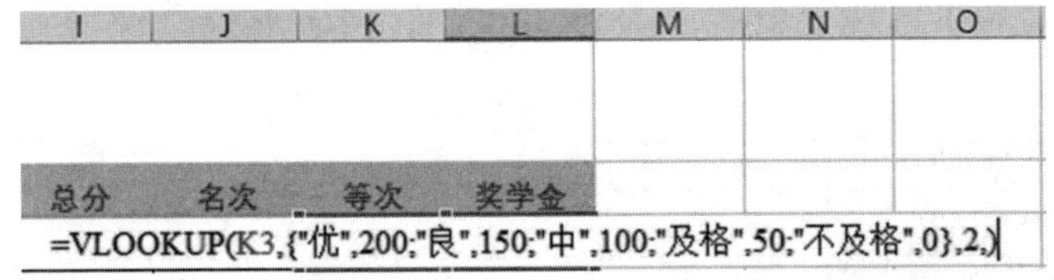


图 4-48　查找函数 VLOOKUP

步骤 2：按“Enter”键得到查找结果，向下拖动 L3 单元格的填充柄到 L32 单元格后释放鼠标，可看到所有学生的奖学金，效果如图 4-49 所示。

L3　=VLOOKUP(K3,{"优",200;"良",150;"中",100;"及格",50;"不及格",0},2,)

第一学年第二学期成绩单

| 学号 | 班级 | 姓名 | 性别 | 网络基础 | 高等数学 | 大学英语 | 平均分 | 总分 | 名次 | 等次 | 奖学金 |
|---|---|---|---|---|---|---|---|---|---|---|---|
| 20100401101 | 1 | 侯倩 | 女 | 95 | 87 | 96 | 92.7 | 278 | 3 | 优 | 200 |
| 20100401102 | 1 | 邓秀丽 | 女 | 86 | 99 | 82 | 89.0 | 267 | 7 | 良 | 150 |
| 20100401103 | 1 | 沈文海 | 男 | 65 | 88 | 46 | 66.3 | 199 | 23 | 不及格 | 0 |
| 20100401104 | 1 | 朱自强 | 男 | 88 | 54 | 60 | 67.3 | 202 | 22 | 及格 | 50 |
| 20100401105 | 1 | 赵金润 | 男 | 63 | 60 | 38 | 53.7 | 161 | 30 | 不及格 | 0 |
| 20100401106 | 1 | 王强 | 男 | 89 | 96 | 78 | 87.7 | 263 | 8 | 中 | 100 |
| 20100401107 | 1 | 李彦学 | 男 | 88 | 55 | 84 | 75.7 | 227 | 15 | 良 | 150 |

图 4-49　查找函数 VLOOKUP 效果

### 9. 使用 SUMIF 函数计算女生获得的奖学金总额

下面使用 SUMIF 函数计算女生获得的奖学金总额。该函数的作用是根据指定条件对单元格区域中若干符合条件的值求和。

SUMIF 函数的语法格式为 SUMIF(range, criteria, sum_range)。其中：

range 表示用于条件判断的单元格区域。

criteria 表示求和判断的条件，其形式可以为数字、表达式或文本。

sum_range 表示条件求和的实际单元格区域，sum_range 对求和单元格区域中符合条件的相应单元格进行求和。

步骤 1：在 F38 单元格输入公式“=SUMIF(D3:D32," 女 ", L3:L32)”。

步骤 2：按“Enter”键得到计算结果，如图 4-50 所示。

| 总分最高分 | 281 | 等次 | 奖金标准 |
|---|---|---|---|
| 总最低分 | 161 | 优 | 200 |
| 高等数学的及格人数 | 26 | 良 | 150 |
| 大学英语的实考人数 | 30 | 中 | 100 |
| 女生奖学金总额 | 1500 | 及格 | 50 |
| | | 不及格 | 0 |

图 4-50 SUMIF 函数效果

# 4.3 数据管理

李老师需要在班级评选优秀学生进行奖励，并把课程不及格的学生找出，分析比较计算机专业 3 个班的成绩，这些都可以用 Excel 的分类排序、筛选和分类汇总轻松完成操作，下面我们和小王一起来完成这个任务。

## 4.3.1 数据排序

排序是指按指定的字段值重新调整记录的顺序，这个指定的字段称为排序关键字。通常数字由小到大、文本按照拼音字母顺序、日期从最早的日期到最晚的日期称为升序，反之称为降序。另外如果排序的字段中含有空白单元格，则该行数据总是排在最后。

本任务需要对计算机考试成绩工作表中的各系学生成绩进行排序，以便于查看各系学生的成绩分布情况。

### 1. 简单排序

步骤 1：打开“素材文件”文件夹中“学生学籍信息表 ( 计算 ).xlsx”文件，选择“成绩数据”工作表，建立该工作表副本放置在工作表的后面，并重命名为“排序”，切换到“排序”工作表，并删除表头。

步骤 2：根据某列数据对工作表数据进行排序，可选中该列中的任意单元格，如“班级”列，然后单击“数据”选项卡“排序和筛选”组中的“升序”按钮 或“降序”按钮 ，如图 4-51 所示。

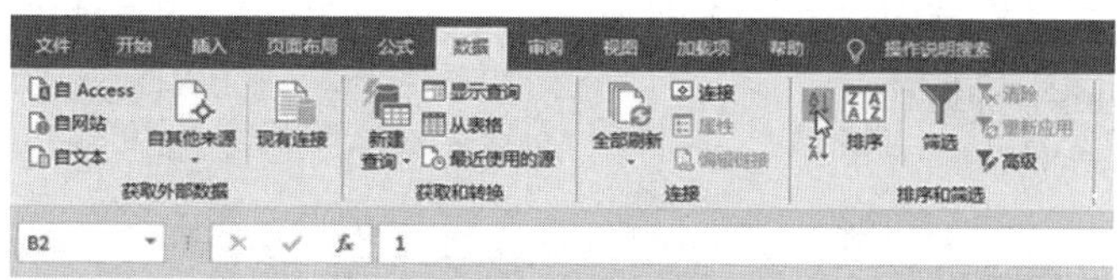


图 4-51 排序按钮

### 2. 多关键字排序

要求对各班总分进行排序。

步骤 1：若要根据多列数据（多关键字）对工作表中的数据进行排序，如对班级进行升序、性别进行降序排序，可在数据区域的任意单元格中单击，然后单击“数据”选项卡“排序和筛选”组中的“排序”按钮 ，打开“排序”对话框，在其中选择主要关键字“班级”，并选择排序依据和排序次序。

步骤 2：单击对话框中的“添加条件”按钮，添加一个次要条件，设置次要关键字的条件，如图 4-52 所示。

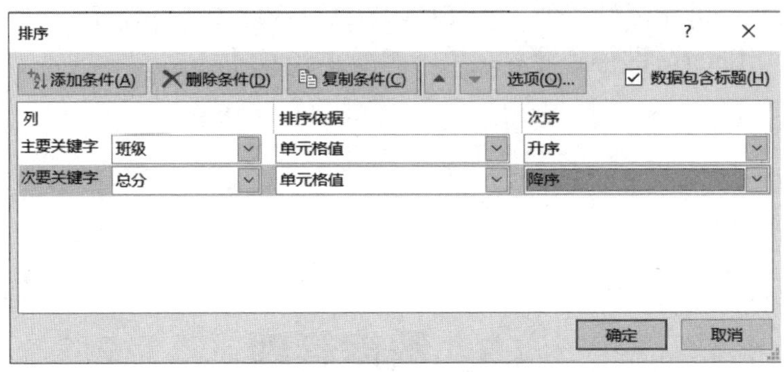


图 4-52 排序对话框

步骤 3：如果需要的话，还可为排序添加多个次要关键字，最后单击“确定”按钮。效果如图 4-53 所示。此时，系统先按照主要关键字条件对工作表中的数据进行排序；若主要关键字数据相同，则将数据相同的行按照次要关键字进行排序。

| | A | B | C | D | E | F | G | H | I | J | K | L |
|---|---|---|---|---|---|---|---|---|---|---|---|---|
| 1 | 学号 | 班级 | 姓名 | 性别 | 网络基础 | 高等数学 | 大学英语 | 平均分 | 总分 | 名次 | 等次 | 奖学金 |
| 2 | 20100401101 | 1 | 侯倩 | 女 | 95 | 87 | 96 | 92.7 | 278 | 3 | 优 | 200 |
| 3 | 20100401109 | 1 | 陈曦 | 男 | 94 | 84 | 94 | 90.7 | 272 | 5 | 优 | 200 |
| 4 | 20100401102 | 1 | 邓秀丽 | 女 | 86 | 99 | 82 | 89.0 | 267 | 7 | 良 | 150 |
| 5 | 20100401106 | 1 | 王强 | 男 | 89 | 96 | 78 | 87.7 | 263 | 8 | 中 | 100 |
| 6 | 20100401110 | 1 | 熊小新 | 女 | 96 | 46 | 87 | 76.3 | 229 | 14 | 良 | 150 |
| 7 | 20100401107 | 1 | 李彦学 | 男 | 88 | 55 | 84 | 75.7 | 227 | 15 | 良 | 150 |
| 8 | 20100401108 | 1 | 李婷 | 女 | 81 | 88 | 46 | 71.7 | 215 | 18 | 不及格 | 0 |
| 9 | 20100401104 | 1 | 朱自强 | 男 | 88 | 54 | 60 | 67.3 | 202 | 22 | 及格 | 50 |
| 10 | 20100401103 | 1 | 沈文海 | 男 | 65 | 88 | 46 | 66.3 | 199 | 23 | 不及格 | 0 |
| 11 | 20100401105 | 1 | 赵金润 | 男 | 63 | 60 | 38 | 53.7 | 161 | 30 | 不及格 | 0 |
| 12 | 20100401202 | 2 | 蔡晓梅 | 女 | 97 | 85 | 99 | 93.7 | 281 | 1 | 优 | 200 |
| 13 | 20100401201 | 2 | 柴睿鑫 | 男 | 83 | 99 | 92 | 91.3 | 274 | 4 | 优 | 200 |
| 14 | 20100401208 | 2 | 曾明平 | 男 | 95 | 91 | 84 | 90.0 | 270 | 6 | 良 | 150 |
| 15 | 20100401204 | 2 | 李吉鸿 | 男 | 83 | 54 | 95 | 77.3 | 232 | 12 | 优 | 200 |
| 16 | 20100401207 | 2 | 金延飞 | 男 | 78 | 66 | 88 | 77.3 | 232 | 12 | 良 | 150 |

图 4-53 排序效果

## 4.3.2 数据筛选

数据筛选是找出符合条件的数据记录，将不符合条件的数据隐藏。Excel 提供了“自动筛选”和“高级筛选”两种方法来筛选数据，以满足不同数据查找的需要。本例要求把所有课程不及格的同学筛选出来。

## 1. 自动筛选

自动筛选适用于简单条件的筛选。自动筛选有 3 种筛选类型：按列表值、按格式或按条件。这 3 种筛选类型是互斥的，用户只能选择其中的一种进行数据筛选。例如，要将“成绩数据”表中“高等数学”课程成绩小于 60 分的学生筛选出来，可执行如下操作。

步骤 1：选择“排序”工作表，建立该工作表副本放置在“排序”工作表的后面，并重命名为“筛选”，在工作表中单击有数据的任意单元格，或选中要参与数据筛选的单元格区域 A1:G32，然后单击“数据”选项卡“排序和筛选”组中的“筛选”按钮，此时标题行单元格的右侧将出现三角筛选按钮，如图 4-54 所示。

| 学号 | 班级 | 姓名 | 性别 | 网络基 | 高等数 | 大学英 | 平均分 | 总分 | 名次 | 等次 | 奖学金 |
|---|---|---|---|---|---|---|---|---|---|---|---|
| 20100401101 | 1 | 侯倩 | 女 | 95 | 87 | 96 | 92.7 | 278 | 3 | 优 | 200 |
| 20100401109 | 1 | 陈曦 | 男 | 94 | 84 | 94 | 90.7 | 272 | 5 | 优 | 200 |
| 20100401102 | 1 | 邓秀丽 | 女 | 86 | 99 | 82 | 89.0 | 267 | 7 | 良 | 150 |
| 20100401106 | 1 | 王强 | 男 | 89 | 96 | 78 | 87.7 | 263 | 8 | 中 | 100 |

图 4-54　筛选按钮

步骤 2：单击“网络基础”列标题右侧的三角筛选按钮，在展开的下拉列表中选择“数字筛选”/“小于”选项，如图 4-55 所示，在打开的“自定义自动筛选方式”对话框中输入 60，如图 4-56 所示。

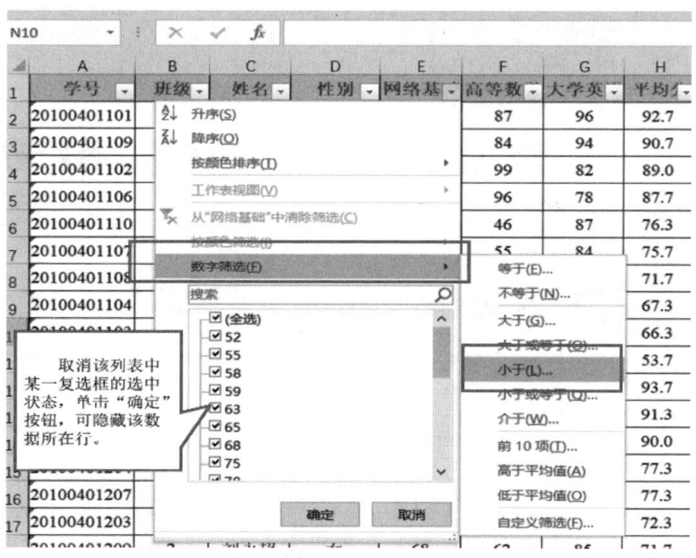


图 4-55　自定义自动筛选

图 4-56　自定义自动筛选方式对话框

步骤 3：单击“确定”按钮，此时，高等数学成绩大于等于 60 分的学生记录将被隐藏，如图 4-57 所示。

| | A | B | C | D | E | F | G | H | I | J | K | L |
|---|---|---|---|---|---|---|---|---|---|---|---|---|
| 1 | 学号 | 班级 | 姓名 | 性别 | 网络基 | 高等数 | 大学英 | 平均 | 总分 | 名次 | 等次 | 奖学 |
| 17 | 20100401203 | 2 | 王萍 | 女 | 52 | 88 | 77 | 72.3 | 217 | 17 | 中 | 100 |
| 28 | 20100401307 | 3 | 孙爱国 | 男 | 59 | 85 | 46 | 63.3 | 190 | 24 | 不及格 | 0 |
| 30 | 20100401309 | 3 | 杨三平 | 女 | 55 | 45 | 72 | 57.3 | 172 | 27 | 中 | 100 |
| 31 | 20100401301 | 3 | 闫晓冬 | 男 | 58 | 64 | 46 | 56.0 | 168 | 28 | 不及格 | 0 |
| 33 | | | | | | | | | | | | |

图 4-57　自动筛选效果图

## 2. 高级筛选

高级筛选方法用于通过复杂的条件来筛选满足条件的记录。使用时，首先在工作表中的指定区域创建筛选条件，然后选择参与筛选的数据区域和筛选条件以进行筛选。例如，要将“成绩数据”表中各课程成绩小于 60 分的学生筛选出来，可执行以下操作。

步骤 1：选择“排序”工作表，建立该工作表副本放置在“筛选”工作表的后面，并重命名为“高级筛选”，在工作表的空白单元格中输入筛选条件的列标题和对应的值，然后单击数据区域中任一单元格，再单击“数据”选项卡“排序和筛选”组中的“高级”按钮，如图 4-58 所示，打开“高级筛选”对话框。

| | A | B | C | D | E | F | G | H | I | J | K | L |
|---|---|---|---|---|---|---|---|---|---|---|---|---|
| 1 | 学号 | 班级 | 姓名 | 性别 | 网络基础 | 高等数学 | 大学英语 | 平均分 | 总分 | 名次 | 等次 | 奖学金 |
| 2 | 20100401101 | 1 | 侯倩 | 女 | 95 | 87 | 96 | 92.7 | 278 | 3 | 优 | 200 |
| 3 | 20100401109 | 1 | 陈曦 | 男 | 94 | 84 | 94 | 90.7 | 272 | 5 | 优 | 200 |
| 4 | 20100401102 | 1 | 郑秀丽 | 女 | 86 | 99 | 82 | 89.0 | 267 | 7 | 良 | 150 |
| 5 | 20100401106 | 1 | 王强 | 男 | 89 | 96 | 78 | 87.7 | 263 | 8 | 中 | 100 |
| 6 | 20100401110 | 1 | 熊小新 | 女 | 96 | 46 | 87 | 76.3 | 229 | 14 | 良 | 150 |
| 7 | 20100401107 | 1 | 李彦学 | 男 | 88 | 55 | 84 | 75.7 | 227 | 15 | 良 | 150 |
| 8 | 20100401108 | 1 | 李婷 | 女 | 81 | 88 | 46 | 71.7 | 215 | 18 | 不及格 | 0 |

| 网络基础 | 高等数学 | 大学英语 |
|---|---|---|
| <60 | | |
| | <60 | |
| | | <60 |

数据区　条件区

图 4-58　高级筛选按钮

步骤 2：在“高级筛选”对话框中确认“列表区域”（即数据区域）中显示的单元格区域是否正确（若不正确，可单击其右侧的按钮，然后在工作表中重新选择要进行筛选操作的单元格区域），然后设置筛选结果的显示方式，如图 4-59 所示。

步骤 3：单击“条件区域”编辑框，然后在工作表中拖动鼠标选择步骤 2 设置的条件区域，松开鼠标，可在“条件区域”编辑框中看到选择的条件，如图 4-60 所示。

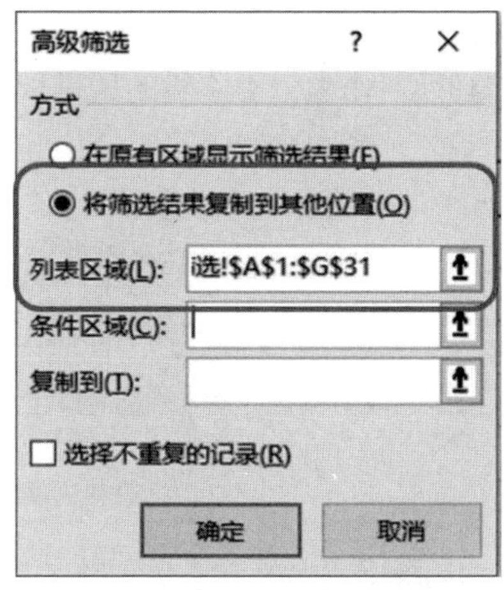


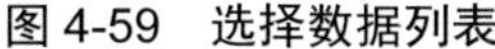
图 4-59　选择数据列表

图 4-60　选择条件区域

步骤 4：单击“复制到”编辑框，然后在工作表中单击某一单元格，将其设置为筛选结果放置区，如图 4-61 所示。

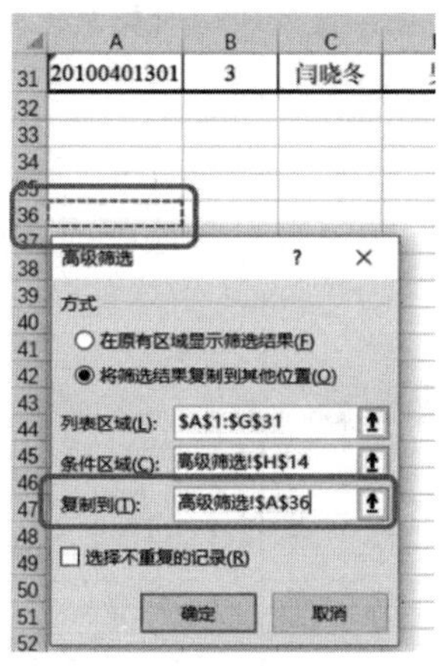


图 4-61　选择筛选结果放置位置

| 学号 | 班级 | 姓名 | 性别 | 网络基础 | 高等数学 | 大学英语 |
|---|---|---|---|---|---|---|
| 20100401110 | 1 | 熊小新 | 女 | 96 | 46 | 87 |
| 20100401107 | 1 | 李彦学 | 男 | 88 | 55 | 84 |
| 20100401108 | 1 | 李婷 | 女 | 81 | 88 | 46 |
| 20100401104 | 1 | 朱自强 | 男 | 88 | 54 | 60 |
| 20100401103 | 1 | 沈文海 | 男 | 65 | 88 | 46 |
| 20100401105 | 1 | 赵金润 | 男 | 63 | 60 | 38 |
| 20100401204 | 2 | 李吉鸿 | 男 | 83 | 54 | 95 |
| 20100401203 | 2 | 王萍 | 女 | 52 | 88 | 77 |
| 20100401205 | 2 | 王琦 | 女 | 63 | 46 | 81 |
| 20100401206 | 2 | 朱聚鹏 | 男 | 84 | 38 | 45 |
| 20100401307 | 3 | 孙爱国 | 男 | 59 | 85 | 46 |
| 20100401304 | 3 | 王小军 | 男 | 93 | 66 | 23 |
| 20100401309 | 3 | 杨三平 | 女 | 55 | 45 | 72 |
| 20100401301 | 3 | 闫晓冬 | 男 | 58 | 64 | 46 |

图 4-62　高级筛选结果

步骤 5：单击“确定”按钮，系统将根据指定的条件对工作表进行筛选，并将筛选结果放置到指定区域，如图 4-62 所示。

### 3. 取消筛选

对于自动筛选，如果要取消对某列进行的筛选，可单击该列标签单元格右侧的下拉按钮，在展开的下拉列表中选中“全选”复选框，再单击“确定”按钮；如果要删除数据表中的三角筛选按钮，可单击“数据”选项卡“排序和筛选”组中的“筛选”按钮。

要取消对所有列进行的筛选（包括将筛选结果放在原区域的高级筛选），可单击“数据”选项卡“排序和筛选”组中的“清除”按钮。

## 4.3.3 分类汇总

分类汇总有简单分类汇总和嵌套分类汇总之分，无论哪种汇总方式，进行分类汇总的数据表的第一行必须有列标签，而且在分类汇总前必须对作为分类字段的列进行排序。

### 1. 简单分类汇总

简单分类汇总指以数据表中的某列作为分类字段进行汇总。例如，要将“成绩数据”表以“班级”作为分类字段，对各课程进行求平均值汇总，可执行以下操作。

步骤 1：继续在打开的工作簿进行操作。将“成绩数据”工作表 A2:G32 单元格区域中的数据复制粘贴到“分类汇总”工作表的 A1 单元格中，将在该工作表中进行分类汇总操作。

步骤 2：对“班级”列数据进行降序排列，单击工作表中有数据的任一单元格，然后单击“数据”选项卡“分级显示”组中的“分类汇总”按钮，打开“分类汇总”对话框。在“分类字段”下拉列表中选择要分类的字段“班级”；在“汇总方式”下拉列表中选择汇总方式“平均值”；在“选定汇总项”列表中选择要汇总的各课程，如图 4-63 所示。

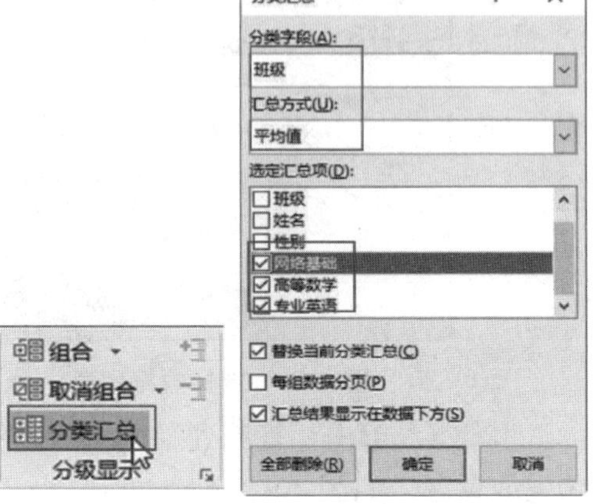


图 4-63　分类汇总对话框

步骤 3：单击“确定”按钮，即可将工作表中的数据按班级对各课程成绩进行平均值汇总，如图 4-64 所示。

| | A | B | C | D | E | F | G | H | I | J | K | L |
|---|---|---|---|---|---|---|---|---|---|---|---|---|
| 1 | 学号 | 班级 | 姓名 | 性别 | 网络基础 | 高等数学 | 大学英语 | 平均分 | 总分 | 名次 | 等次 | 奖学金 |
| 2 | 20100401306 | 3 | 唐晓莉 | 女 | 98 | 94 | 87 | 93.0 | 279 | 2 | 良 | 150 |
| 3 | 20100401308 | 3 | 何勇强 | 女 | 84 | 96 | 76 | 85.3 | 256 | 9 | 中 | 100 |
| 4 | 20100401310 | 3 | 黄国伟 | 男 | 92 | 74 | 88 | 84.7 | 254 | 10 | 良 | 150 |
| 5 | 20100401302 | 3 | 江树明 | 男 | 97 | 63 | 83 | 81.0 | 243 | 11 | 良 | 150 |
| 6 | 20100401305 | 3 | 姜宝刚 | 女 | 83 | 68 | 68 | 73.0 | 219 | 17 | 及格 | 50 |
| 7 | 20100401303 | 3 | 林立 | 男 | 65 | 65 | 85 | 71.7 | 215 | 20 | 良 | 150 |
| 8 | 20100401307 | 3 | 孙爱国 | 男 | 59 | 85 | 46 | 63.3 | 190 | 26 | 不及格 | 0 |
| 9 | 20100401304 | 3 | 王小军 | 男 | 93 | 66 | 23 | 60.7 | 182 | 28 | 不及格 | 0 |
| 10 | 20100401309 | 3 | 杨三平 | 女 | 55 | 45 | 72 | 57.3 | 172 | 29 | 中 | 100 |
| 11 | 20100401301 | 3 | 闫晓冬 | 男 | 58 | 64 | 46 | 56.0 | 168 | 30 | 不及格 | 0 |
| 12 | | **3 平均值** | | | 78.4 | 72 | 67.4 | 72.6 | 217.8 | | | 85 |
| 13 | 20100401202 | 2 | 蔡晓梅 | 女 | 97 | 85 | 99 | 93.7 | 281 | 1 | 优 | 200 |
| 14 | 20100401201 | 2 | 柴睿鑫 | 男 | 83 | 99 | 92 | 91.3 | 274 | 4 | 优 | 200 |
| 15 | 20100401208 | 2 | 曾明平 | 男 | 95 | 91 | 84 | 90.0 | 270 | 6 | 良 | 150 |
| 16 | 20100401204 | 2 | 李吉鸿 | 男 | 83 | 54 | 95 | 77.3 | 232 | 12 | 优 | 200 |
| 17 | 20100401207 | 2 | 金延飞 | 男 | 78 | 66 | 88 | 77.3 | 232 | 12 | 良 | 150 |
| 18 | 20100401203 | 2 | 王萍 | 女 | 52 | 88 | 77 | 72.3 | 217 | 19 | 中 | 100 |
| 19 | 20100401209 | 2 | 刘永超 | 女 | 68 | 62 | 85 | 71.7 | 215 | 20 | 良 | 150 |
| 20 | 20100401210 | 2 | 李磊 | 男 | 75 | 65 | 63 | 67.7 | 203 | 23 | 及格 | 50 |
| 21 | 20100401205 | 2 | 王琦 | 女 | 63 | 46 | 81 | 63.3 | 190 | 26 | 良 | 150 |
| 22 | 20100401206 | 2 | 朱聚鹏 | 男 | 84 | 38 | 45 | 55.7 | 167 | 31 | 不及格 | 0 |
| 23 | | **2 平均值** | | | 77.8 | 69.4 | 80.9 | 76.0 | 228.1 | | | 135 |
| 24 | 20100401101 | 1 | 侯倩 | 女 | 95 | 87 | 96 | 92.7 | 278 | 3 | 优 | 200 |
| 25 | 20100401109 | 1 | 陈曦 | 男 | 94 | 84 | 94 | 90.7 | 272 | 5 | 优 | 200 |
| 26 | 20100401102 | 1 | 邓秀丽 | 女 | 86 | 99 | 82 | 89.0 | 267 | 7 | 良 | 150 |
| 27 | 20100401106 | 1 | 王强 | 男 | 89 | 96 | 78 | 87.7 | 263 | 8 | 中 | 100 |
| 28 | 20100401110 | 1 | 熊小新 | 女 | 96 | 46 | 87 | 76.3 | 229 | 14 | 良 | 150 |
| 29 | 20100401107 | 1 | 李彦学 | 男 | 88 | 55 | 84 | 75.7 | 227 | 16 | 良 | 150 |
| 30 | 20100401108 | 1 | 李婷 | 女 | 81 | 88 | 46 | 71.7 | 215 | 20 | 不及格 | 0 |
| 31 | 20100401104 | 1 | 朱自强 | 男 | 88 | 54 | 60 | 67.3 | 202 | 24 | 及格 | 50 |
| 32 | 20100401103 | 1 | 沈文海 | 男 | 65 | 88 | 46 | 66.3 | 199 | 25 | 不及格 | 0 |
| 33 | 20100401105 | 1 | 赵金润 | 男 | 63 | 60 | 38 | 53.7 | 161 | 32 | 不及格 | 0 |
| 34 | | **1 平均值** | | | 84.5 | 75.7 | 71.1 | 77.1 | 231.3 | | | 100 |
| 35 | | **总计平均值** | | | 80.2333 | 72.3667 | 73.1333 | 75.2 | 225.733 | | | 106.667 |
| 36 | | | | | | | | | | | | |

学生信息 | 成绩数据 | 排序 | 筛选 | 高级筛选 | 分类汇总 | 嵌套分类汇总 | 合并计算

图 4-64　分类汇总效果

## 2. 嵌套分类汇总

嵌套分类汇总用于对多个分类字段进行汇总。例如，若希望将各课程成绩分别以“班级”和“性别”作为分类字段，对各课程成绩进行求平均值及对网络基础求最大值汇总，可执行以下操作。

步骤 1：继续在打开的工作簿中进行操作。在“分类汇总”工作表的右侧新建“嵌套分类汇总”工作表。

步骤 2：将“成绩数据”工作表 A2:G32 单元格区域中的数据复制粘贴到“嵌套分类汇总”工作表的 A1 单元格中，将在该工作表中进行嵌套分类汇总操作。

步骤 3：对工作表数据进行多关键字排序。其中，主要关键字为“班级”，按升序排列；次要关键字为“性别”，按降序排列。

步骤 4：参考简单分类汇总的操作，以“班级”作为分类字段，对工作表进行第一次分类汇总（参数设置与前面的操作相同）。

步骤 5：再次打开“分类汇总”对话框，设置“分类字段”为“性别”，“汇总方式”为“最大值”，“选定汇总项”为“网络基础”，并取消“替换当前分类汇总”复选框，如图 4-65 所示。单击“确定”按钮，结果如图 4-66 所示。

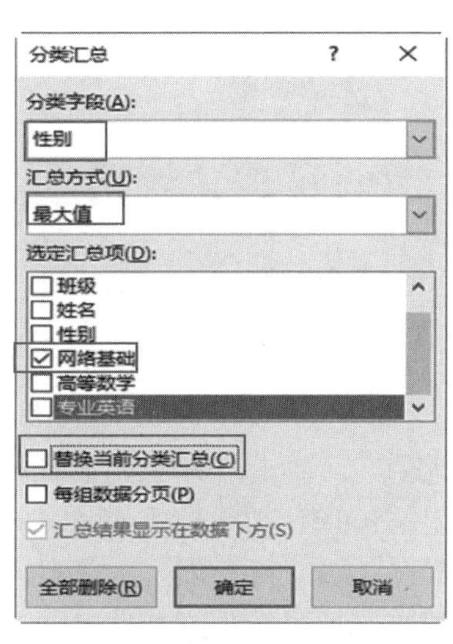
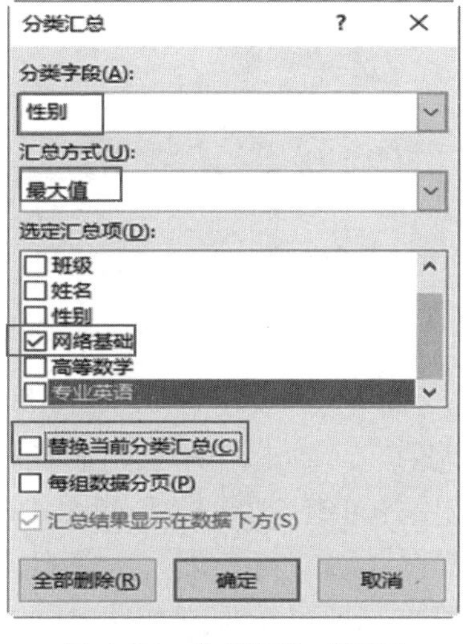


图 4-65　分类汇总对话框

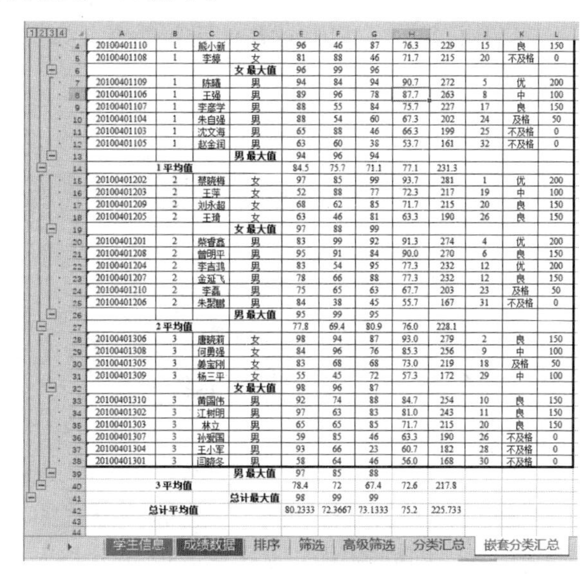

| | A | B | C | D | E | F | G | H | I | J | K | L |
|---|---|---|---|---|---|---|---|---|---|---|---|---|
| 4 | 20100401110 | 1 | 熊小新 | 女 | 96 | 46 | 87 | 76.3 | 229 | 15 | 良 | 150 |
| 5 | 20100401108 | 1 | 李婷 | 女 | 81 | 88 | 46 | 71.7 | 215 | 20 | 不及格 | 0 |
| 6 | | | | 女 最大值 | 96 | 99 | 96 | | | | | |
| 7 | 20100401109 | 1 | 陈晴 | 男 | 94 | 84 | 94 | 90.7 | 272 | 5 | 优 | 200 |
| 8 | 20100401106 | 1 | 王强 | 男 | 89 | 96 | 78 | 87.7 | 263 | 8 | 中 | 100 |
| 9 | 20100401107 | 1 | 李彦学 | 男 | 88 | 55 | 84 | 75.7 | 227 | 17 | 良 | 150 |
| 10 | 20100401104 | 1 | 朱自强 | 男 | 88 | 54 | 60 | 67.3 | 202 | 24 | 及格 | 50 |
| 11 | 20100401103 | 1 | 沈文海 | 男 | 65 | 88 | 46 | 66.3 | 199 | 25 | 不及格 | 0 |
| 12 | 20100401105 | 1 | 赵金润 | 男 | 63 | 60 | 38 | 53.7 | 161 | 32 | 不及格 | 0 |
| 13 | | | | 男 最大值 | 94 | 96 | 94 | | | | | |
| 14 | | 1 平均值 | | | 84.5 | 75.7 | 71.1 | 77.1 | 231.3 | | | |
| 15 | 20100401202 | 2 | 蔡晓梅 | 女 | 97 | 85 | 99 | 93.7 | 281 | 1 | 优 | 200 |
| 16 | 20100401203 | 2 | 王萍 | 女 | 52 | 88 | 77 | 72.3 | 217 | 19 | 中 | 100 |
| 17 | 20100401209 | 2 | 刘永超 | 女 | 68 | 62 | 85 | 71.7 | 215 | 20 | 良 | 150 |
| 18 | 20100401205 | 2 | 王琦 | 女 | 63 | 46 | 81 | 63.3 | 190 | 26 | 良 | 150 |
| 19 | | | | 女 最大值 | 97 | 88 | 99 | | | | | |
| 20 | 20100401201 | 2 | 柴睿鑫 | 男 | 83 | 99 | 92 | 91.3 | 274 | 4 | 优 | 200 |
| 21 | 20100401208 | 2 | 曾明平 | 男 | 95 | 91 | 84 | 90.0 | 270 | 6 | 良 | 150 |
| 22 | 20100401204 | 2 | 李吉鸿 | 男 | 83 | 54 | 95 | 77.3 | 232 | 12 | 优 | 200 |
| 23 | 20100401207 | 2 | 金延飞 | 男 | 78 | 66 | 88 | 77.3 | 232 | 12 | 良 | 150 |
| 24 | 20100401210 | 2 | 李磊 | 男 | 75 | 65 | 63 | 67.7 | 203 | 23 | 及格 | 50 |
| 25 | 20100401206 | 2 | 朱聚鹏 | 男 | 84 | 38 | 45 | 55.7 | 167 | 31 | 不及格 | 0 |
| 26 | | | | 男 最大值 | 95 | 99 | 95 | | | | | |
| 27 | | 2 平均值 | | | 77.8 | 69.4 | 80.9 | 76.0 | 228.1 | | | |
| 28 | 20100401306 | 3 | 唐晓莉 | 女 | 98 | 94 | 87 | 93.0 | 279 | 2 | 良 | 150 |
| 29 | 20100401308 | 3 | 何勇强 | 女 | 84 | 96 | 76 | 85.3 | 256 | 9 | 中 | 100 |
| 30 | 20100401305 | 3 | 姜宝刚 | 女 | 83 | 68 | 68 | 73.0 | 219 | 18 | 及格 | 50 |
| 31 | 20100401309 | 3 | 杨三平 | 女 | 55 | 45 | 72 | 57.3 | 172 | 29 | 中 | 100 |
| 32 | | | | 女 最大值 | 98 | 96 | 87 | | | | | |
| 33 | 20100401310 | 3 | 黄国伟 | 男 | 92 | 74 | 88 | 84.7 | 254 | 10 | 良 | 150 |
| 34 | 20100401302 | 3 | 江树明 | 男 | 97 | 63 | 83 | 81.0 | 243 | 11 | 良 | 150 |
| 35 | 20100401303 | 3 | 林立 | 男 | 65 | 65 | 85 | 71.7 | 215 | 20 | 良 | 150 |
| 36 | 20100401307 | 3 | 孙爱国 | 男 | 59 | 85 | 46 | 63.3 | 190 | 26 | 不及格 | 0 |
| 37 | 20100401304 | 3 | 王小军 | 男 | 93 | 66 | 23 | 60.7 | 182 | 28 | 不及格 | 0 |
| 38 | 20100401301 | 3 | 闫晓冬 | 男 | 58 | 64 | 46 | 56.0 | 168 | 30 | 不及格 | 0 |
| 39 | | | | 男 最大值 | 97 | 85 | 88 | | | | | |
| 40 | | 3 平均值 | | | 78.4 | 72 | 67.4 | 72.6 | 217.8 | | | |
| 41 | | | | 总计最大值 | 98 | 99 | 99 | | | | | |
| 42 | | 总计平均值 | | | 80.2333 | 72.3667 | 73.1333 | 75.2 | 225.733 | | | |



图 4-66　嵌套分类汇总效果

## 3. 分级显示数据和取消分类汇总

在对工作表中的数据进行分类汇总后，在工作表的左侧将显示一些符号，如 1 2 3 4、⊟ 等，它们的作用如下。

步骤 1：分级显示明细数据。单击分级显示符号 1 2 3 4 可显示相应级别的数据，较低级别的明细数据会隐藏起来。

步骤 2：隐藏与显示明细数据。单击折叠按钮 ⊟ 可以隐藏对应汇总项的原始数据，此时该按钮变为 ⊞，单击该按钮将显示原始数据。

步骤 3：取消分类汇总。要取消分类汇总，可打开“分类汇总”对话框，然后单击“全部删除”按钮。

## 4.3.4 合并计算

合并计算功能能够帮助用户将制定的单元格区域中的数据，按照项目的匹配，对同类数据进行汇总。数据汇总的方式包括求和、计数、求平均值、求最大值、求最小值等。可以在“数据”选项卡下用“合并计算”命令实现这个功能。这个命令可以用多个分散的数据进行汇总计算。在合并计算中，用户只需要使用鼠标，选择单个或者多个单元格区域，将需要汇总的数据选中并添加到引用位置中，即可对这些数据进行计算。

Excel 的合并计算功能提供了两种合并数据的方法：一是通过位置合并，它适用于同位置的数据汇总；二是通过分类合并，它适用于数据区域没有完全相同布局的数据汇总，如班级的顺序发生了改变，可通过勾选“标签位置”中的“首行”和“最左列”复选框来确定合并的内容。

本任务需要找出每班课程成绩的最高分和最低分，进行的是分类合并。操作步骤如下。

步骤 1：建立工作表。继续在打开的工作簿进行操作。将“成绩数据”工作表 A2:G32 单元格区域中的数据复制粘贴到“合并计算”工作表的 A1 单元格中，将在该工作表中进行合并计算操作。

步骤 2：开始合并计算。单击 N3 单元格，录入字符“班级”后单击“数据”→“数据工具”组→“合并计算”，弹出合并计算对话框，如图 4-67 所示。

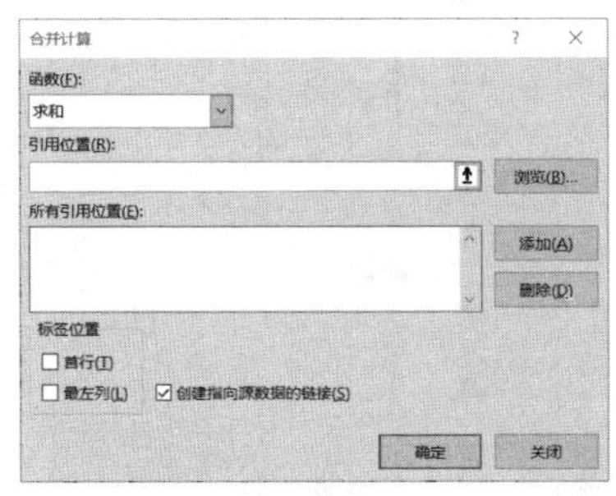


图 4-67　合并计算对话框

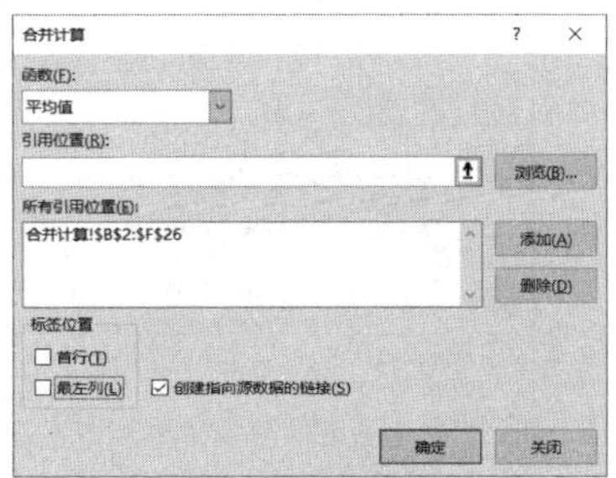


图 4-68　设置计算方式和引用位置

步骤 3：添加引用位置。合并计算函数为“最大值”，单击“引用位置”的右侧按钮，选择“合并计算”工作表中的“$B$2:$F$32 ”区域，并单击“添加”，如图 4-68 所示。

步骤 4：完成合并计算。勾选标签位置的“首行”和“首左列”，单击“确定”完成合并计算，同样的操作方式在 N12 单元格开始位置完成各班课程最低分的计算，合并 N2: R2 单元格，输入“各班课程最高分”，合并 N11: R11 单元格，输入“各班课程最低分”，如图 4-69 所示。

第一学年第二学期成绩单

| 学号 | 班级 | 姓名 | 网络基础 | 高等数学 | 大学英语 | 平均分 | 总分 | 名次 | 等次 | 奖学金 |
|---|---|---|---|---|---|---|---|---|---|---|
| 20100401202 | 2 | 蔡晓梅 | 97 | 85 | 99 | 93.7 | 281 | 1 | 优 | 200 |
| 20100401208 | 2 | 曾明平 | 95 | 91 | 84 | 90.0 | 270 | 5 | 良 | 150 |
| 20100401201 | 2 | 柴睿鑫 | 83 | 99 | 92 | 91.3 | 274 | 3 | 优 | 200 |
| 20100401109 | 1 | 陈曦 | 94 | 84 | 94 | 90.7 | 272 | 4 | 优 | 200 |
| 20100401102 | 1 | 邓秀丽 | 86 | 99 | 82 | 89.0 | 267 | 6 | 良 | 150 |
| 20100401308 | 3 | 何勇强 | 84 | 96 | 76 | 85.3 | 256 | 9 | 中 | 100 |
| 20100401101 | 1 | 侯倩 | 95 | 67 | 96 | 86.0 | 258 | 8 | 优 | 200 |
| 20100401310 | 3 | 黄国伟 | 92 | 63 | 88 | 81.0 | 243 | 10 | 良 | 150 |
| 20100401302 | 3 | 江树明 | 97 | 63 | 83 | 81.0 | 243 | 10 | 良 | 150 |
| 20100401305 | 3 | 姜宝刚 | 91 | 68 | 68 | 75.7 | 227 | 15 | 及格 | 50 |
| 20100401207 | 2 | 金延飞 | 78 | 66 | 88 | 77.3 | 232 | 12 | 良 | 150 |
| 20100401204 | 2 | 李吉鸿 | 83 | 54 | 95 | 77.3 | 232 | 12 | 优 | 200 |
| 20100401210 | 2 | 李磊 | 99 | 65 | 63 | 75.7 | 227 | 15 | 及格 | 50 |
| 20100401108 | 1 | 李婷 | 81 | 88 | 46 | 71.7 | 215 | 18 | 不及格 | 0 |

| 各班课程最高分 | | | | |
|---|---|---|---|---|
| 班级 | 姓名 | 网络基础 | 高等数学 | 大学英语 |
| 2 | | 99 | 99 | 99 |
| 1 | | 96 | 99 | 96 |
| 3 | | 98 | 96 | 88 |
| 各班课程最低分 | | | | |
| 班级 | 姓名 | 网络基础 | 高等数学 | 大学英语 |
| 2 | | 29 | 38 | 18 |
| 1 | | 63 | 45 | 38 |
| 3 | | 55 | 45 | 23 |

图 4-69　合并计算效果

# 4.4　分析和设置打印数据表

为了更直观地对比各班成绩的高低，可采用图表方式来显示数据，还可利用数据透视表和数据透视图来进行数据分析，最后把成绩表打印出来。让我们跟小王一起，协助李老师完成班级成绩管理工作。

## 4.4.1　创建和修饰图表

### 1. 创建图表

步骤 1：打开本书配套素材文件“学生成绩表（分析）”，将其以“学生成绩表（图表）”为名保存到“素材文件”文件夹中，再将“成绩数据”工作表 A2:I32 单元格区域的数据复制粘贴到新建的“图表”工作表的 A1 单元格中。

步骤 2：对工作表数据按“总分”进行降序排序。

步骤 3：在“图表”工作表中选中要创建图表的数据区域，本例选择前 5 名和后 5 名学生及其平均分和总分成绩，如图 4-70 和图 4-71 所示。

| | A | B | C | D | E | F | G | H | I |
|---|---|---|---|---|---|---|---|---|---|
| 1 | 学号 | 班级 | 姓名 | 性别 | 网络基础 | 高等数学 | 大学英语 | 平均分 | 总分 |
| 2 | 20100401202 | 2 | 蔡晓梅 | 女 | 97 | 85 | 99 | 93.7 | 281 |
| 3 | 20100401306 | 3 | 唐晓莉 | 女 | 98 | 94 | 87 | 93.0 | 279 |
| 4 | 20100401101 | 1 | 侯倩 | 女 | 95 | 87 | 96 | 92.7 | 278 |
| 5 | 20100401201 | 2 | 柴睿鑫 | 男 | 83 | 99 | 92 | 91.3 | 274 |
| 6 | 20100401109 | 1 | 陈曦 | 男 | 94 | 84 | 94 | 90.7 | 272 |

图 4-70　数据排序前 5 名

| | A | B | C | D | E | F | G | H | I |
|---|---|---|---|---|---|---|---|---|---|
| 1 | 学号 | 班级 | 姓名 | 性别 | 网络基础 | 高等数学 | 大学英语 | 平均分 | 总分 |
| 27 | 20100401304 | 3 | 王小军 | 男 | 93 | 66 | 23 | 60.7 | 182 |
| 28 | 20100401309 | 3 | 杨三平 | 女 | 55 | 45 | 72 | 57.3 | 172 |
| 29 | 20100401301 | 3 | 闫晓冬 | 男 | 58 | 64 | 46 | 56.0 | 168 |
| 30 | 20100401206 | 2 | 朱聚鹏 | 男 | 84 | 38 | 45 | 55.7 | 167 |
| 31 | 20100401105 | 1 | 赵金润 | 男 | 63 | 60 | 38 | 53.7 | 161 |

图 4-71　数据排序后 5 名

步骤 4：单击“插入”选项卡“图表”组中的“柱形图”按钮，在展开的下拉列表中选择“簇状柱形图”选项，如图 4-72 所示，此时，系统将在工作表中插入一张簇状柱形图，如图 4-73 所示。

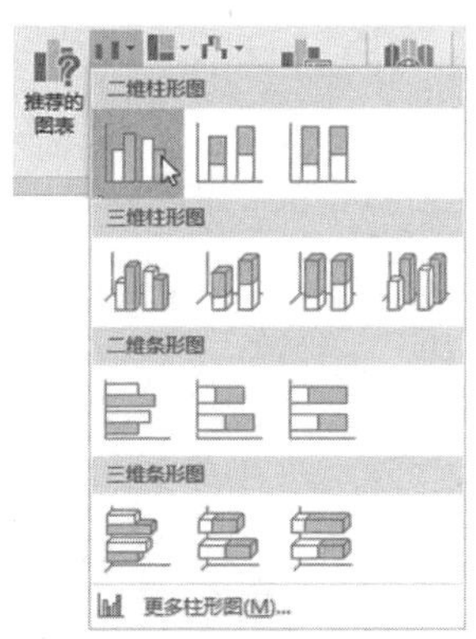

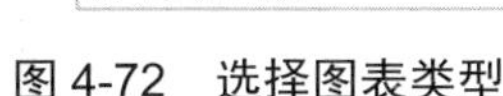

图 4-72　选择图表类型

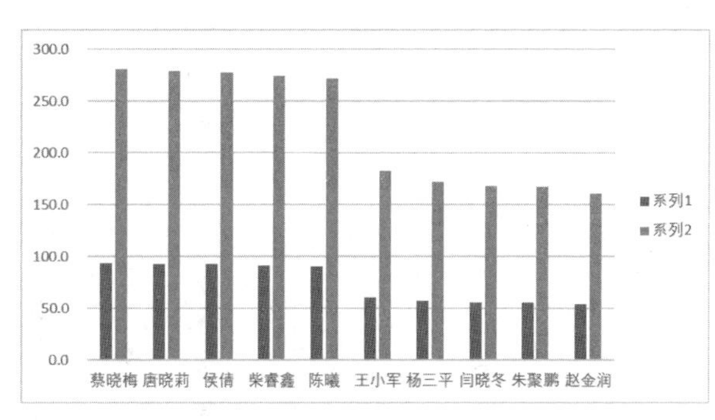


图 4-73　簇状柱形图

### 2. 编辑、美化图表

创建图表后，用户可根据需要对其进行编辑和美化操作，如添加坐标轴标题、显示数据标签，编辑图例名称，为其应用系统内置的图表样式等。

步骤 1：单击图表右上角的“图表元素”按钮，在弹出的列表中选中“坐标轴标题”，可为图表添加横坐标轴和纵坐标轴标题，如图 4-74 所示。将鼠标指针移至“图例”上方，单击出现的三角形按钮，在弹出的子列表中选择“顶部”选项，如图 4-75 所示，即可将图例置于图表上方。

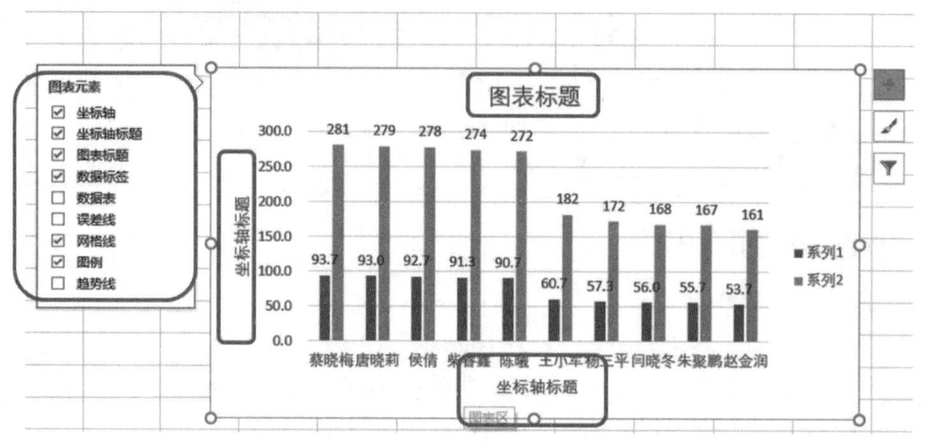


图 4-74　添加图表标题、坐标轴标题

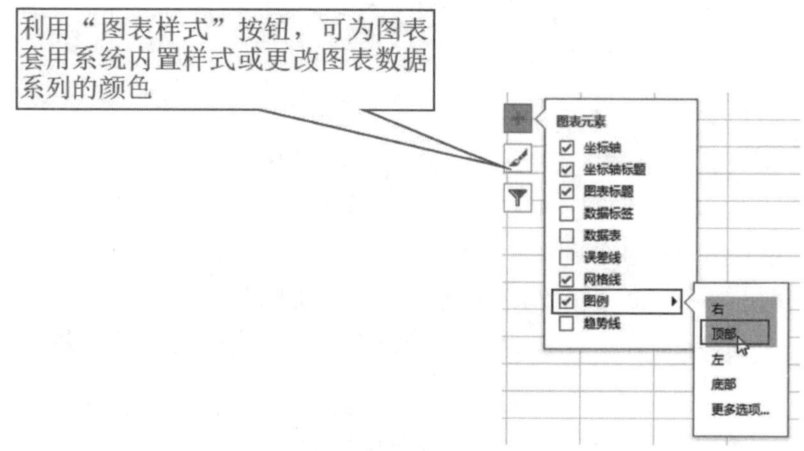


图 4-75　编辑图表元素

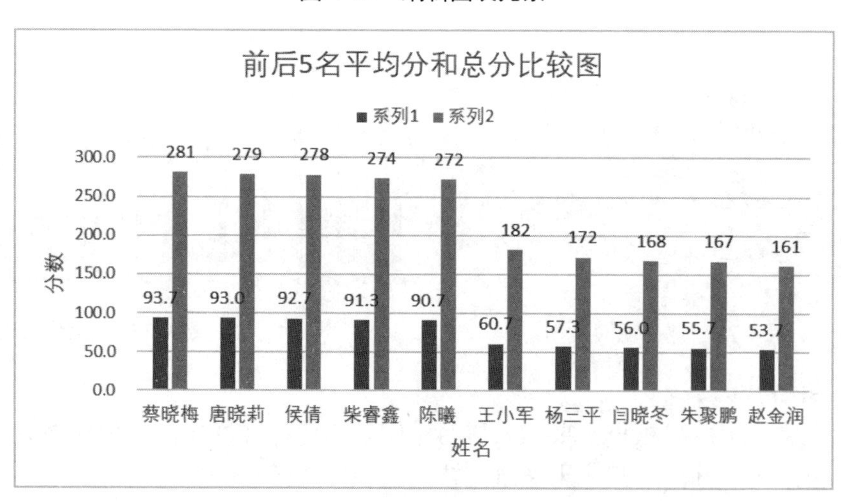


图 4-76　坐标轴标题效果

步骤 2：单击将“图表标题”文本改为“前后 5 名平均分和总分比较图”，将纵坐标轴标题改为“分数”，将横坐标轴标题改为“姓名”，如图 4-76 所示。

步骤 3：选中图例项，如图 4-77 所示，然后单击“图表工具 / 设计”选项卡“数据”

组中的“选择数据”按钮，如图 4-78 所示，打开“选择数据源”对话框。

图 4-77　图例

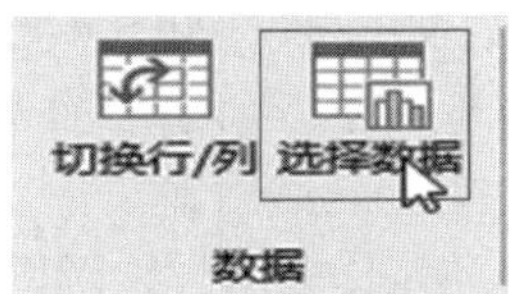


图 4-78　选择数据按钮

步骤 4：在对话框左侧的列表中选择“系列 1”后单击“编辑”按钮，如图 4-79 所示，打开“编辑数据系列”对话框，在“系列名称”编辑框中输入“平均分”，如图 4-80 所示。

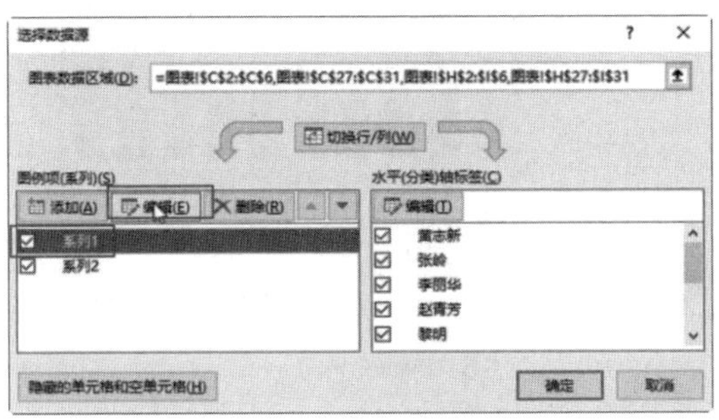


图 4-79　选择数据源对话框

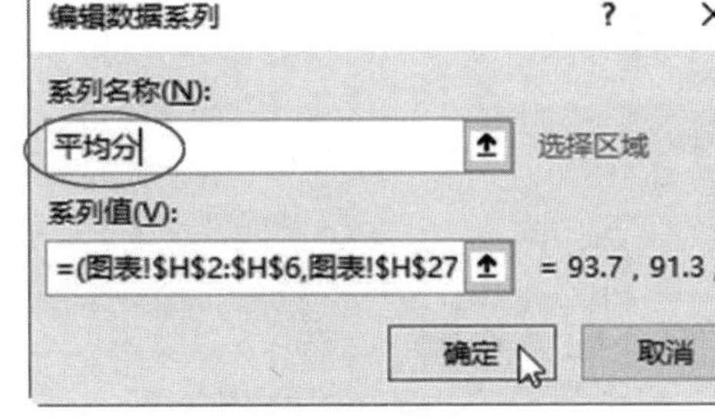


图 4-80　编辑数据系列对话框

步骤 5：单击“确定”按钮返回“选择数据源”对话框。使用同样的方法将“系列 2”的名称改为“总分”，单击两次“确定”按钮，即可看到编辑好的系列名称，如图 4-81 所示。

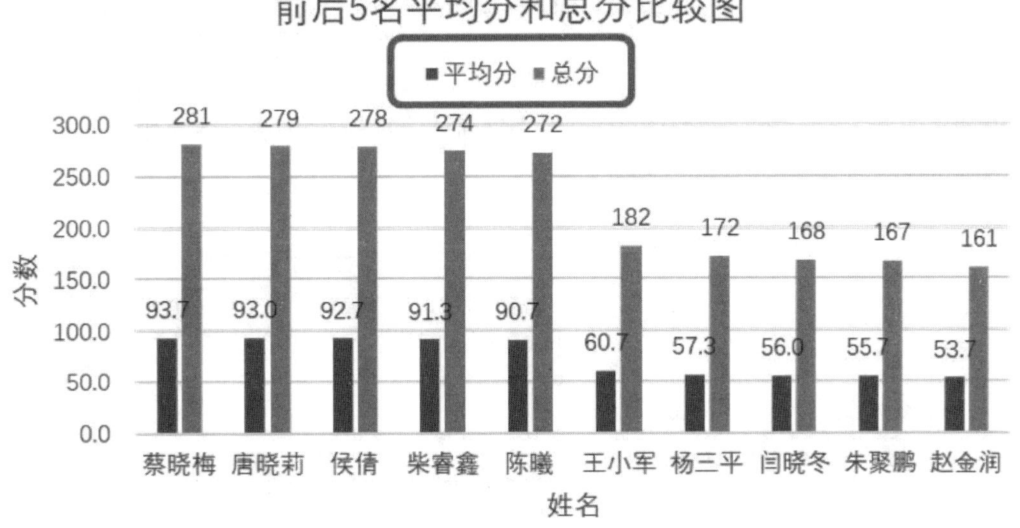


图 4-81　更改图例效果

步骤 6：完成图表组成元素的布局后，可以通过设置图表组成元素的格式以美化图表。切换到“图表工具 / 格式”选项卡，然后将鼠标指针移到图表空白处，待显示“图表区”时单击，选中图表区；也可在“当前所选内容”组中单击“图表元素”右侧的下拉按钮，在展开的下拉列表中选择图表组成元素，如图 4-82 所示。在对图表的各组成元素进行设置时，都需要选中要设置的元素，用户可参考选择图表区的方法来选择图表的其他组成元素。

步骤 7：单击“形状样式”组中的“形状填充”按钮，在展开的颜色列表中为图表区设置颜色，如浅蓝，如图 4-83 所示。

步骤 8：在“当前所选内容”组中的“图表元素”下拉列表中选择“绘图区”，选中图表的绘图区，然后在“形状样式”组的列表中选择一种样式，如图 4-84 所示；选中图表的图例，为其应用与绘图区一样的样式（用户也可根据自己的喜好设置）。

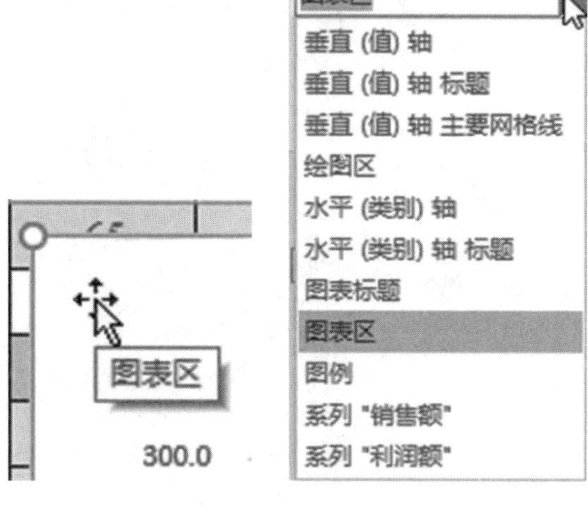


图 4-82　选择图形区

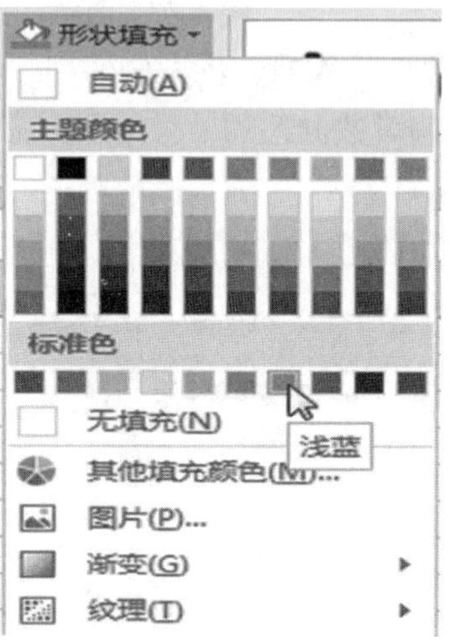


图 4-83　设置图表区填充颜色

选中图表的标题，利用“开始”选项卡的“字体”组设置其字体为微软雅黑，字号为 16，字体颜色为白色；分别选中图表的横、纵坐标轴标题，设置其字体为微软雅黑，字号为 12，字体颜色为白色；分别选中图表的横、纵坐标轴，设置其字体颜色为白色。

将鼠标指针移到图表的边框线上，待其变为十字箭头形状时按住鼠标左键不放，将其移到数据的下方，然后拖动图表边框上的控制点适当调整图表大小，效果如图 4-85 所示。

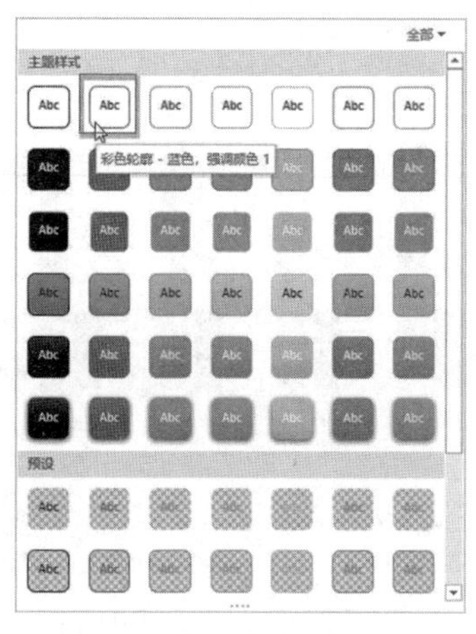


图 4-84　选择主题样式

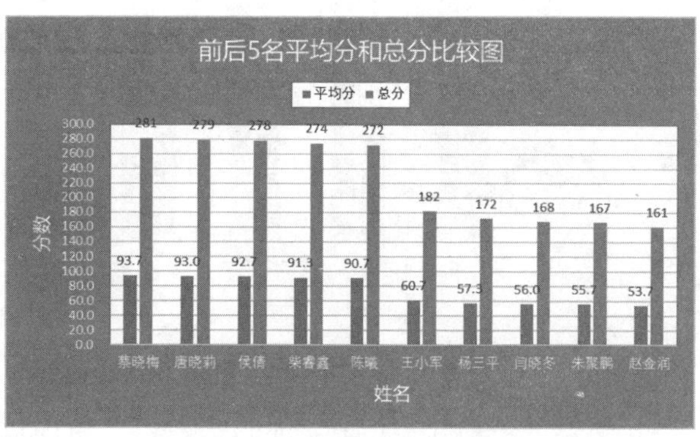


图 4-85　最终图表效果

## 4.4.2　创建并编辑数据透视表

下面利用数据透视表以“班级”为“行”字段，以“性别”为“列”字段，将“值”字段的汇总方式设为“网络基础”课程的平均值，来汇总各班男女生该课程的平均成绩。

### 1. 创建并编辑数据透视表

步骤 1：继续在打开的工作簿中进行操作。将“学生成绩表（图表）”工作表复制一份，重命名为“数据透视表和数据透视图”，并将其中的图表删除。

步骤 2：单击数据表中的任意非空单元格，然后单击“插入”选项卡“表格”组中的“数据透视表”按钮，打开“创建数据透视表”对话框，在“表 / 区域”编辑框中自动显示了工作表名称和数据源区域。如果显示的数据源区域引用不正确，可以将插入点光标置于该编辑框中，然后在工作表中重新选择；选中“现有工作表”（表示将数据透视表放在现有工作表中），这里保持默认，如图 4-86 所示。

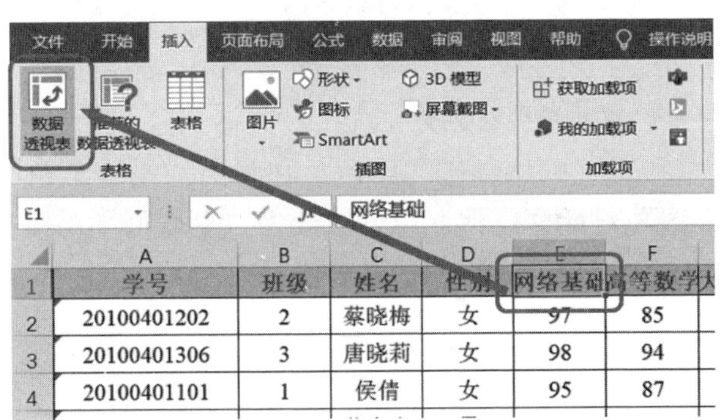


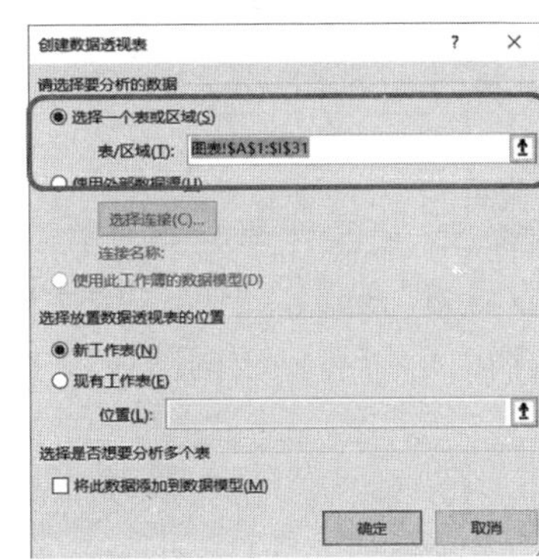


图 4-86　创建数据透视表

步骤 3：单击“确定”按钮，在源工作表的左侧添加一个空的数据透视表。此时，Excel 2016 的功能区自动显示“数据透视表工具”选项卡，且工作表编辑区的右侧显示“数据透视表字段”窗格，供用户为数据透视表添加字段，创建数据透视表布局，如图 4-87 所示。

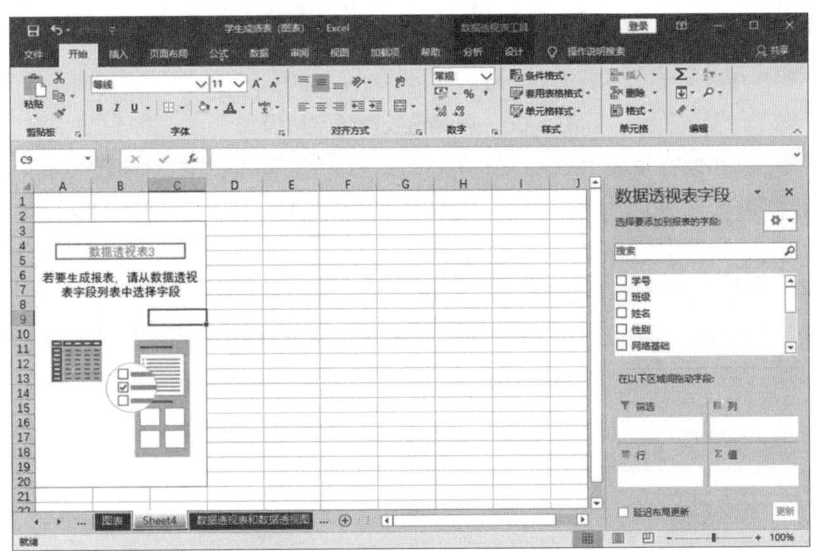


图 4-87　数据透视表布局

步骤 4：在“数据透视表字段”窗格中将所需字段拖到字段布局区域的相应位置。本例将“班级”字段拖曳到“行”区域，将“性别”字段拖曳到“列”区域，将“网络基础”字段拖曳到“值”区域，如图 4-88 所示。

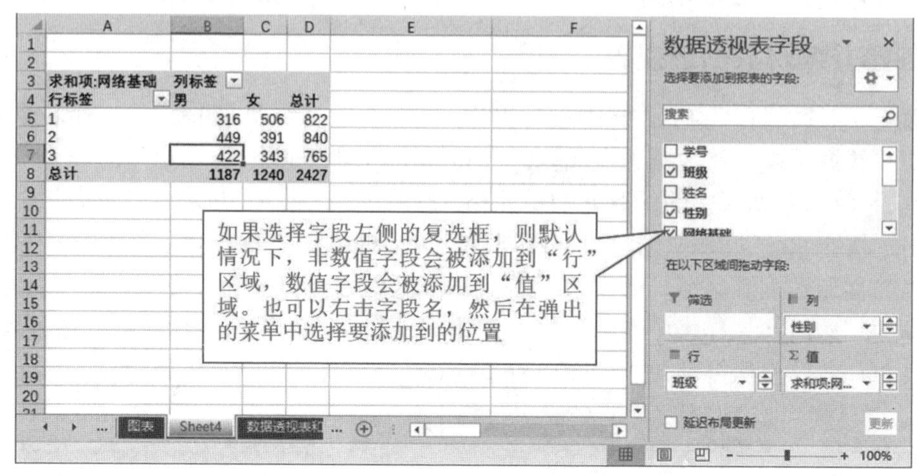


图 4-88 数据透视表字段

步骤 5：更改计算类型。单击“求和项：网络基础”字段，在弹出的快捷菜单中选择“值字段设置”选项，打开“值字段设置”对话框，将汇总方式改为“平均值”，单击“确定”按钮，即可看到数据透视表中的汇总方式已改变，如图 4-89 所示。

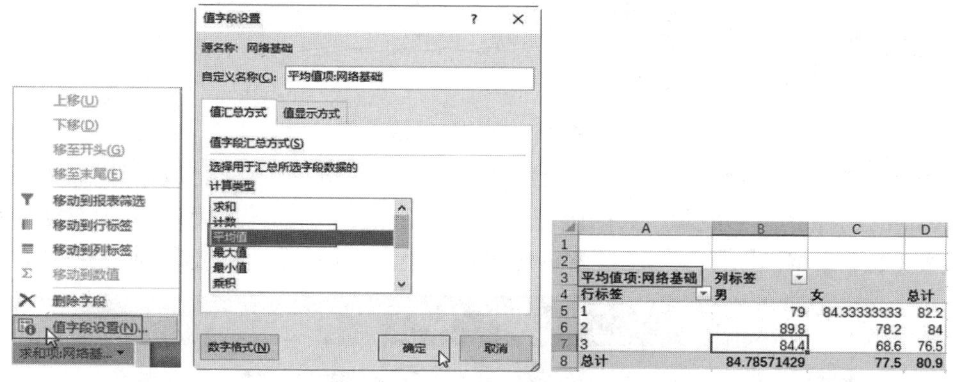


图 4-89 数据透视表值字段设置

步骤 6：除了更改计算类型外，用户还可以根据需要随时调整字段布局区域的字段对工作表中的数据进行更多的分析。例如，向各字段区域添加或删除字段，将行列字段互换等。

步骤 7：若要查看指定班级的汇总数据，可单击“行标签”右侧的筛选按钮，在展开的列表中取消“全选”复选框的选中，然后选择要查看的班级，如 1 班和 2 班，单击“确定”按钮，如图 4-90 所示。利用“列标签”筛选按钮，可查看指定性别的汇总数据，如图 4-91 所示。

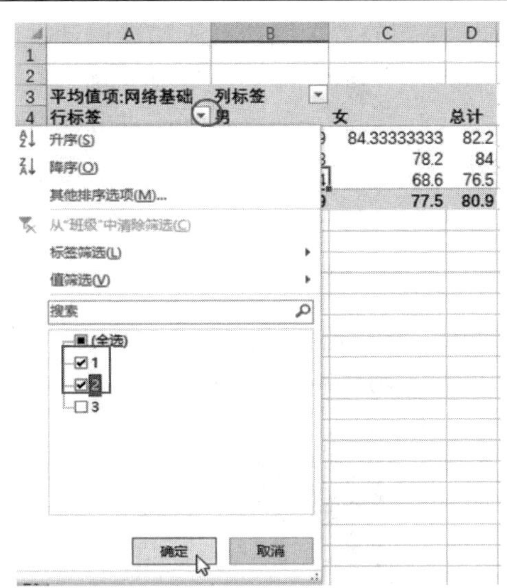

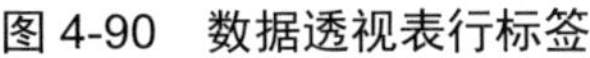

图 4-90　数据透视表行标签

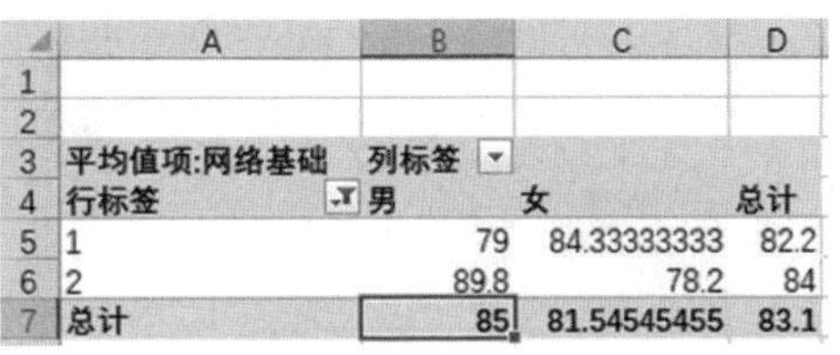

| | A | B | C | D |
|---|---|---|---|---|
| 1 | | | | |
| 2 | | | | |
| 3 | 平均值项:网络基础 | 列标签 | | |
| 4 | 行标签 | 男 | 女 | 总计 |
| 5 | 1 | 79 | 84.33333333 | 82.2 |
| 6 | 2 | 89.8 | 78.2 | 84 |
| 7 | 总计 | 85 | 81.54545455 | 83.1 |

图 4-91　列标签筛选效果

## 2. 创建并编辑数据透视图

创建数据透视图的方法与创建数据透视表类似。例如，要创建按班级查看各课程成绩的数据透视图，可执行以下操作。

步骤 1：继续在打开的工作簿中进行操作。单击“数据透视表和数据透视图”工作表中的任意单元格，然后单击“插入”选项卡“图表”组中的“数据透视图”按钮，在打开的对话框中确认要创建数据透视图的数据区域和数据透视图的放置位置。这里保持“表 / 区域”编辑框中数据区域的选中，然后选中“现有工作表”单选钮，再在工作表中单击 K2 单元格，如图 4-92 所示。

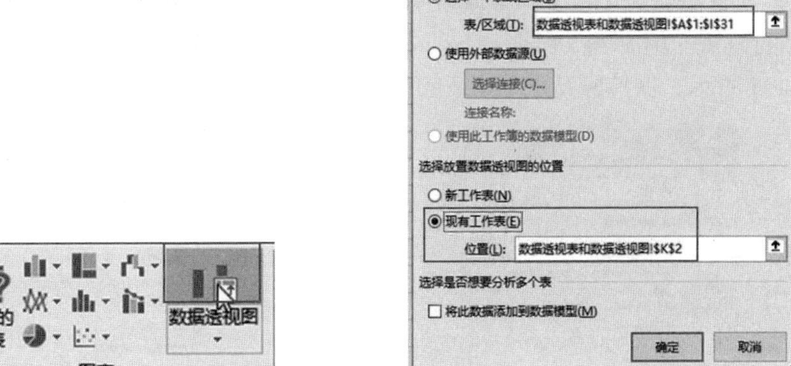

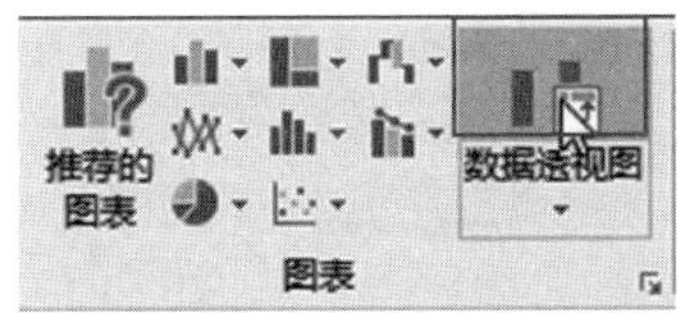


图 4-92　数据透视图设置

步骤 2：单击“确定”按钮，系统自动在选定位置放置数据透视表和数据透视图。接下来在“数据透视表字段列表”窗格布局字段，如将“班级”字段拖曳到“轴（类别）”区域，各课程字段拖曳到“值”区域，然后单击数据透视表或数据透视图外的任意位置，结果如图 4-93 所示。从中可以看到工作表中包括一个数据透视表和一个数据透视图，如图 4-94 所示。

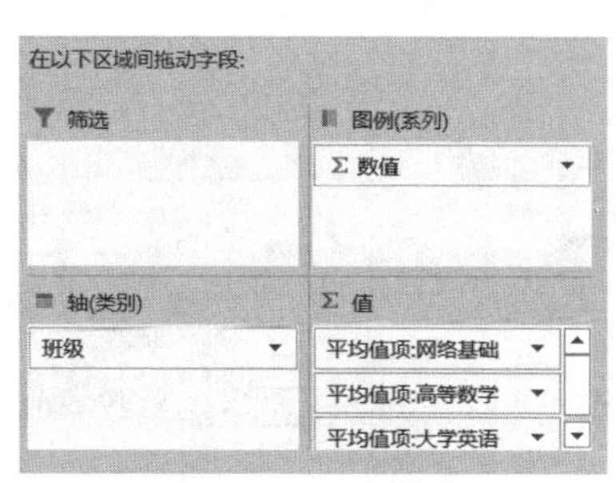


图 4-93　布局字段

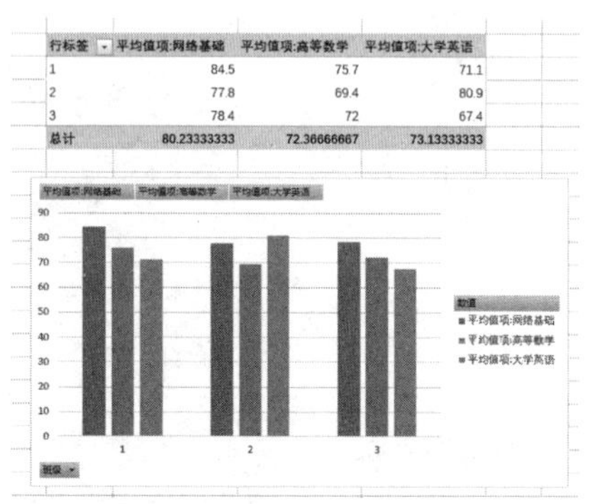


图 4-94　数据透视表和数据透视图效果

步骤 3：单击创建数据透视图后，用户可根据需要利用“数据透视图工具”选项卡中的各子选项卡对数据透视图进行各种编辑操作。如更改图表类型、设置图表布局、套用图表样式、添加图表和坐标轴标题、对图表进行格式化等的操作方法与编辑图表类似，此处不再赘述。

## 4.4.3　设置工作表页面

工作表的页面设置包括设置打印纸张大小、页边距、打印方向、页眉和页脚、打印区域和打印标题等，用户可以根据需要进行设置。

### 1. 设置纸张大小、打印方向和页边距

步骤 1：继续在打开的工作簿中进行操作。单击“数据透视表和数据透视图”工作表标签，切换到该工作表。

步骤 2：设置纸张大小（即设置将工作表打印到什么规格的纸上）。单击“页面布局”选项卡“页面设置”组中的“纸张大小”按钮，在展开的下拉列表中选择某种规格的纸张，如图 4-95 所示。保持默认的 A4 纸的选中。

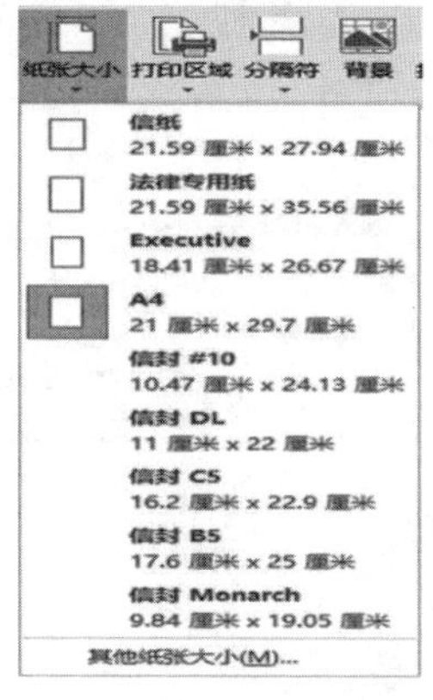


图 4-95　纸张大小设置

图 4-96　页面设置对话框

步骤 3：若列表中的选项不能满足需要，可选择列表底部的“其他纸张大小”选项，打开“页面设置”对话框并显示“页面”选项卡，在该选项卡的“纸张大小”下拉列表中提供了更多的选项供用户选择，如图 4-96 所示。

步骤 4：设置纸张方向。默认情况下，工作表的打印方向为“纵向”，用户可以根据需要改变打印方向。为此，可单击“页面布局”选项卡“页面设置”组中的“纸张方向”按钮，在展开的下拉列表中进行选择，如图 4-97 所示（或在“页面设置”对话框“页面”选项卡的“方向”设置区中进行选择）。

步骤 5：设置页边距。页边距是指页面上打印区域之外的空白区域。要设置页边距，可单击“页面布局”选项卡“页面设置”组中的“页边距”按钮，在展开的下拉列表中选择“常规”“宽”或“窄”样式，如图 4-98 所示。

步骤 6：若列表中没有合适的样式，可选择列表底部的“自定义页边距”选项，打开“页面设置”对话框并显示“页边距”选项卡，然后在其中的上、下、左、右页边距中直接输入数值，或单击微调按钮进行调整，居中方式设为“垂直”和“水平”，如图 4-99 所示。

图 4-97　纸张方向设置

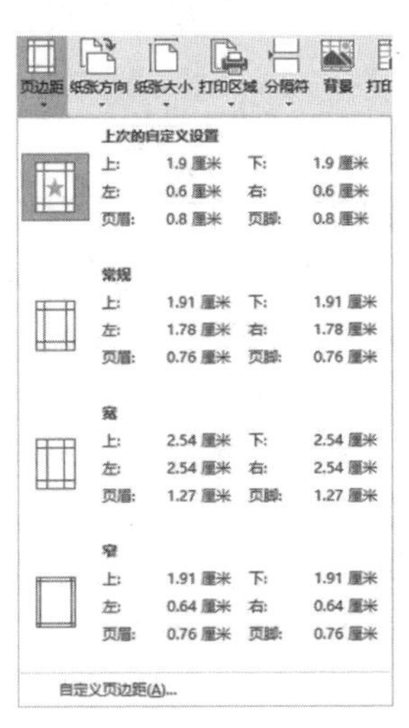


图 4-98　页边距设置

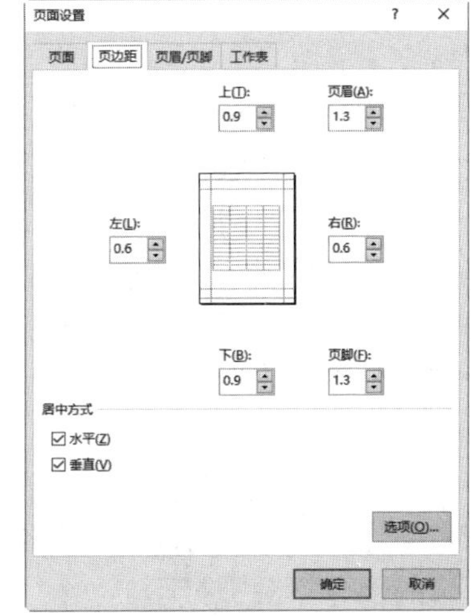


图 4-99　页面设置对话框设置页边距

## 2. 设置页眉和页脚

页眉和页脚分别位于打印页的顶端和底端，通常用来打印表格名称、页号、作者名称或时间等。如果工作表有多页，为其设置页眉和页脚可方便用户查看。用户可为工作表添加系统预定义的页眉或页脚，也可以添加自定义的页眉或页脚。

要为工作表设置页眉和页脚，操作步骤如下。

步骤 1：打开“页面设置”对话框的“页眉 / 页脚”选项卡，在“页眉”下拉列表中可选择系统自带的页眉。这里单击“自定义页眉”按钮，打开“页眉”对话框，在“中”编辑框（表示插入的页眉的位置）输入页眉文本“数据透视表和数据透视图”，如图 4-100 所示。单击“确定”按钮返回“页面设置”对话框，可看到设置的页眉。

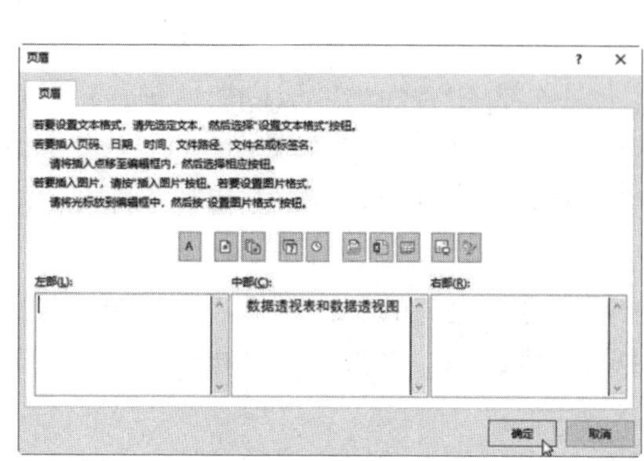


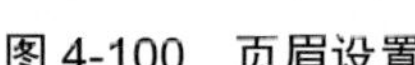

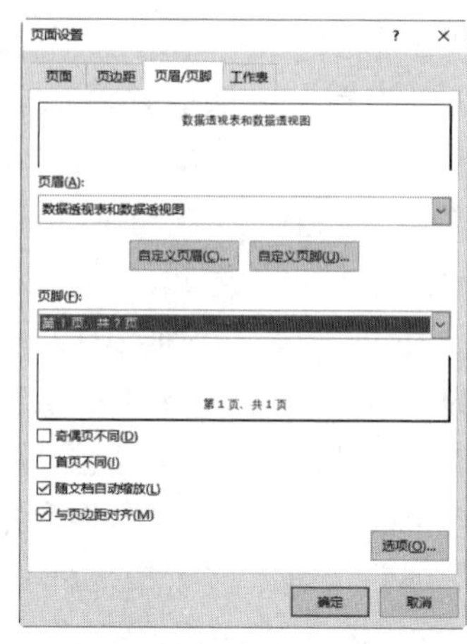


图 4-100　页眉设置　　　　图 4-101　页面设置对话框设置页眉和页脚

步骤 2：在“页眉 / 页脚”选项卡的“页脚”下拉列表中可选择系统自带的页脚，如选择“第 1 页，共？页”选项，如图 4-101 所示。单击“确定”按钮，即可为工作表添加页眉和页脚。

### 3. 设置打印区域和打印标题

默认情况下，Excel 会自动选择有文字的最大行和列作为打印区域。如果只需要打印工作表的部分数据，可以为工作表设置打印区域，仅将需要的部分打印。此外，如果工作表有多页，正常情况下，只有第一页能打印出标题行或标题列，为方便查看后面的打印稿件，通常需要为工作表的每页都加上标题行或标题列。

步骤 1：继续在打开的工作表中进行操作。选中要打印的单元格区域，此处选择 A1:R32 单元格区域。

步骤 2：单击“页面布局”选项卡“页面设置”组中的“打印区域”按钮，在展开的下拉列表中选择“设置打印区域”选项，如图 4-102 所示。此时所选区域四周出现虚线框，未被框选的部分不会被打印。

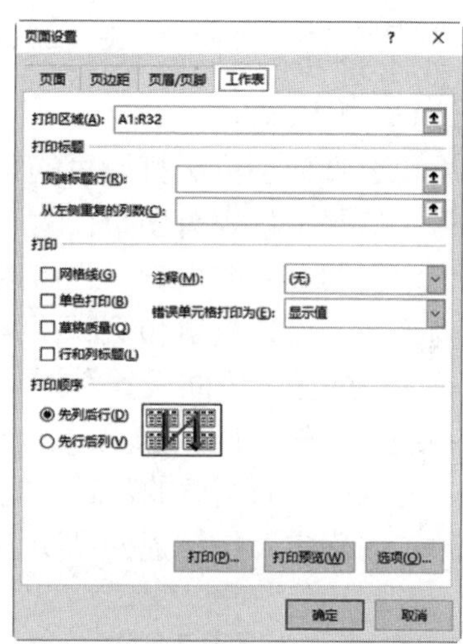


图 4-102　设置打印区域　　　　图 4-103　页面设置对话框设置打印区域和打印标题

步骤 3: 设置打印标题。单击“页面布局”选项卡“页面设置”组中的“打印标题”按钮，打开“页面设置”对话框并显示“工作表”选项卡，如图 4-103 所示。在“顶端标题行”或“从左侧重复的列数”编辑框中单击，然后在工作表中选中要作为标题的行或列，最后确定即可。

## 4.4.4　预览和打印工作表

设置好工作表的页面和打印选项后，就可以将工作表按要求打印出来，为此可执行以下操作。

步骤 1：**设置字体格式**。在选择“文件”界面中的“打印”选项，可以在其右侧的窗格中查看打印前的实际打印效果，如图 4-104 所示。从中可看到设置的页眉和页脚及在每页打印标题等。

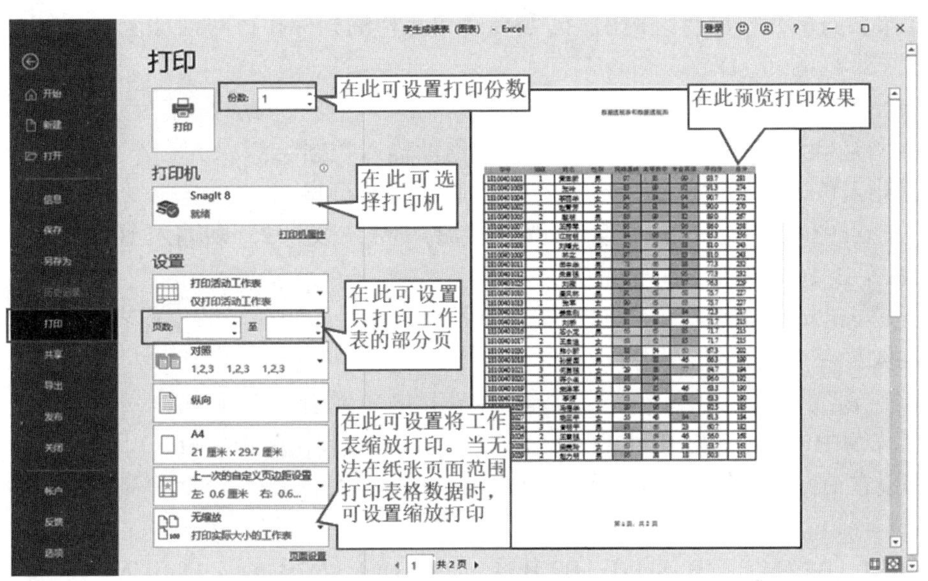


图 4-104　打印预览

步骤 2：单击右侧窗格左下角的“上一页”按钮 和“下一页”按钮，可查看上一页或下一页的预览效果。

步骤 3：若对预览效果满意，在“份数”编辑框中输入打印份数，在“页数……至……”编辑框中打印的页面范围，然后单击“打印”按钮，即可按设置打印工作表。

# 本章习题

## 一、单选题

1. 启动 Excel 2016 后新建的第一个工作簿，其默认的工作簿名为 (　)。

A. Book1　B. 未命名 1　C. 工作簿 1　D. 文档 1

2. 在 Excel 2016 中，下列关于对工作簿的说法错误的是 (　)。

A. 默认情况下，一个新工作簿包含 1 个工作表

B. 可以根据自己的需要更改新工作簿的工作表数目

C. 可以根据需要删除工作表

D. 工作簿的个数由系统决定

3. 如果要对单元格进行绝对引用，需要在单元格的列标和行号前加上 (　) 符号。

A. $　B. ?　C. !　D. ^

4. 录入数据时，在单元格出现一连串的“######”符号表示 (　)。

A. 需调整单元格的宽度　　B. 需重新输入数据

C. 需删去该单元格　　D. 需删去这些符号

5. 在 Excel 2016 中，如果给某单元格设置的小数位数为 2，则输入 100 时显示 (　)。

A. 100　B. 100.00　C. 1　D. 100.0

6. 在 Excel 2016 可进行非当前工作表单元格的引用，如在当前工作表选定的单元格中输入 Sheet4!B6：B8，则是引用 (　)。

A. B6：B8 单元格　　B. B6 和 B8 单元格

C. 工作薄中的 B6：B8 单元格　　D. 工作表 Sheet4 中的 B6：B8 单元格

7. 假设在 B5 单元格中保存的是一公式为 SUM（B2：B4），将其复制到 D5 单元格后，公式变为 (　)。

A. SUM（B2:D4）　B. SUM（B2:B4）　C. SUM（D2:D4）　D. SUM（C2:C4）

8. 在 Excel 2016 中，公式“=AVERAGE(A1：A4)”等价于下列公式中的 (　)。

A. =(A1+A4) ／ 4　　B. =A1+A2+A3+A4 ／ 4

C. =(A1+A2+A3+A4) ／ 4　　D. =A1+A2+A3+A4

9. 在 Excel 2016 工作表中，假设 A2=7，B2=6.3，选择 A2：B2 区域，并将鼠标指针放在该区域右下角填充句柄上，拖动至 E2，则 E2=(　)。

A. 3.5　B. 4.2　C. 9.1　D. 9.8

10. 在 Excel 2016 工作表中，在某单元格的编辑区输入“(8)”，单元格内将显示 (　)。

A. -8　B. (8)　C. 8　D. +8

11. 在 Excel 2016 工作表中，单击某有数据的单元格，当鼠标为实心四方箭头时，仅拖动鼠标可完成的操作是 (　)。

A. 复制单元格内数据　　B. 删除单元格内数据

C. 移动单元格内数据　　D. 不能完成任何操作

12. 在 Excel 2016 工作表中，使用“高级筛选”命令对数据清单进行筛选时，在条件区不同行中输入两个条件，表示 (　)。

A.“非”的关系　B.“与”的关系　C.“或”的关系　D.“抑或”的关系

13. 在 Excel 2016 工作表中，有以下数值数据，假设 C1 单元格中的公式为“=A1+$B$1”，

然后复制 C1 中的公式到 C3，则 C3 单元格的内容为 (　)。

| | A | B | C |
|---|---|---|---|
| 1 | 8 | 11 | 19 |
| 2 | 11 | 12 | |
| 3 | 13 | 14 | |

A. 22　B. 24　C. 26　D. 28

14. 在 Excel 2016 中，下列关于图表的说法错误的是 (　)。

A. 可以更改图表类型　　B. 可以调整图表大小

C. 不能删除数据系列　　D. 可以更改图表坐标轴的显示

15. 在 Excel 2016 中 , 如果在“筛选”中选定了性别中的“男”, 于是表中显示的全是男性的数据 , 则以下说法正确的是 (　)。

A. 本表中性别为“女”的数据全部丢失

B. 所有性别为“女”的数据暂时隐藏 , 还可恢复

C. 在此基础上不能做进一步的筛选

D. 筛选只对字符型数据起作用

16. 在 Excel 2016 中 , 关于公式“＝ Sheet2! A1 ＋ A2”的表述正确的是 (　)。

A. 将工作表 Sheet2 中 A1 单元格的数据与本表单元格 A2 中的数据相加

B. 将工作表 Sheet2 中 A1 单元格的数据与单元格 A2 中的数据相加

C. 将工作表 Sheet2 中 A1 单元格的数据与工作表 Shee2 中单元格 A2 中的数据相加

D. 将工作表中 A1 单元格的数据与单元格 A2 中的数据相加

## 二、填空题

1. Excel 2016 文档以文件形式存放于磁盘中 , 其文件默认扩展名为______。

2. 在 Excel 2016 工作表中，可以输入的数字类型有两种，即______和______。

3. 在 Excel 2016 工作表中输入公式时，必须以______开始。

4. 在 Excel 2016 工作表的单元格中，作为常量输入的数据可以有数字和文字，常规单元格中的数字______对齐，文字______对齐。

5. 在 Excel 2016 工作表的某个单元格中输入“1/5”, 按回车后显示______。

6. 假设 A4 为文本 19，A5 为数值 0，A6 为数值 10，则 COUNT(A4:A6) 的值为______。

7. 在使用 Excel 2016 时，对数据清单进行分类汇总前，必须对数据进行______操作。

8. 快速复制数据格式，可以使用工具______。

## 三、简答题

1. 简述工作簿、工作表、单元格之间的关系。

2. 对工作表重命名的作用是什么？ 如何重命名工作表？

3. 行高和列宽的调整方法有哪些？怎样设置数据的对齐方式？

4. 工作表中数值型数据的输入有哪些情形？

5. 可对工作表进行的操作有哪些？

6. 相对引用和绝对引用有什么区别？

7. 现有如下的 Excel 表，请回答下面的问题：

| | A | B | C | D | E | F | G | H | I |
|---|---|---|---|---|---|---|---|---|---|
| 1 | | | | | 学生成绩表 | | | | |
| 2 | 科目<br>姓名 | 语文 | 数学 | 英语 | 物理 | 政治 | 总分 | 平均分 | 排名 |
| 3 | 余辉 | 88 | 98 | 98 | 75 | 98 | | | |
| 4 | 陈俊军 | 20 | 40 | 68 | 50 | 52 | | | |
| 5 | 何虹 | 87 | 68 | 78 | 54 | 30 | | | |
| 6 | 罗静 | 98 | 57 | 85 | 62 | 60 | | | |
| 7 | 王小玲 | 98 | 99 | 95 | 99 | 70 | | | |
| 8 | 许丽丽 | 58 | 85 | 99 | 87 | 40 | | | |
| 9 | 李强 | 68 | 90 | 75 | 57 | 60 | | | |
| 10 | 秦勇 | 74 | 95 | 85 | 67 | 70 | | | |
| 11 | 吴文明 | 68 | 99 | 99 | 86 | 99 | | | |
| 12 | 张明 | 51 | 67 | 88 | 68 | 50 | | | |
| 13 | | | | | | | | | |
| 14 | | | | | | | | | |

(1) 请写出 G3 中的公式或函数，以求出语文、数学、英语、物理、政治的分数总和。

(2) 请写出 H3 中的公式或函数，以求出语文、数学、英语、物理、政治的分数平均分。

(3) 请写出 I3 中的公式或函数，求出总分的排名。同时写出从 I3 到 I12 进行填充的操作步骤。

# 本章实训

## 实训 1　工作表操作、数据输入和格式化修饰

### 一、实训目的

1. 工作簿和工作表的基本操作。
2. 各类数据输入。
3. 使用自定义填充实现数据的填充。
4. 表格的格式化修饰。

### 二、实训内容与要求

1. 启动 Excel 2016，利用样本模板新建销售报表，并以“销售报表样本”为文件名保存在自己的文件夹中。

2. 在 Excel 2016 窗口中，新建一个空白工作薄，并以“自定义序列”命名文件保存在文件夹中，并请按照下图，在 Sheet1 工作表中输入相应的数据。

E22　fx

| | A | B | C | D | E | F | G | H |
|---|---|---|---|---|---|---|---|---|
| 1 | | | | | | | | |
| 2 | | | | | 系列一 | 系列二 | 系列三 | |
| 3 | | 1/3 | | | 2 | 周一 | 春 | |
| 4 | | -40 | | | 4 | 周二 | 夏 | |
| 5 | | 49% | | | 6 | 周三 | 秋 | |
| 6 | | 2019-5-4 | | | 8 | 周四 | 冬 | |
| 7 | | ¥1,024.00 | | | 10 | 周五 | 春 | |
| 8 | | 00008 | | | 12 | 周六 | 夏 | |
| 9 | | 362201197603090834 | | | 14 | 周日 | 秋 | |
| 10 | | 20:27:00 | | | 16 | 周一 | 冬 | |
| 11 | | | | | 18 | 周二 | 春 | |
| 12 | | | | | | | | |
| 13 | | | | | | | | |

3. 打开素材文件“液晶市场份额分析 .xlsx”，对其进行如下操作，完成后效果如下图

所示。

(1) 设置工作表行、列，设置第 1 行的行高为 20，第 1 列的列宽为 25，删除表格中的空行。其他行高和列宽适当调整。

将“液晶市场销售总额”一行移到表格最下一行，将“2017”与“2018”两列对调。

(2) 设置单元格格式。

标题格式：字体：隶书，字号：20，粗体，合并后居中。

表头行格式：字体：黑体，居中。

表格中的数据单元格区域（最后一行除外）设置为百分比格式，保留两位小数，右对齐。

表格最后一行的数据单元设置为会计专用格式；底纹：黄色，字体颜色：红色。

(3) 设置表格边框线。

按下列图片样文为表格设置相应的边框格式。

| B | C | D |
|---|---|---|
| 液晶市场份额分析 | | |
| | 2018 | 2017 |
| 微机、工作站 | 61.30% | 65.20% |
| 娱乐设备 | 5.60% | 10.00% |
| 视听设备 | 6.30% | 9.60% |
| 便携式信息工具 | 10.00% | 0.30% |
| 汽车导向系统 | 9.70% | 1.40% |
| 其他 | 7.10% | 13.00% |
| 液晶市场销售总额 | ¥ 10,000.00 | ¥ 4,100.00 |

(4) 定义单元格名称。

将“2017”一列下的“65.20%”单元格名称定义为“主要市场”。

(5) 添加批注。

为“液晶市场销售总额”单元格添加批注“单位：万元”。

(6) 重命名工作表。

将工作表 Sheet1 工作表重命名为“份额分析”。

(7) 复制工作表。

将“份额分析”表复制到 Sheet2 表中。

(8) 完成以上操作把文件另存在 E 盘下，文件以学号 + 自己的名字 +3 命名。

# 实训 2　格式化工作表及简单函数应用

## 一、实训目的

掌握格式化工作表及简单函数的应用。

## 二、实训内容与要求

1. 数据输入

(1) 启动 Excel 2016 窗口，新建一个空白工作薄，在 Sheet1 工作表中输入如下图所示的基本数据内容。

(2) 将全部数据复制一份至 Sheet2 工作表中。并将 Sheet1、Sheet2 工作表分别重命名为“源数据”和“格式化数据”。

| | A | B | C | D |
|---|---|---|---|---|
| 1 | 一季度个人收支统计表 | | | |
| 2 | | | | |
| 3 | | 每月净收入 | | 3475 |
| 4 | | | | |
| 5 | | 一月 | 二月 | 三月 |
| 6 | 房租 | 1000 | 1000 | 1000 |
| 7 | 电话费 | 48.25 | 89.5 | 130.8 |
| 8 | 上网费 | 30 | 30 | 30 |
| 9 | 水电费 | 67.27 | 132.5 | 76 |
| 10 | 煤气费 | 32 | 25 | 43 |
| 11 | 伙食费 | 800 | 850 | 900 |
| 12 | 汽车燃油 | 500 | 400 | 300 |
| 13 | 服装 | 350 | 888 | 0 |
| 14 | 有线电视费 | 27 | 27 | 27 |
| 15 | 其他花费 | 503 | 820 | 480 |

源数据　格式化数据

(3) 将该工作簿以“基本数据 .xlsx”为名保存到自己的文件夹中。

2. 工作表数据的格式化

单击“格式化数据”工作表标签，切换到该工作表，按要求将该工作表格式化如下图所示的样子，保存更改后的“基本数据 .xlsx”工作簿。

| | A | B | C | D | E | F |
|---|---|---|---|---|---|---|
| 1 | 一季度个人收支统计表 | | | | | |
| 2 | | | | | | |
| 3 | | | 月收入 | → | ￥3,475.0 | |
| 4 | | | | | | |
| 5 | | | 一月 | 二月 | 三月 | |
| 6 | | 房租 | 1000.0 | 1000.0 | 1000.0 | |
| 7 | | 电话费 | 48.3 | 89.5 | 130.8 | |
| 8 | | 上网费 | 30.0 | 30.0 | 30.0 | |
| 9 | | 水电费 | 67.3 | 132.5 | 76.0 | |
| 10 | | 煤气费 | 32.0 | 25.0 | 43.0 | |
| 11 | | 有线电视费 | 27.0 | 27.0 | 27.0 | |
| 12 | | | | | | |
| 13 | | 伙食费 | 800.0 | 850.0 | 900.0 | |
| 14 | | 汽车燃油 | 500.0 | 400.0 | 300.0 | |
| 15 | | 服装 | 350.0 | 888.0 | 0.0 | |
| 16 | | | | | | |
| 17 | | 其他花费 | ￥503.0 | ￥820.0 | ￥480.0 | |

源数据　格式化数据

(1) 在“格式化数据”工作表第 1 列左侧插入一列。

(2) 在“格式化数据”工作表中的第 10 行（煤气费行）后插入两行。

(3) 将有线电视费所在行的数据移到“格式化数据”工作表的第 11 行。

(4) 利用绘图工具绘制 D3 单元格中的指示线。

(5) 利用 Ctrl 键选取工作表中的所有文字数据，并设置为幼圆字体，字号为 12，加粗，对标题“一季度个人收支统计表”进行合并后居中，并设置单元格样式为强调文字，将字号改为 18、加粗字形。

(6) 将表格行标题 C5:E5 设置为斜体字形、居中对齐方式。

(7) 对表格区域的数字型数据采用垂直居中对齐、保留小数 1 位。

(8) 对 E3、C17:E17 数据区域采用货币样式。

(9) 对 A3:B5，C4:E4，F3:F5 的单元格区域设置对应的图案样式。

(10) 对 A6:A16，B12:E12，B16:E16，F6:F16 的单元格区域设置对应的填充色。

(11) 对 B6:E11 的单元格区域设置红色的粗外边框，无内边框。

(12) 对 B13:E15 的单元格区域设置粗外边框，内边框为点划线。

(13) 对 C17:E17 的单元格区域设置双线下边框。

(14) 调整 C、D、E 列等宽。

3. 简单公式和函数

(1) 将“格式化数据”工作表的内容复制到 Sheet3 中，并改名为“个人收支情况表”，在下方加入“每月支出”及“节余”两栏，右侧加入“季度总和”一栏。

(2) 利用简单的 SUM 函数计算出各项季度总和。

(3) 编辑简单公式计算各月的总支出。

(4) 编辑简单公式填写各月节余。

(5) 利用条件格式命令，将节余项为负数的单元格数据设置为突出显示，浅红色填充深红色文本。

| | A | B | C | D | E | F | G |
|---|---|---|---|---|---|---|---|
| 1 | | 一季度个人收支统计表 | | | | | |
| 2 | | | | | | | |
| 3 | | | 月收入 ——→ | | ￥3,475.0 | | |
| 4 | | | | | | | |
| 5 | | | 一月 | 二月 | 三月 | 季度总和 | |
| 6 | | 房租 | 1000.0 | 1000.0 | 1000.0 | | |
| 7 | | 电话费 | 48.3 | 89.5 | 130.8 | | |
| 8 | | 上网费 | 30.0 | 30.0 | 30.0 | | |
| 9 | | 水电费 | 67.3 | 132.5 | 76.0 | | |
| 10 | | 煤气费 | 32.0 | 25.0 | 43.0 | | |
| 11 | | 有线电视费 | 27.0 | 27.0 | 27.0 | | |
| 12 | | | | | | | |
| 13 | | 伙食费 | 800.0 | 850.0 | 900.0 | | |
| 14 | | 汽车燃油 | 500.0 | 400.0 | 300.0 | | |
| 15 | | 服装 | 350.0 | 888.0 | 0.0 | | |
| 16 | | | | | | | |
| 17 | | 其他花费 | ￥503.0 | ￥820.0 | ￥480.0 | | |
| 18 | | | | | | | |
| 19 | | 每月支出 | | | | | |
| 20 | | 节余 | | | | | |

个人收支情况表　销售表

(6) 插入一张新工作表输入如下图所示的基本数据，并将该工作表改名为“销售表”。

(7) 使用简单函数计算出每位员工的全年销售总额。

(8) 使用条件函数填写奖金。

说明：如果全年销售额大于或等于基本销售额的每人给 3 万元的奖金，否则奖金为 0。

(9) 使用函数和公式计算销售表工作表中的各项数值。正确填写出人平均销售额、总计、最高销售额、最低销售额、完成任务人数、销售总人数及实际销售人数。

说明：如果销售人员对应季度的销售数为空白则表示该销售人员当季度不在岗，不参加任何的统计。

| | A | B | C | D | E | F | G | H | I |
|---|---|---|---|---|---|---|---|---|---|
| 1 | | 虚构药公司员工销售表 | | | | | | | |
| 2 | | | | | | | | | |
| 3 | | 基本销额（全年） | | | | 80 | | 单位： | （万元） |
| 4 | | | | | | | | | |
| 5 | | 姓名 | 一季度 | 二季度 | 三季度 | 四季度 | 全年销售总额 | 奖金 | |
| 6 | | 王一民 | 28 | 30 | 23 | 49 | | | |
| 7 | | 韩巧丽 | 20 | 12 | 20 | 40 | | | |
| 8 | | 杨栩 | | 10 | 18 | 25 | | | |
| 9 | | 瞿 金 | 15 | 22 | 25 | 35 | | | |
| 10 | | 李云 | 16 | | 25 | 38 | | | |
| 11 | | 冯俊 | 18 | 10 | 21 | 31 | | | |
| 12 | | 张明明 | 15 | 20 | 9 | 28 | | | |
| 13 | | | | | | | | | |
| 14 | | 人平均销售额 | | | | | | | |
| 15 | | 总计 | | | | | | | |
| 16 | | 最高销售额 | | | | | | | |
| 17 | | 最低销售额 | | | | | | | |
| 18 | | 完成任务人数 | | | | | | | |
| 19 | | 销售总人数 | | | | | | | |
| 20 | | 实际销售人数 | | | | | | | |

个人收支情况表　销售表　sheet3

# 实训 3　函数的应用

## 一、实训目的

1. 掌握在 Excel 2016 中函数的使用方法。
2. 使用求和、求平均数、名次排名等常用的简单函数。
3. 使用 IF 嵌套的复杂函数。

## 二、实训内容与要求

1. 在 Excel 中录入下列表格

三峡教育第10届商务文秘班毕业会考成绩单

| 科目/分数/姓名 | 社交口才 | 电子商务 | 企业管理 | 专业秘书 | 商务英语 | 总分 | 平均分 | 名次（总分） | 是否及格 |
|---|---|---|---|---|---|---|---|---|---|
| 黄丽 | 88 | 93 | 90 | 71 | 100 | | | | |
| 刘水 | 85 | 90 | 70 | 86 | 89 | | | | |
| 高山 | 96 | 79 | 78 | 93 | 99 | | | | |
| 杜苗 | 98 | 78 | 99 | 90 | 88 | | | | |
| 董礼 | 98 | 88 | 89 | 82 | 89 | | | | |
| 钱程 | 87 | 96 | 98 | 70 | 78 | | | | |
| 胡来 | 59 | 86 | 65 | 83 | 57 | | | | |
| 陈乘 | 66 | 79 | 82 | 66 | 66 | | | | |
| 谢天 | 96 | 62 | 89 | 92 | 78 | | | | |
| 王记 | 96 | 80 | 73 | 88 | 100 | | | | |
| 刘德华 | 74 | 61 | 59 | 43 | 88 | | | | |
| 张学友 | 69 | 56 | 76 | 57 | 87 | | | | |
| 成龙 | 88 | 72 | 83 | 80 | 98 | | | | |
| 韩红 | 94 | 63 | 75 | 57 | 78 | | | | |

按要求操作:

(1) 利用条件格式的方法，把大于 90 分的改成红色加下划线（如上图的效果）。

(2) 利用函数计算表中的“总分”值。

(3) 利用函数计算表中的“平均分”值。

(4) 利用函数 rank 算出名次排名。

(5) 利用函数 IF，把“电子商务”这门课，小于 60 分的，在“是否及格”这一列中，置为“否”，否则为“是”。

2. 在 Excel 中录入下列表格

人事信息

| 姓名 | 身份证号 | 出生年月 | 年龄 | 入司时间 | 工龄 | 奖金 |
|---|---|---|---|---|---|---|
| 张三 | 413024198907270761 | | | 2010/2/3 | | |
| 李四 | 371326198707081615 | | | 2009/2/8 | | |
| 赵二 | 511321198601020557 | | | 2014/6/6 | | |
| 王兵 | 511303198412295896 | | | 2014/12/6 | | |
| 李虹 | 411022198312067085 | | | 2014/11/6 | | |
| 袁军 | 413024198405270731 | | | 2014/1/16 | | |
| 刘海 | 371326198509081615 | | | 2010/8/19 | | |
| 朱九 | 413024199112270741 | | | 2012/5/7 | | |
| 明号 | 413024198811250731 | | | 2011/9/9 | | |
| 古娜 | 413024199006090721 | | | 2013/6/26 | | |
| 荀小梅 | 371326199005081615 | | | 2014/8/26 | | |
| 梅红 | 371326198804081655 | | | 2014/12/6 | | |

按要求操作:

请计算“出生年月”“年龄”“工龄”“奖金”。

备注:

①“出生年月”用函数 DATE 和 MID 合起来做，DATE 的用法，如下：=DATE("1976","03","09")，则可以显示为：1976/3/9。

②计算年龄和工龄，都是以“2015/11/24”这个日期为基准。计算函数用：DATEDIF，用法：DATEDIF(" 起始时间 "," 基准时间 ","Y")，Y 表示计年数，M 表示计月数，D 表示计日数。

③奖金计算方法为：工龄 1 年以下为：1000 元，2 年以下为 2000 元，3 年以下为 3000 元，4 年以下为 5000 元，4 年以上为 8000 元。

# 实训 4　数据管理与分析

## 一、实训目的

掌握在 Excel 2016 中对数据排序、筛选、分类汇总和合并计算。

## 二、实训内容与要求

打开素材文件“练习 1.xlsx”，进行如下操作。

1. 利用“职员登记表”工作表的数据，以“年龄”为关键字，以递增方式排序。

2. 利用“员工资料表”工作表的数据，第一关键字用“性别”，第二关键字用“学历”，第三关键字为“工龄”，对员工资料表进行多关键字排序。

3. 利用“自动筛选 1”工作表的数据，自动筛选出籍贯为江西的员工，并对这些员工的籍贯填充绿色。

4. 利用“自动筛选 2”工作表的数据，先函数计算出总分。使用自动筛选的功能显示出总分成绩大于 240 的记录。

5. 利用“自动筛选 3”工作表的数据，要求自动筛选出每门课程都在 90 分以上（含 90 分）的学生所有课程成绩。

6. 利用“高级筛选 1”工作表的数据，筛选出男性汉族大专学历的所有员工信息，结果显示在单元格 A30 开始的位置。

7. 利用“高级筛选 2”工作表的数据，筛选工龄在 3 年（含 3 年）以上且“工资”大于 3500 元的记录，并把筛选结果放在以 A16 单元格开始的空白处。

8. 利用“高级筛选 3”工作表的数据，筛选出至少一门功课在 90 分以上的同学信息，显示在以单元格 H10 开始的位置。

9. 利用“分类汇总 1”工作表的数据，以“部门”为分类字段，将“工龄”“工资”进行“平均值”分类汇总。

10. 利用“分类汇总 2”工作表的数据，用“分类汇总”的方法，分别得到男同志和女同志的工资、津贴、奖金最大值。

11. 利用“分类汇总 2”工作表的数据，用“分类汇总”的方法，对各经手人销售的商品数量和金额进行汇总。

12. 利用“合并计算 1”工作表的数据，完成甲和乙两书店销售合计。

13. 利用“合并计算 2”工作表的数据，合并各学校决赛总成绩统计。

# 实训 5　数据分析和页面设置

## 一、实训目的

1. 掌握各类图表的制作。
2. 数据透视表的应用。
3. 页面设置。

## 二、实训内容与要求

打开素材文件“练习 1.xlsx”，进行如下操作。

1. 利用“居民消费指数”工作表的数据，完成柱形图表，并进行图表美化设置，效果如下图。

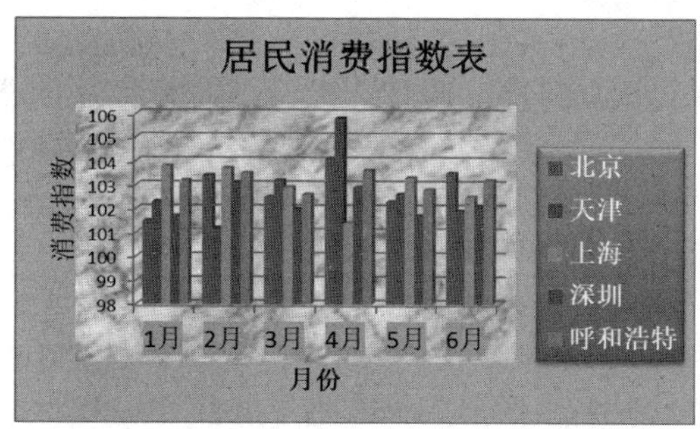


2. 利用“蔬菜价格对比图表”工作表的数据，完成柱形图表，效果如下图。

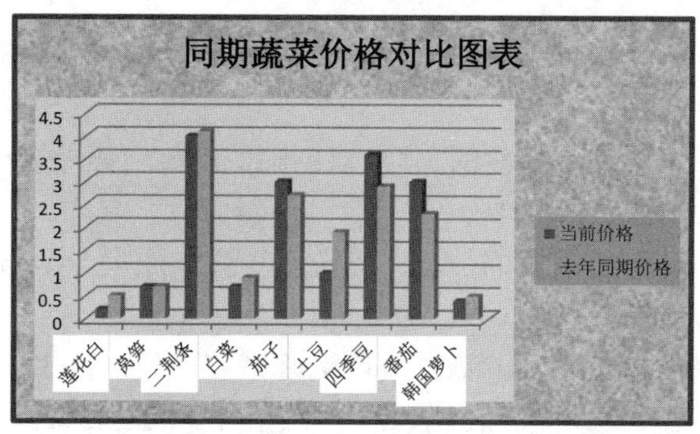


3. 利用“同类子产品成本比较”工作表的数据，完成同类子产品成本比较柱形图表；用三维饼图表现各子产品成绩占总成本的比较图；用复合饼图展现 B 产品的生产成绩，效果如下列图示。

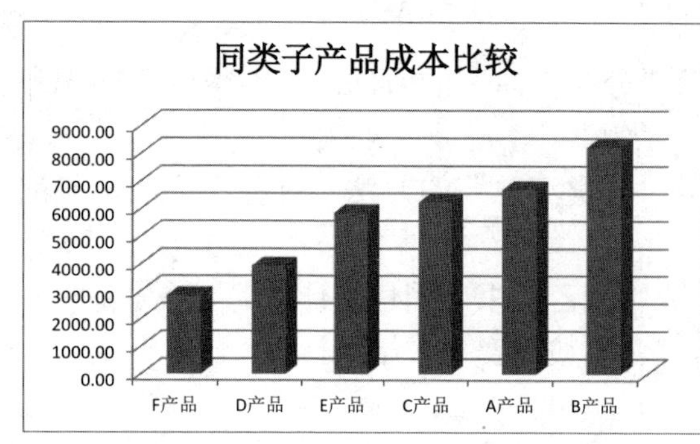


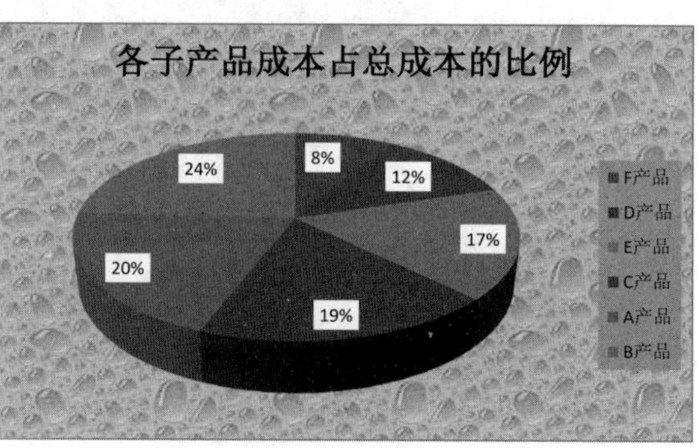

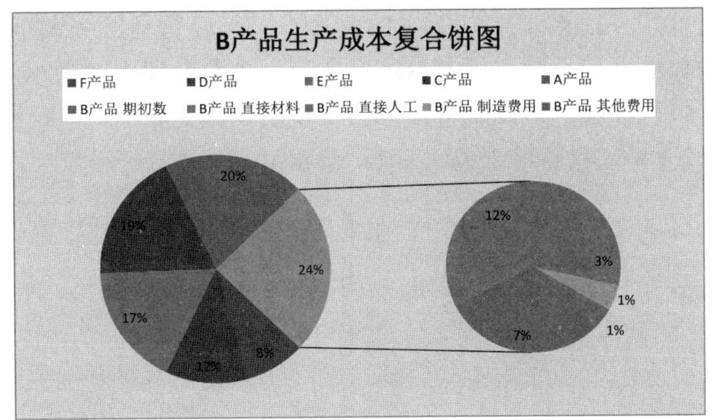


4. 利用“国产空调销售情况表”工作表的数据，将数据透视表创建到现有工作表的单元格 A14 中，将“城市”字段拖曳到“行标签”区域，然后根据需要将若干空调名称字段拖曳到数值区域，效果如下图所示。

国产空调销售情况表

| 城市 | 海尔 | 格力 | 美的 | 志高 | 格兰仕 |
|---|---|---|---|---|---|
| 北京 | 209870 | 103850 | 199870 | 89870 | 103870 |
| 南京 | 195260 | 95260 | 85290 | 145260 | 115260 |
| 重庆 | 342180 | 242880 | 242380 | 202180 | 142150 |
| 洛阳 | 98750 | 198750 | 108750 | 58790 | 190050 |
| 南昌 | 47980 | 47980 | 147680 | 147980 | 132180 |
| 西安 | 189480 | 139480 | 209480 | 289480 | 99680 |
| 上海 | 85640 | 285640 | 189640 | 99640 | 185640 |
| 广州 | 98320 | 108320 | 68320 | 198320 | 101320 |
| 长沙 | 240310 | 98010 | 110310 | 140310 | 90310 |

| 行标签 | 求和项:海尔 | 求和项:格力 |
|---|---|---|
| 北京 | 209870 | 103850 |
| 长沙 | 240310 | 98010 |
| 广州 | 98320 | 108320 |
| 洛阳 | 98750 | 198750 |
| 南昌 | 47980 | 47980 |
| 南京 | 195260 | 95260 |
| 上海 | 85640 | 285640 |
| 西安 | 189480 | 139480 |
| 重庆 | 342180 | 242880 |
| 总计 | 1507790 | 1320170 |

5. 利用“油品销售”工作表的数据，将数据透视表创建到现有工作表的单元格 A11 中，将“油品”字段拖曳到“行标签”区域，筛选不同加油站各种销售油品的总和数量，效果如下图所示。

| 加油站 | 油品名称 | 数量 | 单价 | 金额 | 销售方式 |
|---|---|---|---|---|---|
| 中山路 | 70#汽油 | 68 | ￥2,178.00 | ￥148,104.00 | 零售 |
| 中山路 | 70#汽油 | 105 | ￥2,045.00 | ￥214,725.00 | 批发 |
| 韶山路 | 70#汽油 | 78 | ￥2,067.00 | ￥161,226.00 | 批发 |
| 韶山路 | 70#汽油 | 78 | ￥2,067.00 | ￥161,226.00 | 批发 |
| 中山路 | 90#汽油 | 105 | ￥2,045.00 | ￥214,725.00 | 零售 |
| 韶山路 | 90#汽油 | 100 | ￥2,178.00 | ￥217,800.00 | 零售 |
| 中山路 | 90#汽油 | 68 | ￥2,178.00 | ￥148,104.00 | 批发 |
| 中山路 | 90#汽油 | 105 | ￥2,045.00 | ￥214,725.00 | 批发 |

加油站　中山路

| 求和项:数量 | 销售方式 | | |
|---|---|---|---|
| 油品 | 零售 | 批发 | 总计 |
| 70#汽油 | 68 | 105 | 173 |
| 90#汽油 | 105 | 173 | 278 |
| 总计 | 173 | 278 | 451 |

6. 打开素材文件“外语系学生培训成绩表.xlsx”，设置其纸张大小为A4，纸张方向为纵向，并为其添加页眉和页脚，设置打印标题行，各参数如下图所示，然后在分页预览视图中拖动自动分页符位置，即将所有行平均分布在5页中显示。

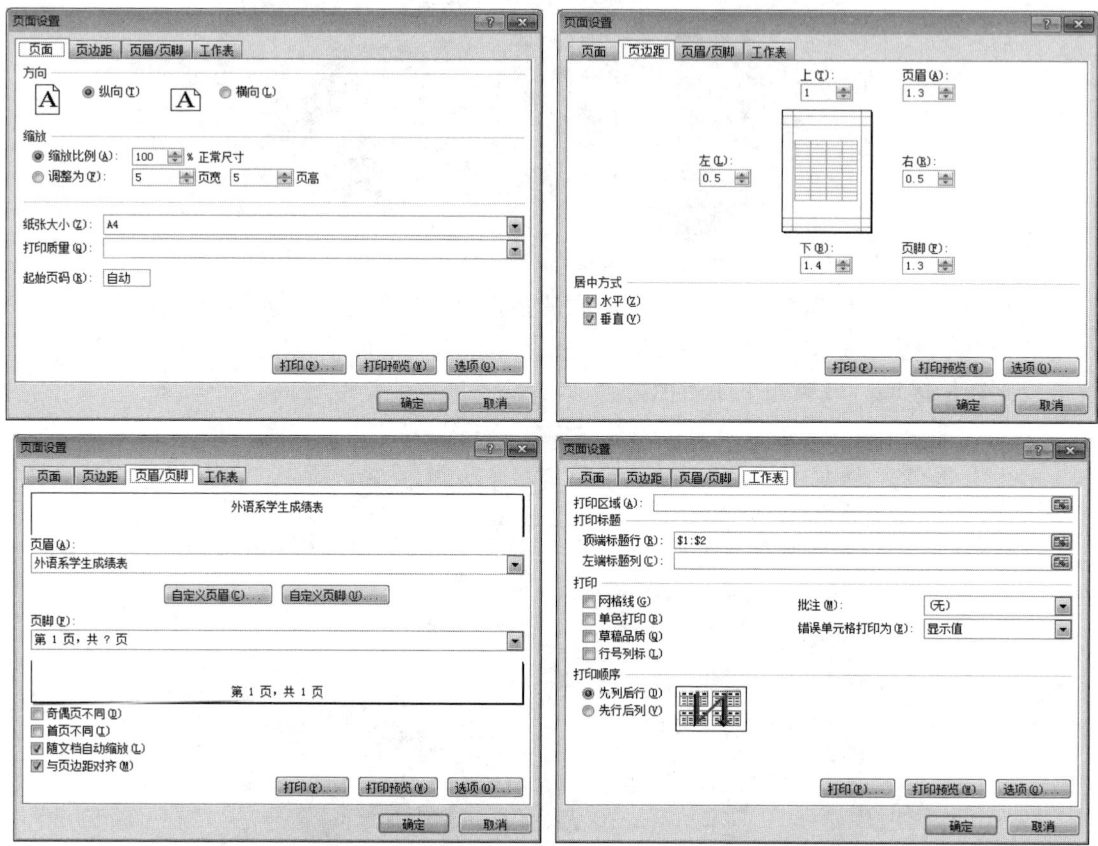

# 第 5 章　演示文稿 PowerPoint 2016

## 学习导读

PowerPoint 和 Word、Excel 应用软件一样，都是 Microsoft 公司推出的 Office 系列产品之一。可以用于各类宣传、业务汇报、公司培训、产品发布等。本章以制作企业宣传介绍和学院宣传介绍演示文稿为例，介绍演示文稿中幻灯片的基本操作。

## 学习目标

- 熟练掌握 PowerPoint 2016 演示文稿的创建方法。
- 熟练掌握 PowerPoint 2016 演示文稿内容的编辑方法。
- 熟练掌握 PowerPoint 2016 设计母版。
- 熟练掌握 PowerPoint 2016 切换动画设置。
- 熟练掌握 PowerPoint 2016 进入动画设置。
- 熟练掌握 PowerPoint 2016 放映幻灯片的设置方法。

## 5.1　演示文稿的基本操作

企业每年都有新员工入职，为更好地向新员工介绍企业，就需要用到企业宣传介绍演示文稿，力图向新员工介绍企业以便大家能够更好地融入企业工作。演示文稿包含了企业简介、企业文化、发展历程和企业愿景。

企业宣传介绍演示文稿制作完成后的效果图如图 5-1 所示。

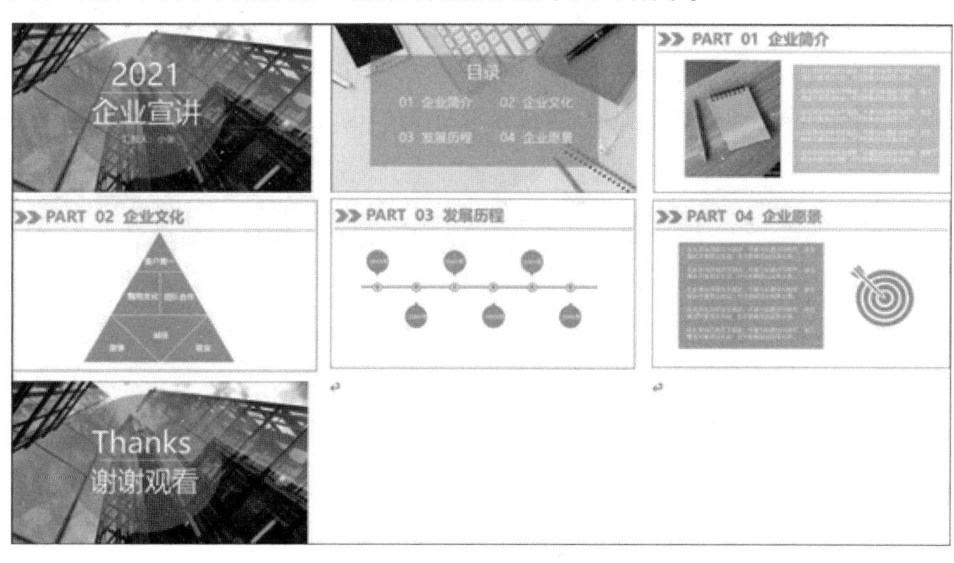


图 5-1　企业宣传介绍效果图

### 5.1.1 创建演示文稿

在制作“企业宣传介绍”演示文稿前，打开 PowerPoint 2016 软件，并准确设置文档的格式。

#### 1. 新建演示文稿

打开 PowerPoint 2016。单击左下角“开始”按钮，在弹出的“开始菜单”中选择“PowerPoint”命令，在打开的对话框中选择“空白演示文稿”即可，如图 5-2 和图 5-3 所示。

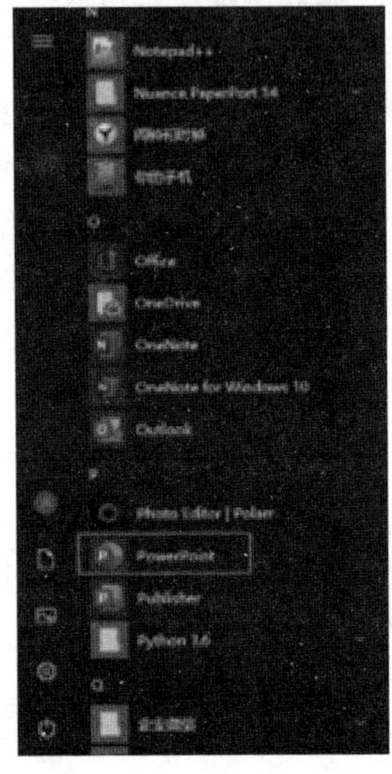


图 5-2　打开 PowerPoint 2016

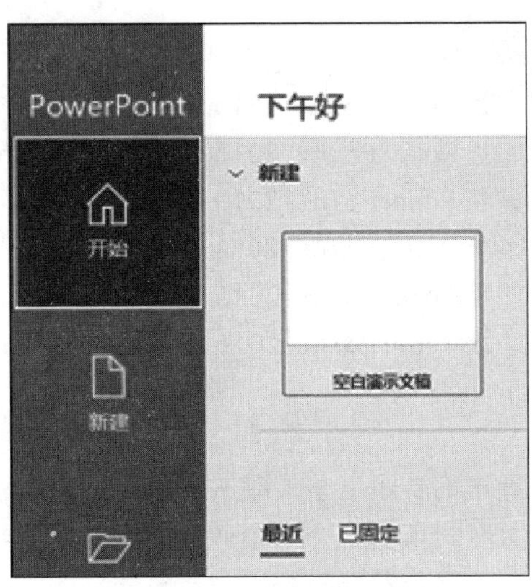


图 5-3　选择空白演示文稿

#### 2. 保存演示文稿

创建新文档后，应该正确保存再进行内容编排，防止内容丢失。

步骤 1：单击“保存”按钮。新建文档后，单击窗口左上方的“保存”按钮 。如图 5-4 所示。

图 5-4　保存

步骤 2：打开“另存为”对话框。选择“另存为”选项；选择“这台电脑”选项；单击“浏览”按钮，如图 5-5 所示。

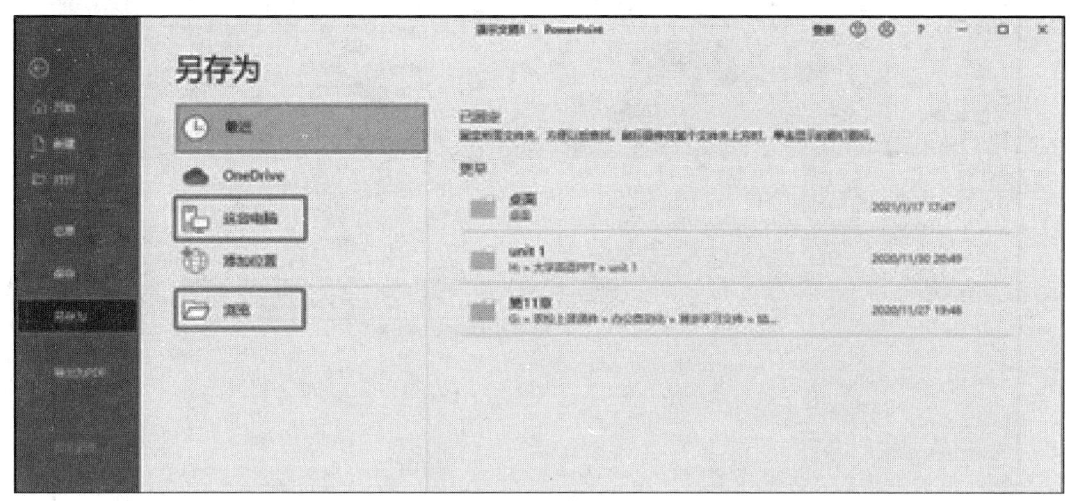


图 5-5　另存为

步骤 3：保存文档。在打开的“另存为”对话框中，选择文稿要保存的路径；同时给文稿命名，单击“保存”按钮，如图 5-6 所示。

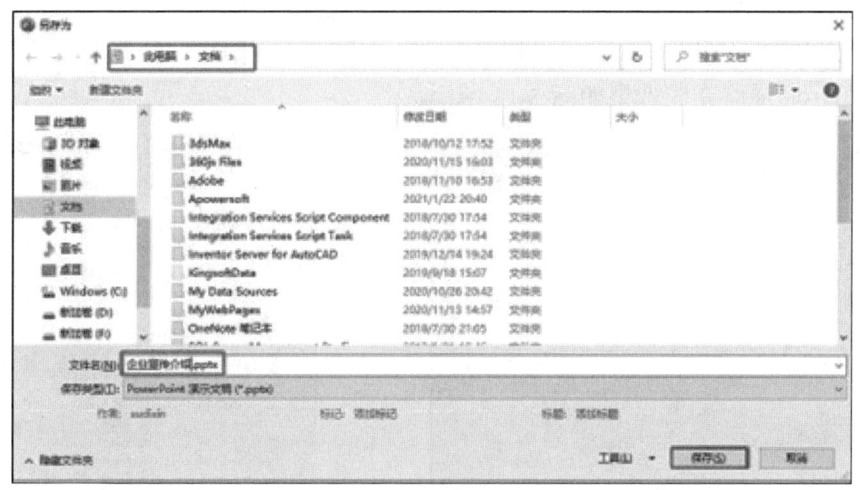


图 5-6　保存文档

## 5.1.2　制作演示文稿的封面和底面

保存好新建的空白演示文稿之后，就可以开始制作演示文稿的封面页与底面了。一起制作是为了统一封面和底面的风格。

### 1. 编辑封面页幻灯片

步骤 1：删除封面页幻灯片中的内容。选中封面页幻灯片的任意内容，按组合键 Ctrl+A，选中所有内容，再按 Delete 键，将这些内容删除，如图 5-7 所示。

图 5-7　删除封面页幻灯片

步骤 2：添加背景图片。在幻灯片空白区域任意位置单击鼠标右键，在打开的选项卡中选择设置背景格式，如图 5-8 所示。在背景格式设置中，先选择图片或纹理填充选项卡，然后选择插入选项，如图 5-9 所示。找到图片存放位置，单击插入即可完成背景图片插入，如图 5-10 所示。最终完成效果如图 5-11 所示。

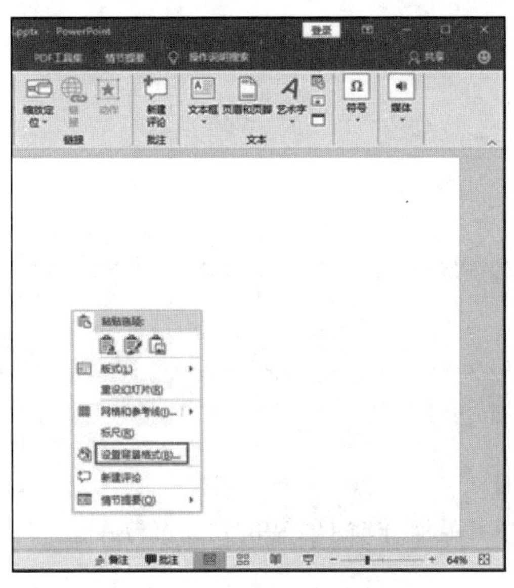


图 5-8　设置背景格式

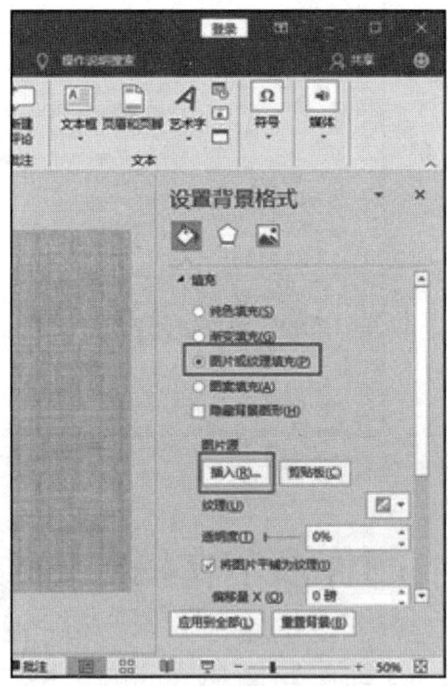


图 5-9　添加背景图片

图 5-10　插入背景图片

图 5-11　背景图片设置完成

步骤 3：在背景图片上面添加半透明色块。在插入选项卡下面，找到形状，选择椭圆形，如图 5-12 所示。在背景图上绘制一个圆形，并且将圆形的填充选择为纯色填充，透明度设置为 50%，线条设置为无线条，如图 5-13 所示。

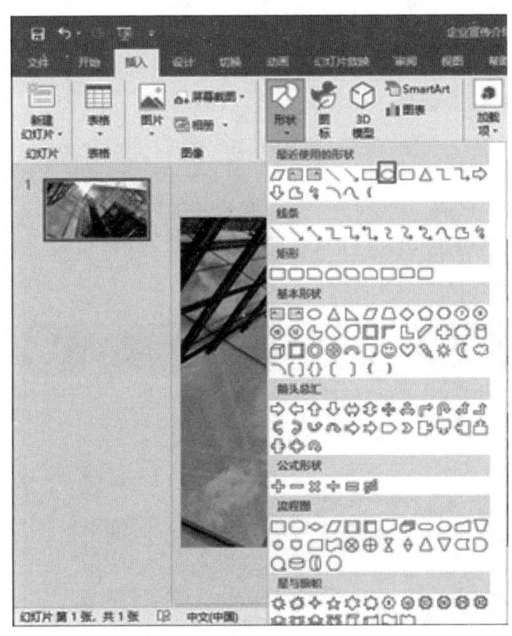

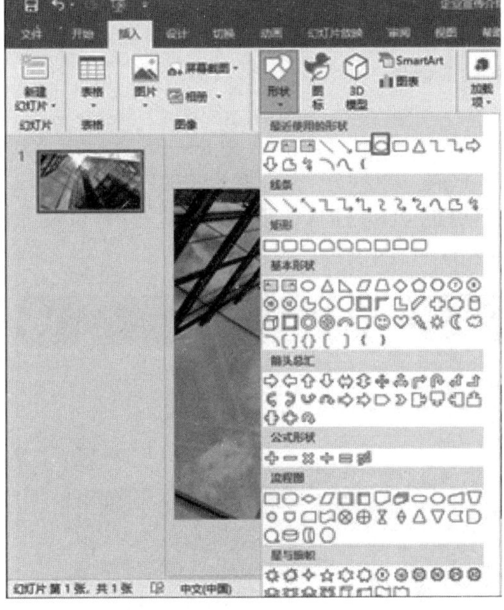


图 5-12　设置背景格式

图 5-13　设置形状格式

步骤 4：在色块上面添加文字。在插入选项卡下面，选择文本框，单击绘制横向文本框。在文本框内输入文字，同时设置文字的颜色为白色，最终效果如图 5-14 所示。

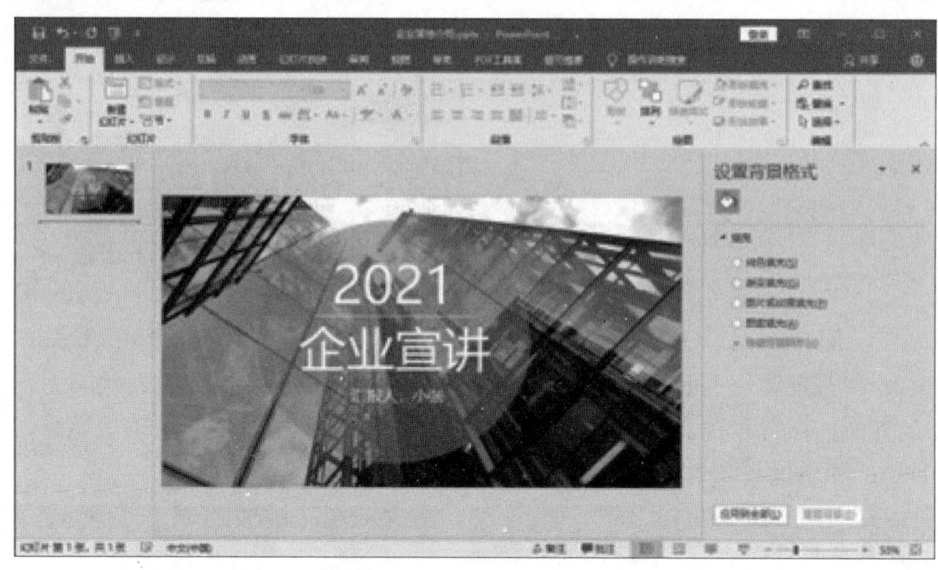


图 5-14　封面页效果

## 2. 编辑封底页幻灯片

幻灯片的封底页和封面页可以使用一样的排版，因为只有文字不同。

复制封面页内容。在幻灯片窗格中，选中封面页幻灯片，按组合键 Ctrl+D 复制一张幻灯片，然后修改其中的文字即可，最终效果如图 5-15 所示。

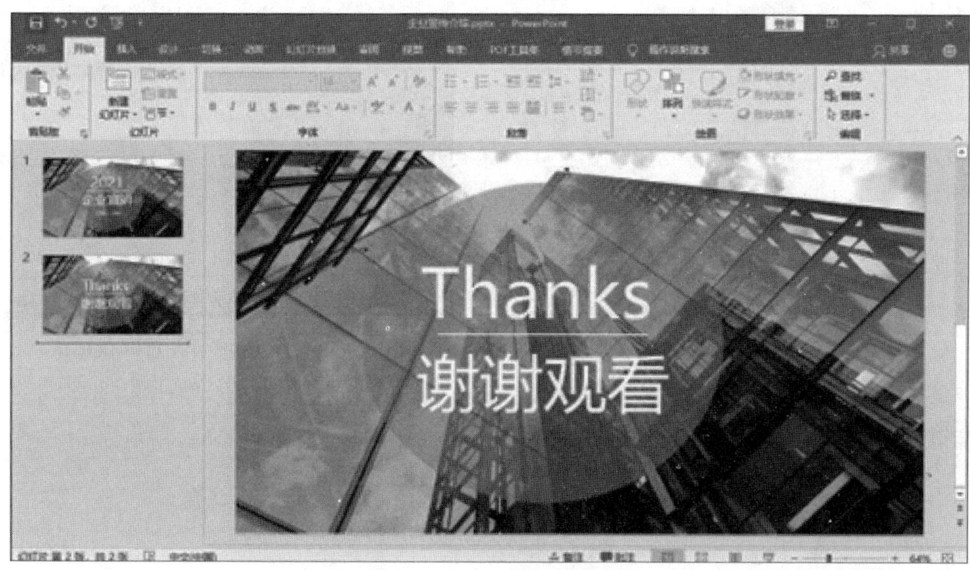


图 5-15　封底页效果

### 5.1.3　制作演示文稿的目录页

完成封面和封底页内容编排后，开始设置编辑目录页。

步骤 1：插入一张新的幻灯片。在幻灯片封面和封底之间，插入一张新的空白幻灯片。如图 5-16 所示。

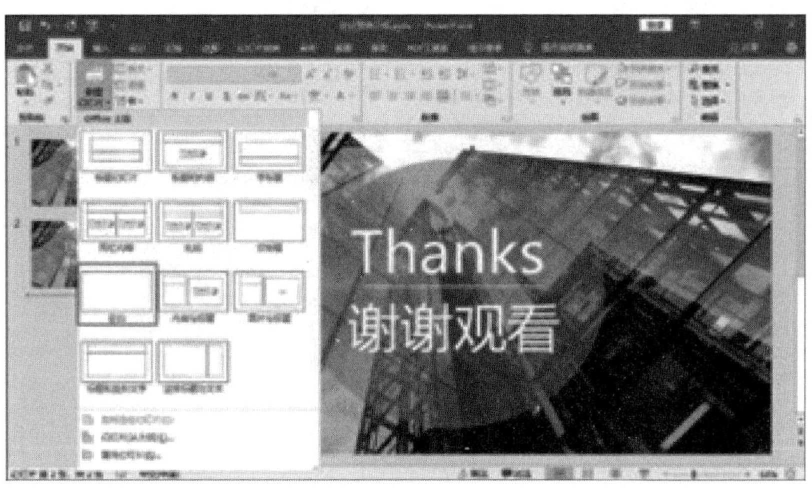


图 5-16　新建幻灯片

步骤 2：添加背景图片。按照封面页添加背景图片的方法，给新建的幻灯片添加背景图，效果如图 5-17 所示。

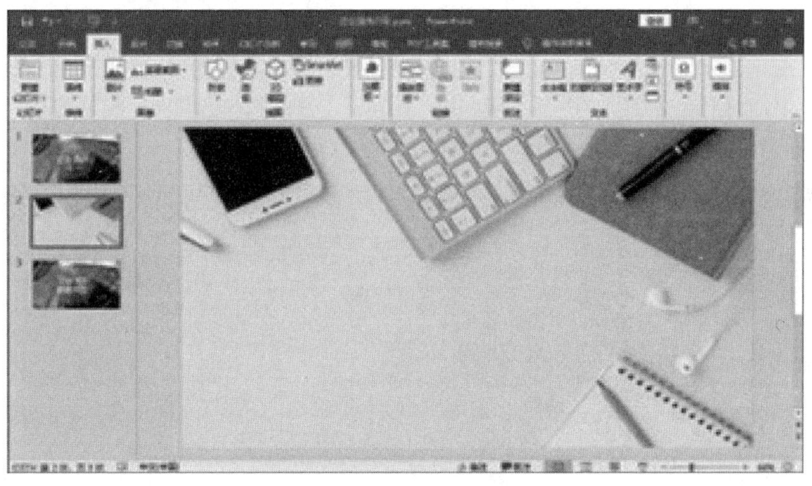

图 5-17　添加目录背景

步骤 3：添加矩形色块。在插入选项卡下面，选择形状选项。在下拉的倒三角下面选择矩形，如图 5-18 所示。在背景图上面绘制矩形形状，且将矩形居于中间位置。更改矩形色块颜色为橙色，透明度设置为 50%，线条选择无。

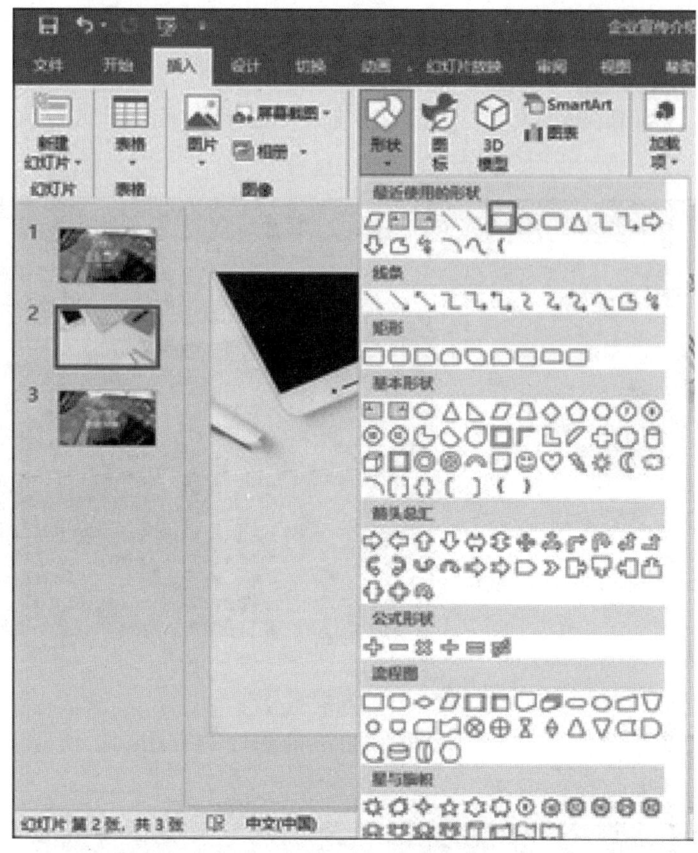

图 5-18　选择矩形

步骤 4：添加目录文字。在插入选项卡下面，选择文本选项框下面的横向文本框。字体采用微软雅黑，颜色为白色。最终效果如图 5-19 所示。

图 5-19　目录页最终效果

## 5.1.4　制作演示文稿的内容页

完成编排目录页幻灯片后，就可以开始编排内容页。内容页是幻灯片中页数占比最多的幻灯片类型，因此一开始可以统一幻灯片中相同的元素，制作成母版，方便后期提高制作效果以及保证幻灯片内容页的统一性。

### 1. 制作内容页母版

母版相当于模板，可以对母版进行设计，设计完成后，在新建幻灯片时，直接使用设计好的母版，就可以添加幻灯片内容，同时运用母版的样式进行设计。

步骤 1：进入母版视图。在视图选项卡下选择母版视图组中的“幻灯片母版”选项，进入母版视图，如图 5-20 所示。

图 5-20　进入母版视图

步骤 2：选择版式。选择任意一个目前没有使用过的幻灯片版式，否则更改版式设计会影响到当下页面中完整的幻灯片，如图 5-21 所示。

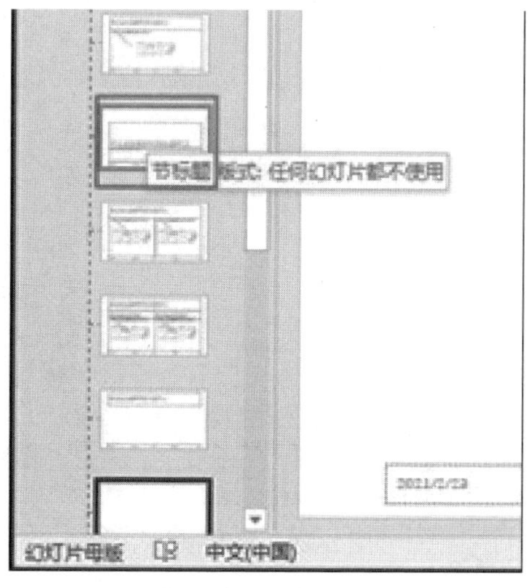


图 5-21　选择版式

步骤 3：删除版式内容。在版式中，按组合键“Ctrl+A”，选中页面中的所有内容元素，再按“Delete”键，删除所有内容。

步骤 4：添加版式内容。在页面中绘制两个箭头，颜色为橙色，透明度设置为 20%，线条选择无。同时选中在幻灯片母版选项卡下“母版版式”组中的“标题”选项，在页面中添加一个标题文本框。设置标题文字格式为橙色，字体为微软雅黑，48 号，如图 5-22 所示。

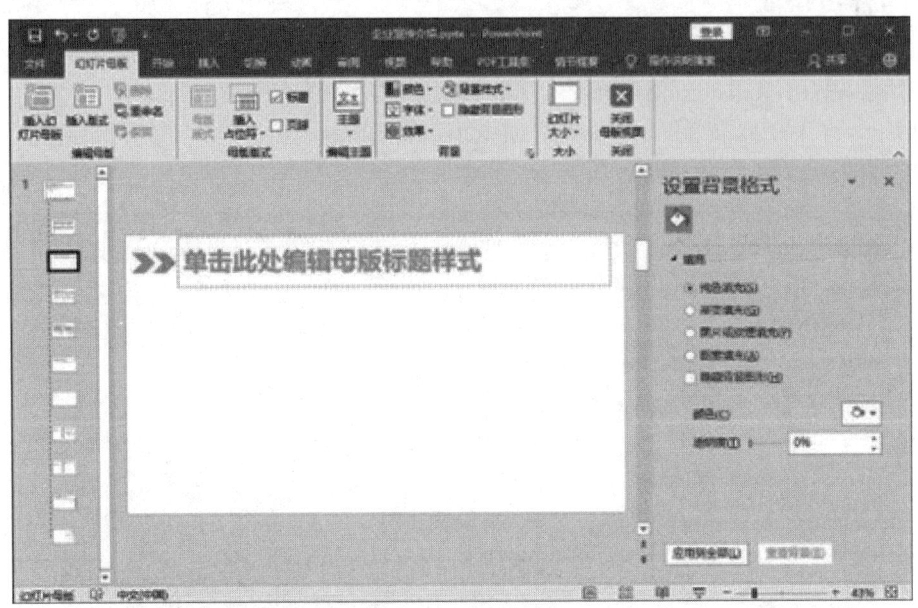


图 5-22　添加版式内容

步骤 5：绘制横线。在箭头和文字下方绘制一根横线，颜色为橙色，透明度为 20%，宽度为 2 磅，如图 5-23 所示。

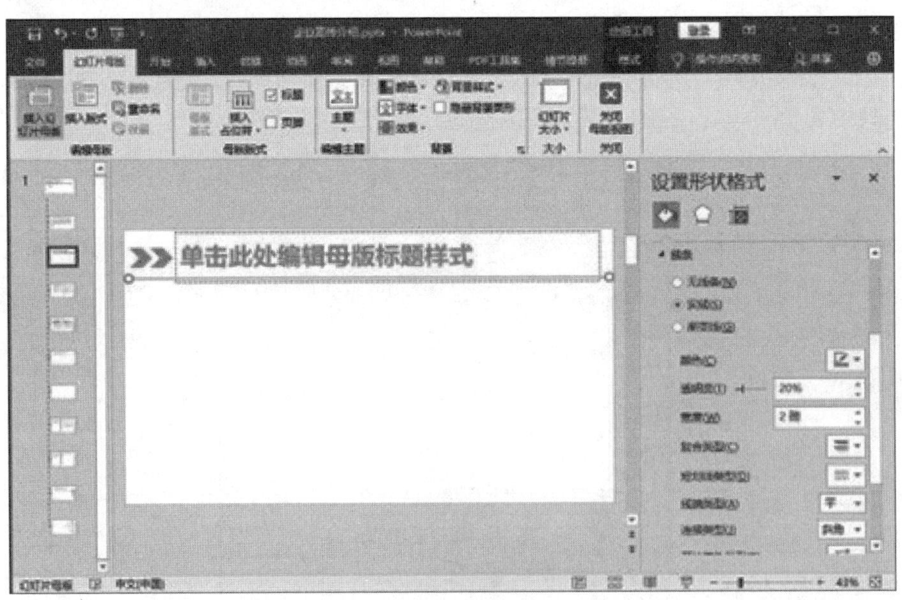


图 5-23　绘制横线

步骤 6：重命名版式。为避免混淆，在这里给版式重命名。右击版式，选择菜单中的

“重命名版式”选项，在打开的“重命名版式”对话框中，设置“版式名称”为“自定义内容页母版”，单击重命名按钮，如图 5-24 和图 5-25 所示。

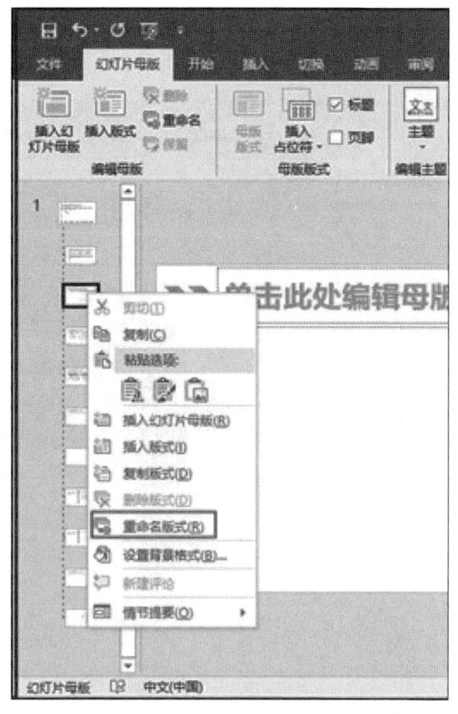

图 5-24　重命名版式

图 5-25　命名为“自定义内容页母版”

步骤 7：退回到“普通”视图。完成母版设置后，单击“视图”选项卡下的“普通”按钮，退回到“普通”视图，如图 5-26 所示。

图 5-26　退回到“普通”视图

## 2. 应用母版制作内容页幻灯片

完成母版版式设计后，可以直接应用设计好的母版新建幻灯片，进行内容的编排。

步骤 1：选择自定义母版新建幻灯片。先选中目录页幻灯片，然后选择“新建幻灯片”菜单下的“自定义内容页母版”版式，新建后效果如图 5-27 所示。

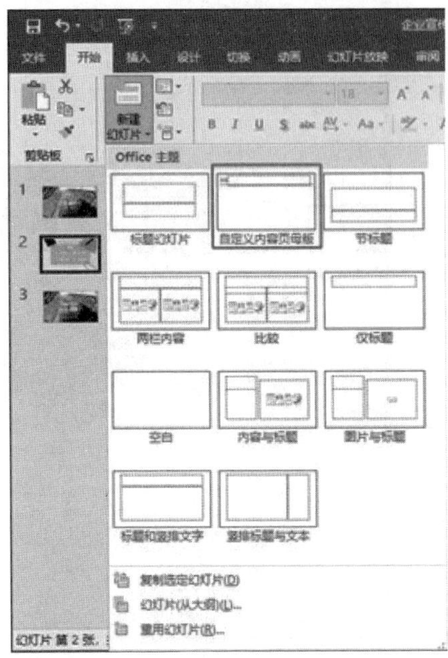


图 5-27　新建母版幻灯片

图 5-28　插入图片输入标题

步骤 2：插入图片输入标题。利用母版新建幻灯片后，页面中自动出现版式中所有设计内容，直接修改标题内容即可。同时在内容页绘制一个矩形，在设置图片格式中，使用图片填充，矩形线条改为无线条，如图 5-28 所示。

步骤 3：添加文本框。先绘制一个矩形色块，利用取色器修改矩形颜色与标题一致。之后在插入选项卡中添加横向文本框，输入文字，调整文字格式，如图 5-29 所示。

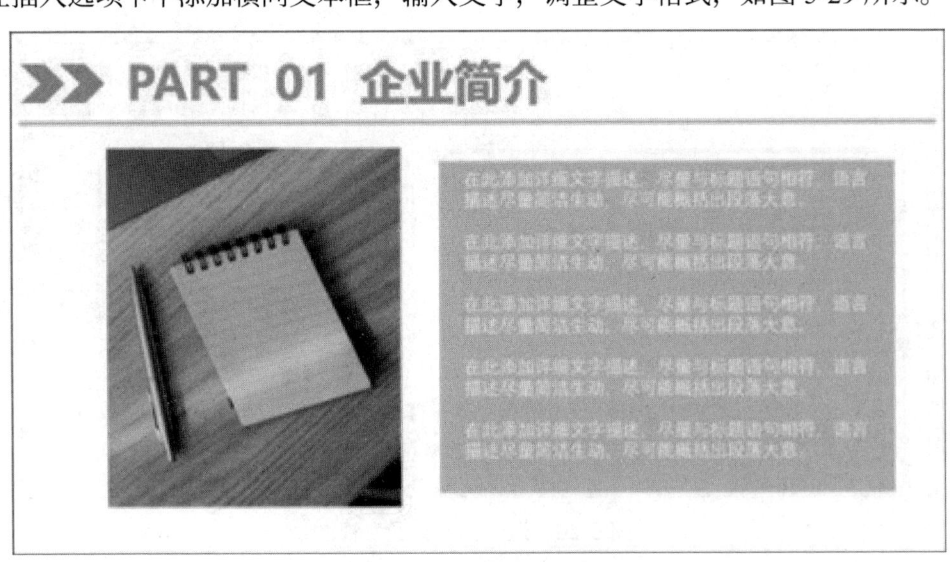


图 5-29　企业简介完成效果图

步骤 4：完成其余内容页设计。按照相同的方法，完成其他内容页的设计，如图 5-30、图 5-31、图 5-32 所示。

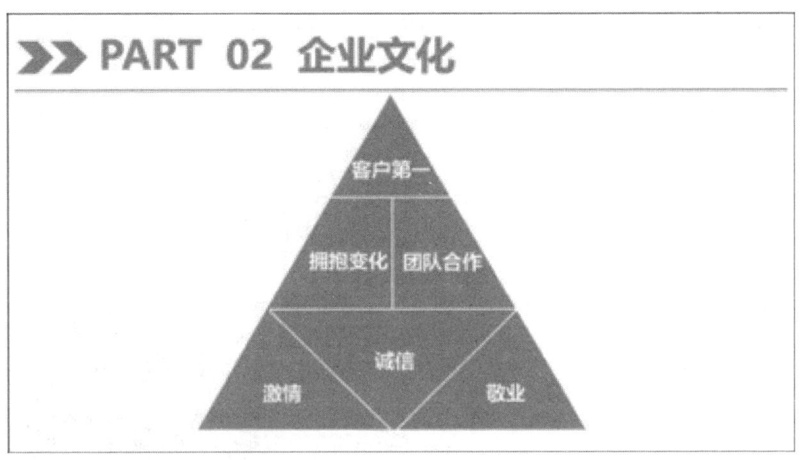


图 5-30　企业文化完成效果图

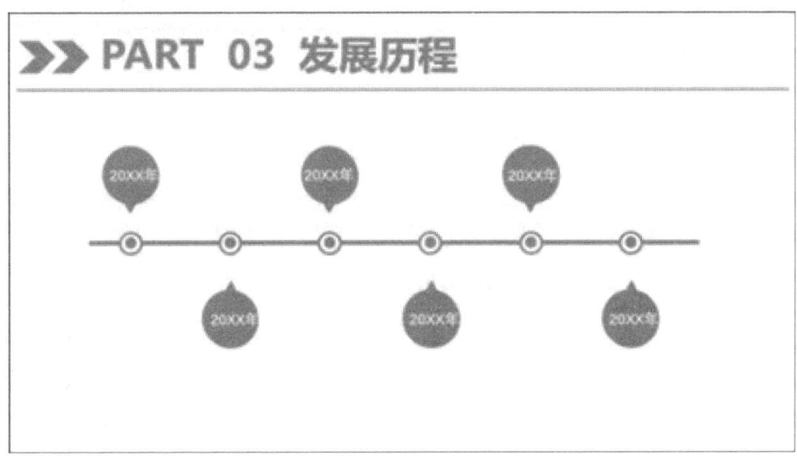


图 5-31　发展历程完成效果图

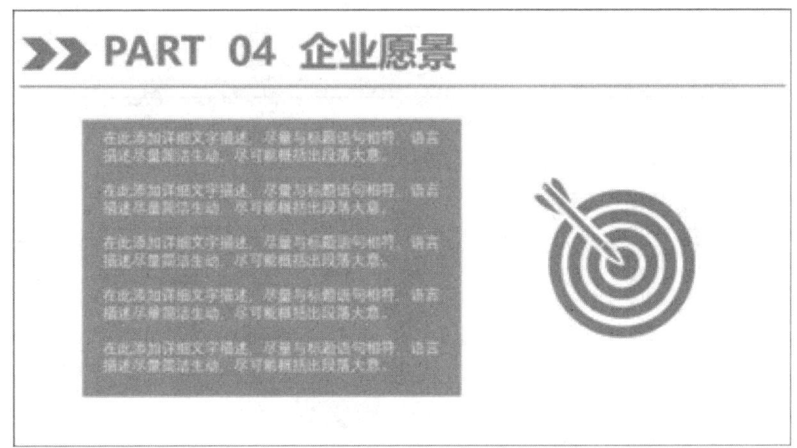


图 5-32　企业愿景完成效果图

# 5.2 设置动画效果

当制作完成学院宣传介绍演示文稿之后，为了增强演示效果，通常需要为演示文稿设计动画，主要为动画切换和内容动画。“学院宣传介绍”文档制作完成后的效果如图 5-33 所示。

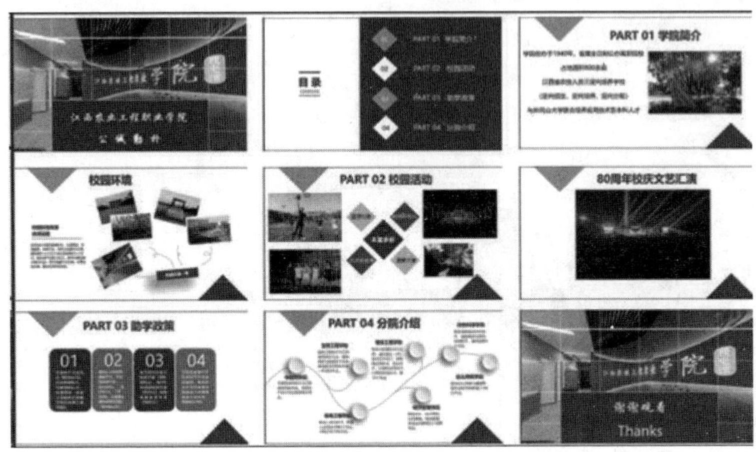


图 5-33 学院宣传介绍效果图

## 5.2.1 设置演示文稿的切换动画

为学院宣传介绍演示文稿设计切换动画效果时，可针对全部幻灯片添加切换动画效果，也可以针对每个幻灯片设置不同的切换效果。本节将针对所有幻灯片设置同一个切换效果。

### 1. 打开“切换”选项卡下的“切换效果”组

打开素材文件。在“素材文件”文件夹中，打开“学院宣传介绍”PPT 文件。选择第 2 张幻灯片，单击“切换”选项卡下“切换到此幻灯片”组中的“切换效果”按钮。

### 2. 选择切换效果并应用

步骤 1：选择切换动画。在“切换效果”下拉菜单中，选择“华丽”效果组中的“切换”动画，即为第 2 张幻灯片的切换效果，如图 5-34 所示。用户也可以根据自己的喜好，选择其他的切换效果。

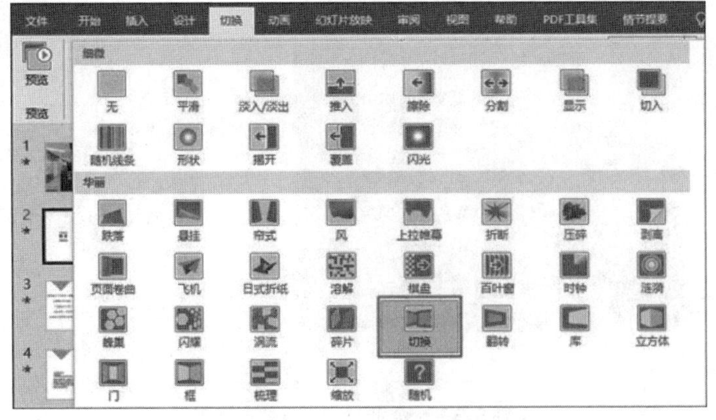


图 5-34 设置切换效果

步骤 2：预览切换效果。单击“切换”选项卡下“预览”组中的“预览”按钮；此时就会看到播放该幻灯片的切换效果。如图 5-35 所示。

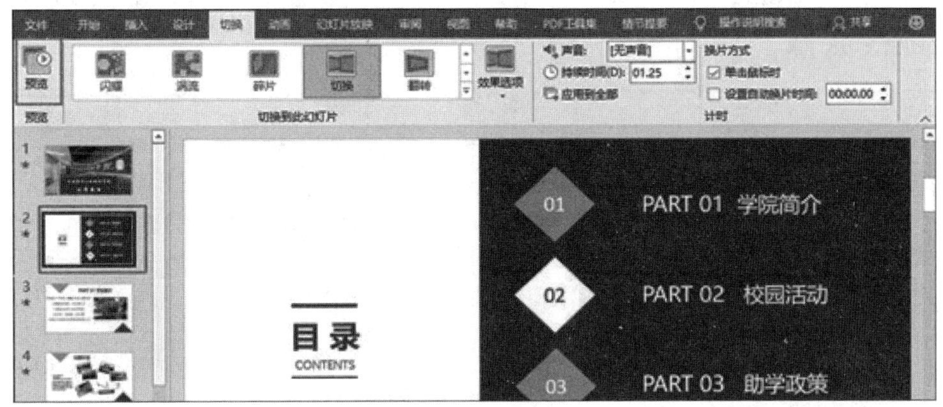


图 5-35　预览切换效果

步骤 3：为其他幻灯片全部应用此效果。在第 2 张幻灯片处，在“切换”选项卡下选择“计时”组中的“应用到全部”，即给本素材中的所有幻灯片使用了同一个切换效果，如图 5-36 所示。

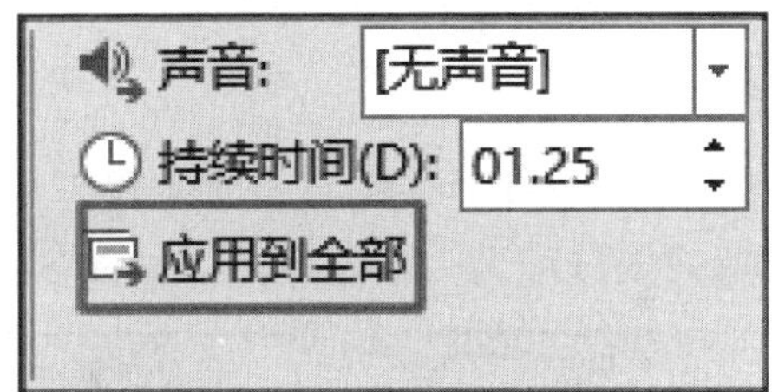


图 5-36　切换效果应用到全部

## 5.2.2　设计演示文稿的进入动画

### 1. 设置封面动画效果

步骤 1：选中封面页的文本框。选中文本框，打开 “动画”选项卡下的“动画”组中，打开下拉按钮，如图 5-37 所示。

图 5-37　设置动画效果

步骤 2：选择更多进入效果。在打开的下拉按钮中，单击“更多进入效果”选项。如图 5-38 所示。

步骤 3：选择“飞旋”动画效果。在更多进入效果中，选择“华丽”效果组中的“飞旋”效果。如图 5-39 所示。

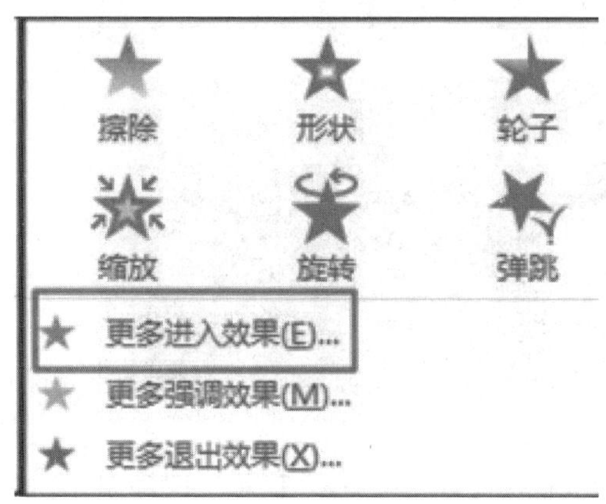


图 5-38　选择更多进入效果

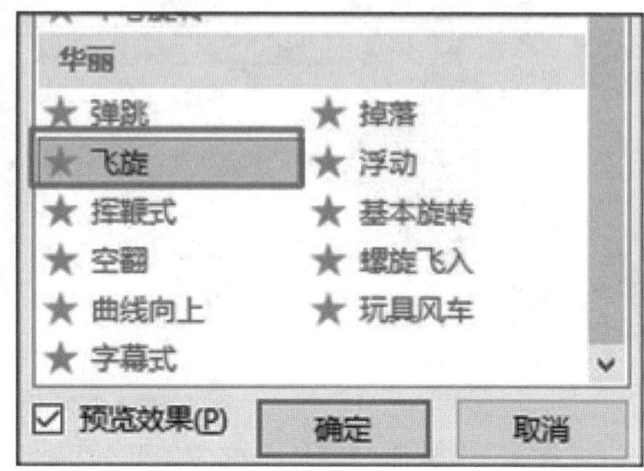


图 5-39　选择“飞旋”效果

步骤 4：预览动画效果。在“动画”选项卡下方，找到“预览”组中的预览按钮。可以查看本次设计的动画演示效果，如图 5-40 所示。

## 2. 设置目录页动画效果

步骤 1：设置目录文本框的动画效果。选中目录文本框，在“动画”选项卡下面，选择“飞入”动画效果，并且设置效果选项为“自左侧”，如图 5-41 所示。

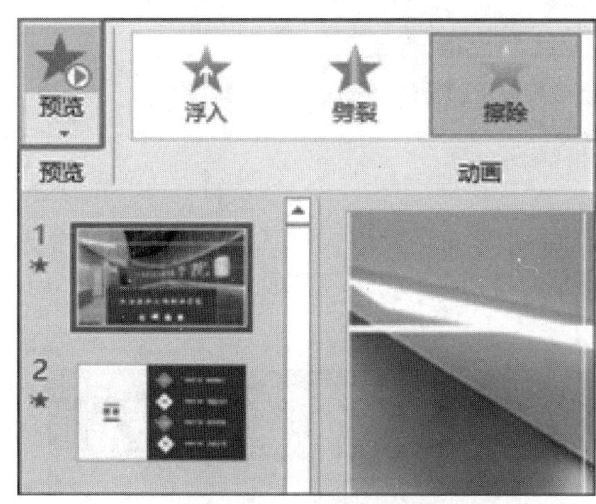


图 5-40　预览动画效果

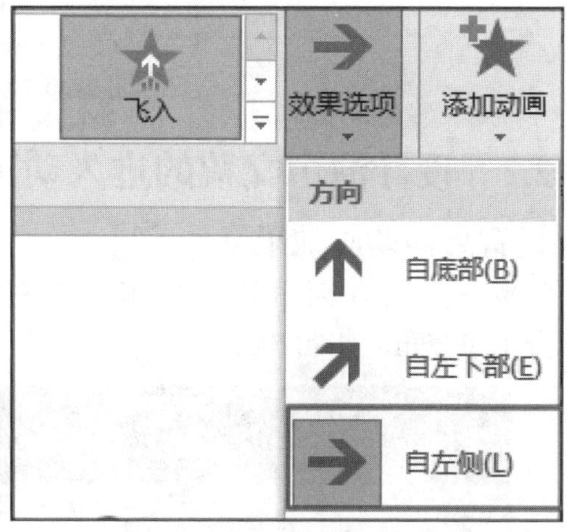


图 5-41　设置文本框动画效果

步骤 2：设置目录项动画效果。目录项动画效果分为两步：一是菱形，二是文本框。先按照顺序，设置菱形动画效果，再设置文本框动画效果，依次交替，将全部 4 个目录项设置完成。具体步骤如下：

(1) 设置“数字 01”菱形的动画效果，选中“数字 01”菱形，设置“擦除”动画效果。接下来选中“数字 01”对应的文本框“PART 01 学院简介”设置“劈裂”动画效果。

(2) 按照上述方法，依次设置剩余目录项，同时将所有的菱形统一都设置为“擦除”

动画效果，对应的文本框统一设置为“劈裂”动画效果。

步骤 3：设置目录项动画播放方法。打开“动画”选项卡下的“高级动画”组下的“动画窗格”，选中第一个动画效果，然后按住 shift 键不放，鼠标单击最后一个动画，达到全选动画效果，如图 5-42 所示。下拉最后一个动画的倒三角按钮，选择“从上一项之后开始”，如图 5-43 所示。

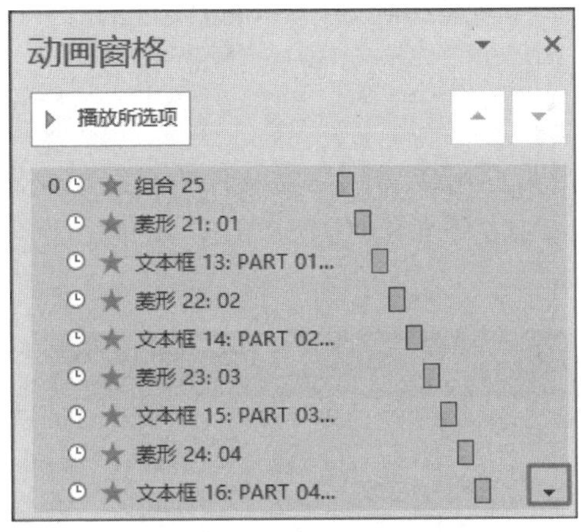


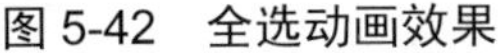
图 5-42　全选动画效果

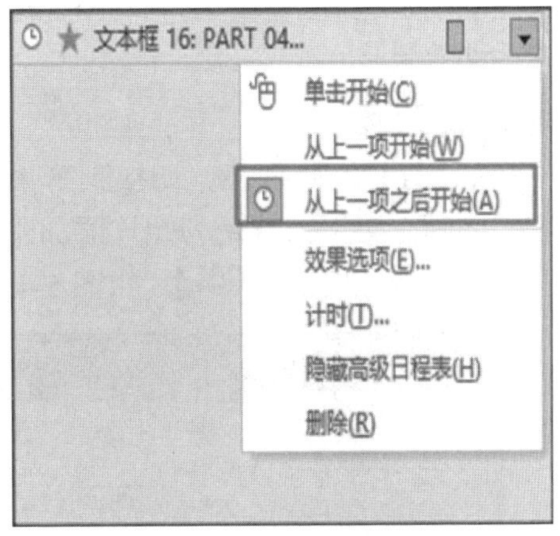


图 5-43　选择动画播放形式

### 3. 设置学院简介动画效果

步骤 1：设置标题“PART 01 学院简介”动画效果。选中标题“PART 01 学院简介”，设置为“出现”动画效果。在“动画窗格”中设置为“与上一个动画同时”。

步骤 2：设置文字文本框动画效果。选中文字文本框，设置为“颜色打印机”动画效果。在“动画窗格”中设置为“上一个动画之后”。

步骤 3：设置图片动画效果。选中图片，设置为“颜色打印机”动画效果。在“动画窗格”中设置为“上一个动画之后”，并且在“效果选项”中设置为“放大”效果，形状默认为“圆形”，如图 5-44 所示。

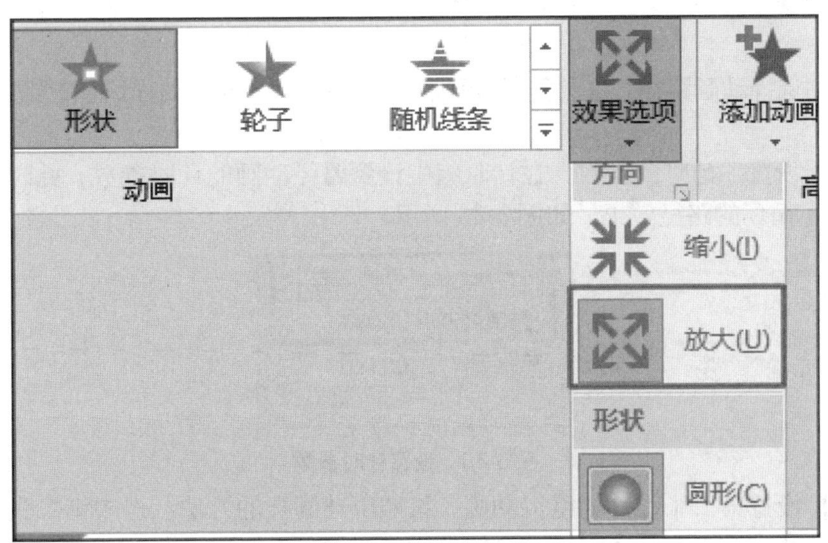


图 5-44　设置动画效果方式

### 4. 设置其他页面的动画效果

设置其他页面的动画效果。其他页面的动画效果，设置方法跟前面几个页面设置的方法一样，具体可以参考本教材的结果素材进行设置，读者也可以自行设置相应的动画效果。

## 5.2.3　设计演示文稿的路径动画

路径动画是让对象按照绘制的路径运动的一种高级动画效果，可以实现幻灯片中内容元素的运动效果。

### 1. 添加路径动画

步骤 1：打开动画列表。切换到第 4 页幻灯片，可以看到素材文件中已经事先做好部分内容的动画，接下来就是为照片添加路径；选中左下角的照片，单击“动画”选项下的“动画样式”下拉按钮 ，如图 5-45 所示。

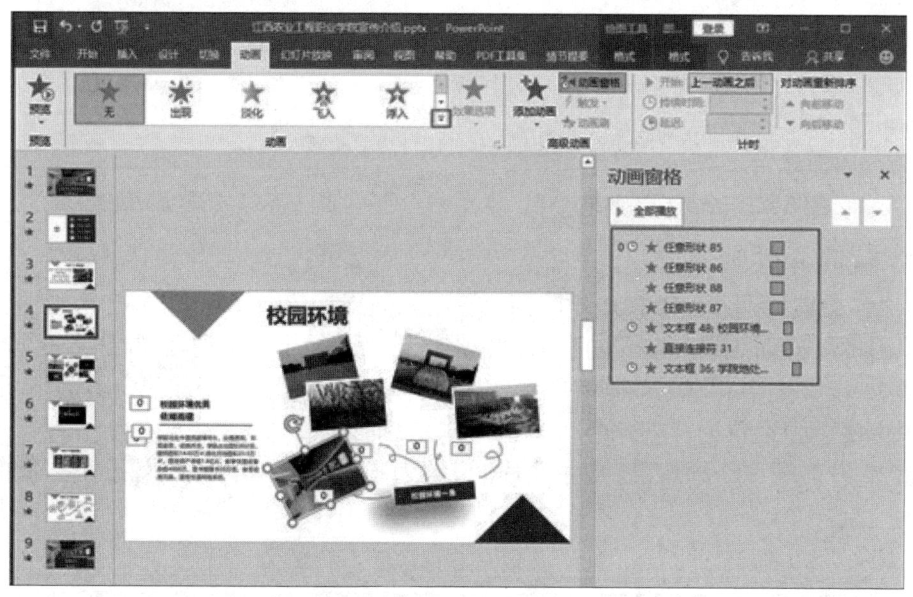


图 5-45　打开动画列表

步骤 2：选择动画路径。在打开的动画样式列表中，选择“动作路径”组中的“循环”路径动画。

步骤 3：设置“计时”参数。在计时组中设置路径动画的计时参数。此时便成功为这张照片添加了循环的路径效果，如图 5-46 所示。

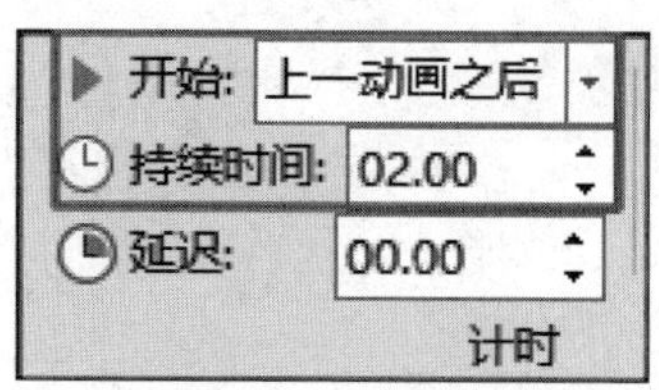


图 5-46　设置计时参数

步骤 4：设置第二张照片的路径动画。按照上述同样的方法，选中第二张图片，为其添加“循环”的路径动画，并且在“计时”组中设置参数。

步骤 5：完成所有照片的路径动画设置。按照上述同样的方法，完成剩余照片的路径动画设置，可以看到在“动画窗格”中，路径动画是蓝色的长条，如图 5-47 所示。

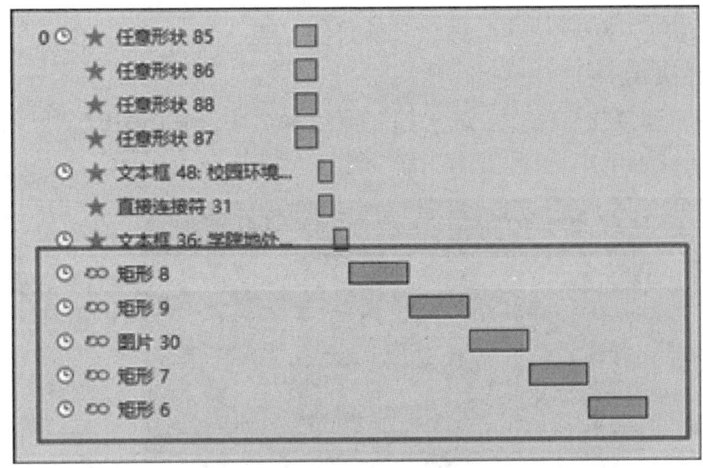


图 5-47　查看动画路径

## 2. 调整动画顺序

完成动画设置后，可以根据需要调整动画的顺序，而不用将顺序设置错误的动画删除。

步骤 1：单击“向前移动”按钮。打开第 4 页幻灯片的“动画窗格”，选择“矩形 8”的动画，按住 shift 键，单击“矩形 6”的动画，此时它们被全部选中；单击“计时”组中的“向前移动”按钮，将选中的动画顺序向前移动。

步骤 2：查看动画顺序调整效果。动画向前后，动画顺序已经发生了改变，如图 5-48 所示。

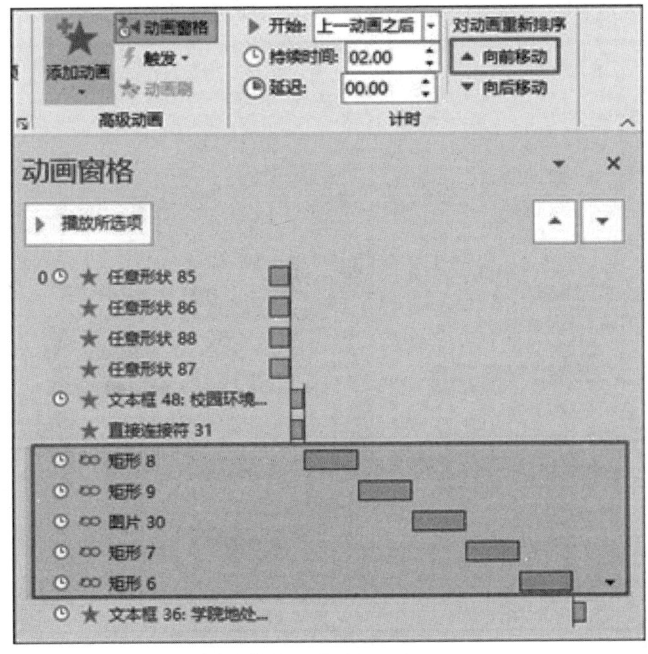


图 5-48　查看调整后的动画路径

## 5.2.4 设计演示文稿的交互动画

通常通过超链接为演示文稿设置交互动画，最常见的就是通过目录的交互，即单击某个目录项便能够直达相应的页面。

### 为目录添加内容页链接

步骤 1：设置“超链接”命令。进入第 2 页目录页中，右击第一个目录文本框“学院简介”，从弹出的快捷菜单中选择“超链接”选项，如图 5-49 所示。

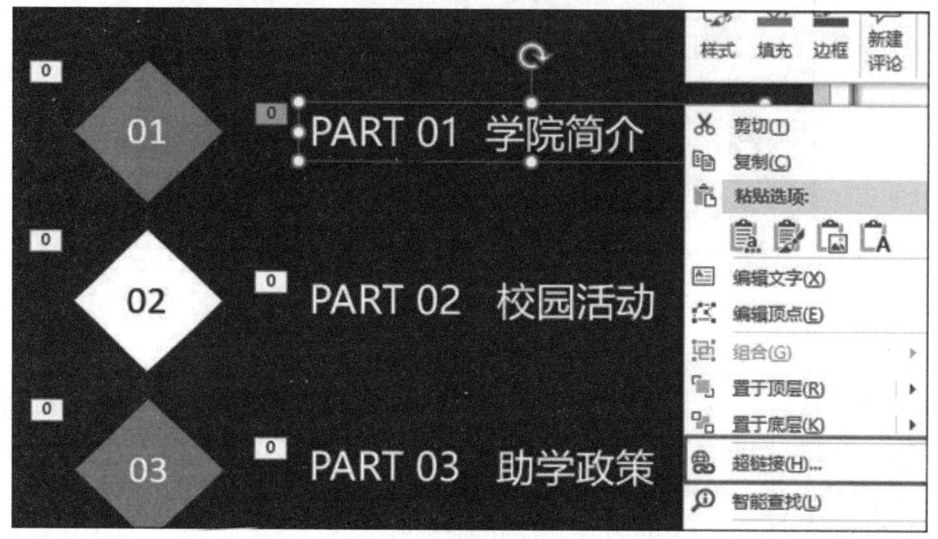


图 5-49 设置超链接

步骤 2：选择链接的幻灯片。在打开的“插入超链接”对话框中，选择“本文档中的位置”选项；选择“3.PART 01 学院简介”，单击“确定”按钮，如图 5-50 所示。

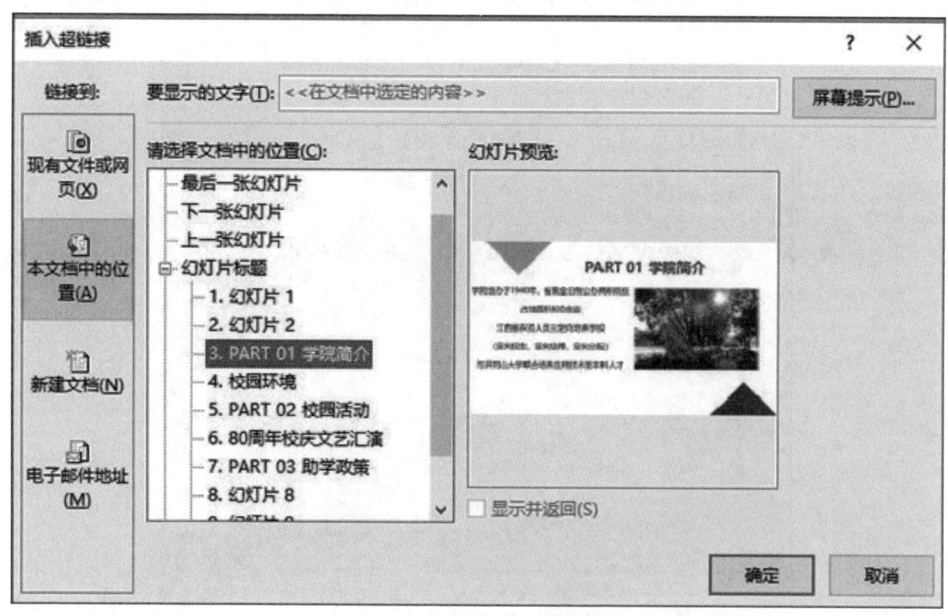


图 5-50 选择链接幻灯片

步骤 3：完成其他目录的链接。按照上述同样的方法，完成其余 3 个目录的链接设置。

# 5.3　设置与放映演示文稿

在年终的时候，公司或企业不同的部门都要进行年终总结汇报。此时利用年终总结 PPT 来放映年终总结汇报内容，通常包含对去年工作的优点与缺点总结，对来年工作的计划与展望。为了在年终总结大会上完美地进行演讲，需要提前在幻灯片中设置好备注内容，防止关键时刻忘词，也需要提前进行演讲排练，做足准备工作。

年终总结 PPT 文档制作完成后的效果如图 5-51 所示。

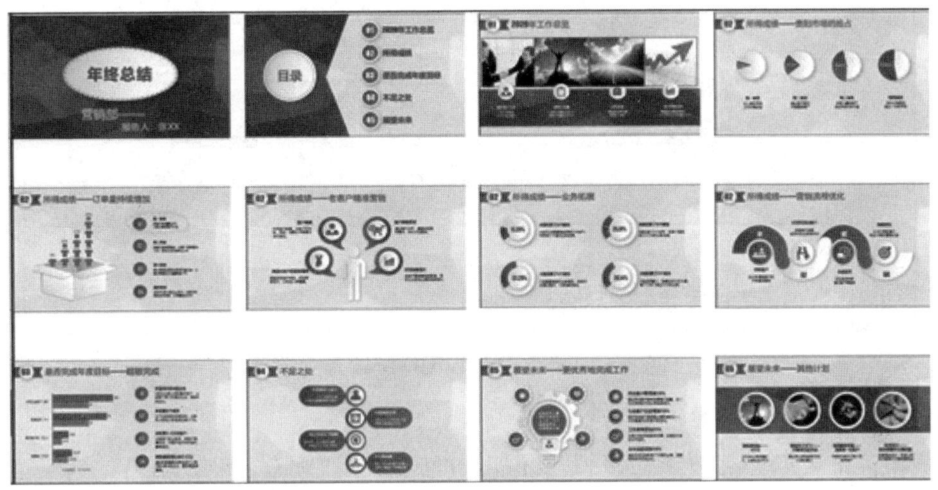


图 5-51　年终总结 PPT 效果图

## 5.3.1　设置备注以助演讲

在制作幻灯片时，幻灯片页面中仅仅只输入主要内容，其他内容则可以添加到备注中，在演讲时作为提醒用。备注最好不要长篇大论，简短的几句思路提醒、关键内容提醒即可，否则在演讲时长时间盯着备注看，会影响演讲效果。完成备注添加后，演讲时也需要正确设置，才能正确显示备注。

### 1. 设置备注

步骤 1：打开备注窗格。打开“年终总结 PPT”素材文件，切换到需要添加备注的页面，如第 4 张幻灯片，单击幻灯片下方的“备注” 备注 按钮。

步骤 2：输入备注内容。在打开的备注窗格中输入备注内容，如图 5-52 所示。

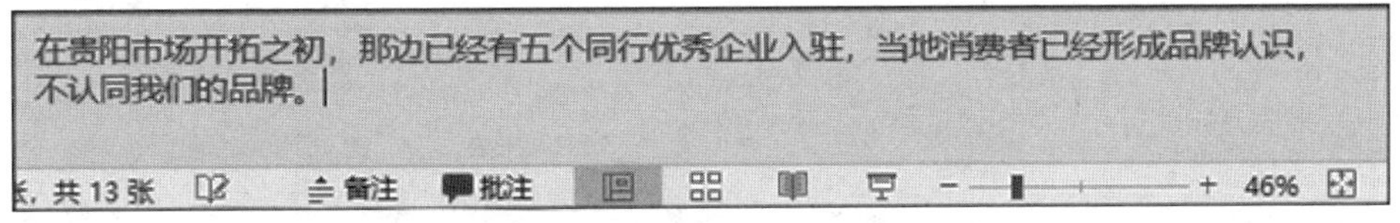


图 5-52　备注页输入内容

步骤 3：进入备注页视图。如果输入的内容太多，可以打开备注页视图。单击“视图”选项卡下“演示文稿视图”组中的“备注页”按钮。

步骤 4：在备注页视图中添加备注。打开备注页视图后，在下方的文本框中输入备注页即可，如图 5-53 所示。

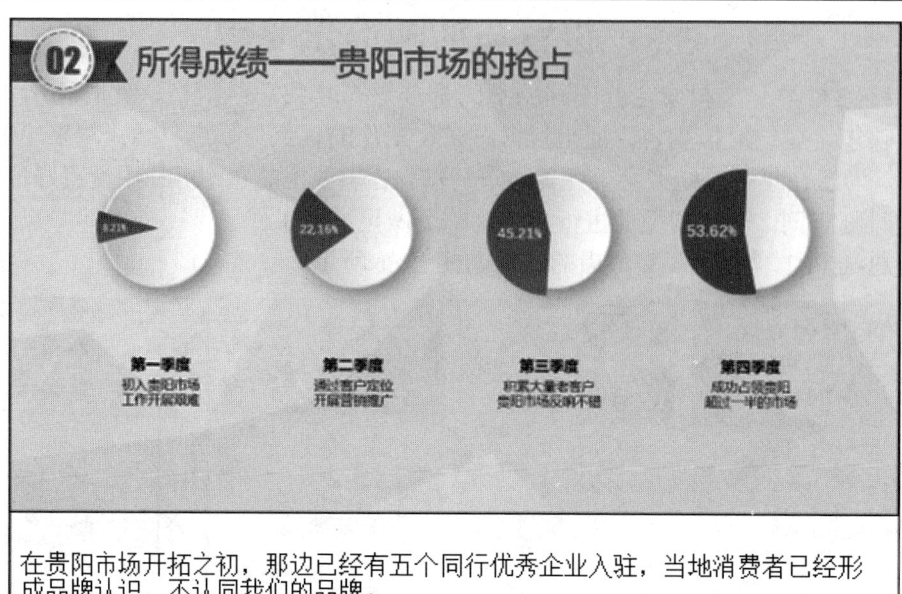


图 5-53　作备注页视图继续输入文字

## 2. 放映时使用备注

完成备注输入后，需要进行设置，才能在放映时，让观众看到幻灯片内容，而让演讲者看到幻灯片及备注页内容。

步骤 1: 选择“显示演示者视图”选项。按下 F5 键，进入幻灯片播放状态，在播放时右击，选择快捷菜单中的“显示演示者视图”选项，如图 5-54 所示。

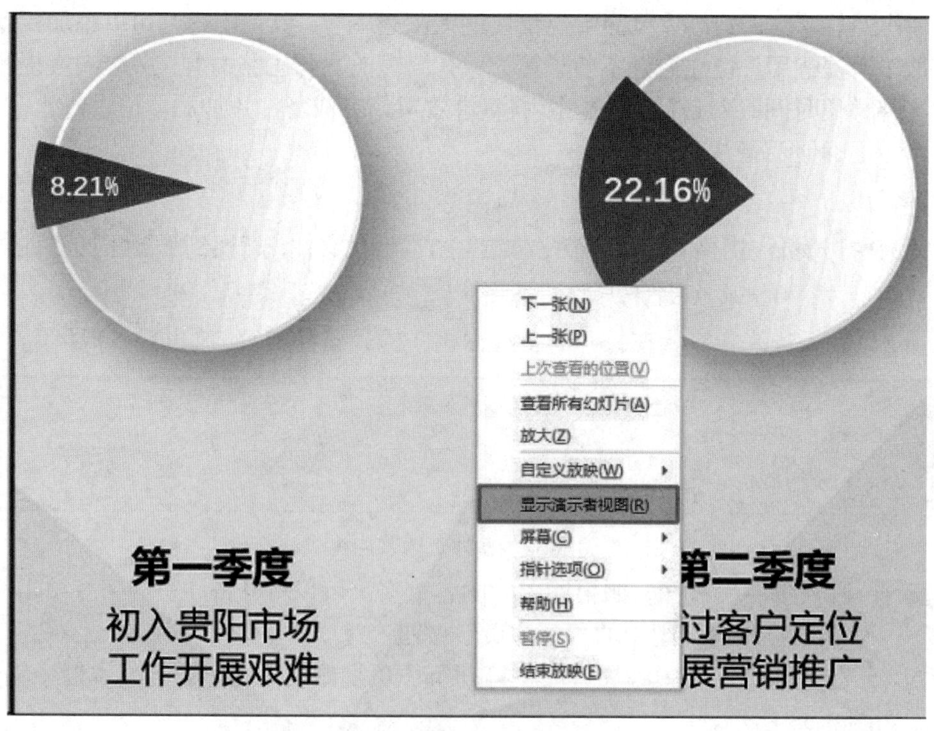


图 5-54　显示演示者视图

步骤 2：查看备注。进入演示者视图状态后，在界面右边显示备注页内容。

步骤 3：放大备注。在放映时，备注页文字可能太小不方便辨认，此时可以单击“放大文字”按钮，增加备注文字的字号，如图 5-55 所示。

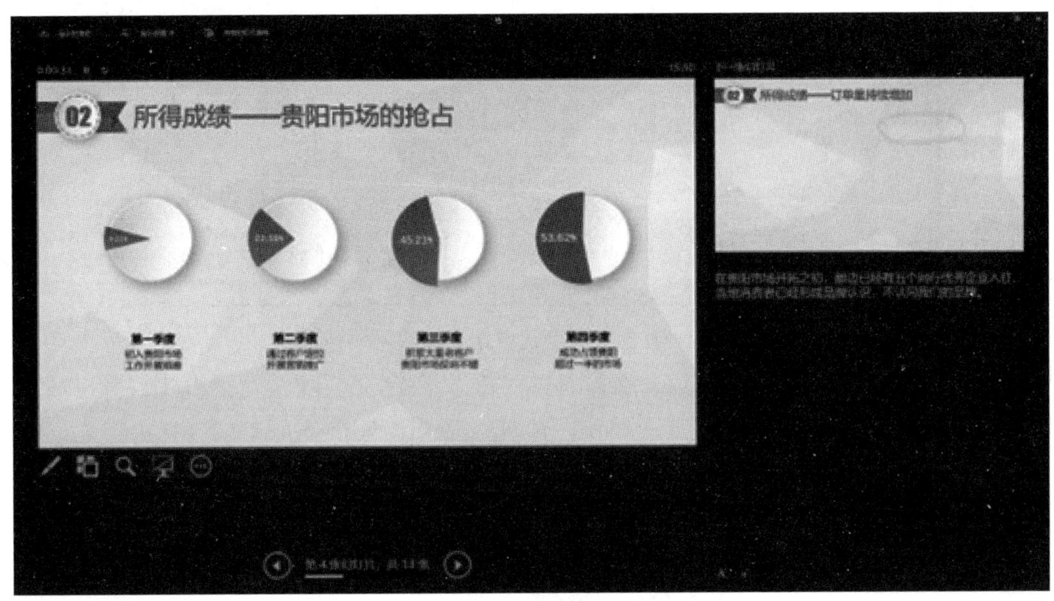


图 5-55　演示者视图界面

## 5.3.2　幻灯片放映设置

### 1. 放映内容设置

在放映幻灯片时，可以自由选择要从哪一张幻灯片开始放映，同时也可以自由地选择要放映的内容，并且调整放映时幻灯片的顺序，具体步骤如下。

步骤 1：从当前幻灯片开始放映。放映幻灯片时，切换到需要开始放映的页面，单击“幻灯片放映”选项卡下“开始放映幻灯片”组中的“从当前幻灯片开始”按钮，就可以从当前的幻灯片页面开始放映，而不是从头开始放映，如图 5-56 所示。

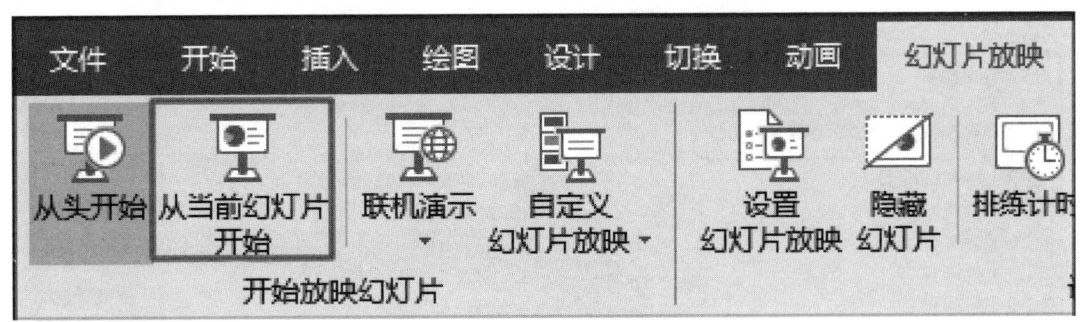


图 5-56　从当前幻灯片开始

步骤 2：自定义幻灯片放映。单击“幻灯片放映”选项卡下“自定义幻灯片放映”按钮，选择菜单中的“自定义放映”选项。

步骤 3：新建自定义放映。单击“自定义放映”对话框中的“新建”按钮，如图 5-57 所示。

图 5-57　新建自定义放映

步骤 4：添加要放映的幻灯片。在打开的“定义自定义放映”对话框中设置“幻灯片放映名称”，选中要放映的幻灯片，单击“添加”按钮，如图 5-58 所示。

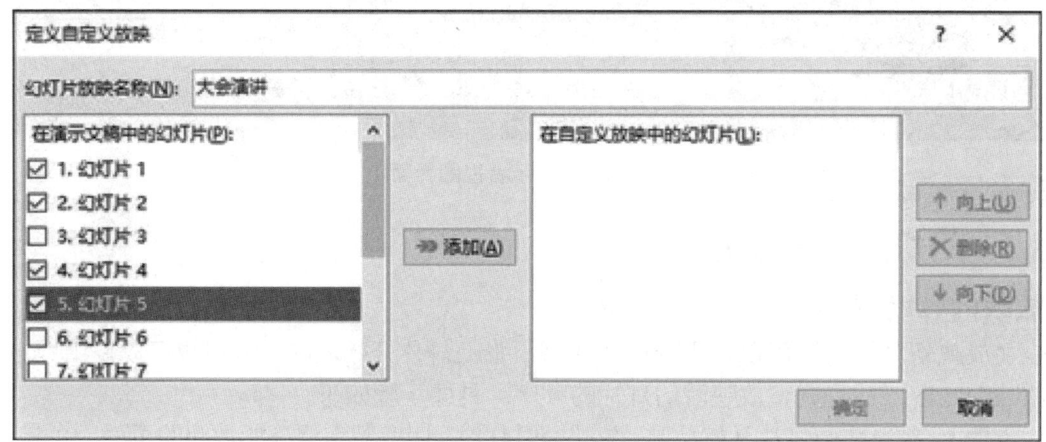


图 5-58　添加放映幻灯片

步骤 5：确定放映。单击“确定”按钮，就能够确定要放映的自定义幻灯片，如图 5-59 所示。

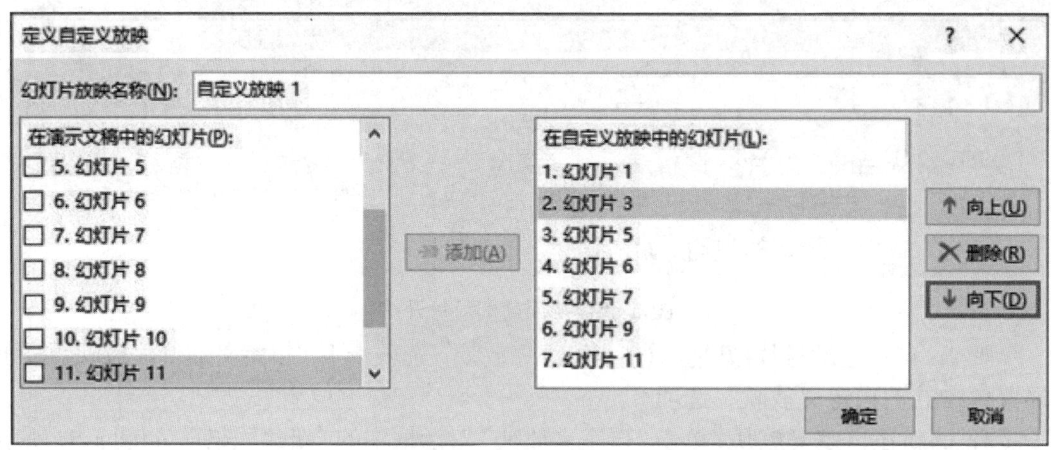


图 5-59　确定放映幻灯片

步骤 6：完成自定义放映设置。返回“自定义放映”对话框中，单击“关闭”按钮，完成幻灯片的自定义放映设置。

## 2. 放映方式设置

幻灯片的放映有许多种方式，通过“设置放映方式”对话框可以设置放映过程中的细节问题。

步骤 1：打开“设置放映方式”对话框。单击“幻灯片放映”选项卡下“设置”组中的“设置幻灯片放映”按钮，如图 5-60 所示。

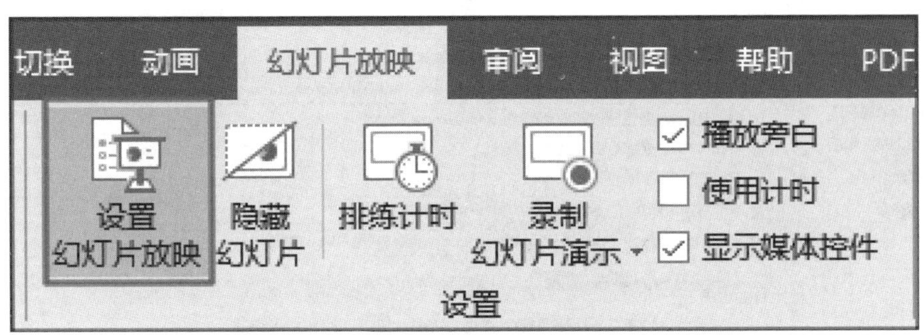


图 5-60　打开幻灯片放映

步骤 2：设置放映方式。在打开的“设置放映方式”对话框中，选择需要放映的方式，单击“确定”按钮，如图 5-61 所示。

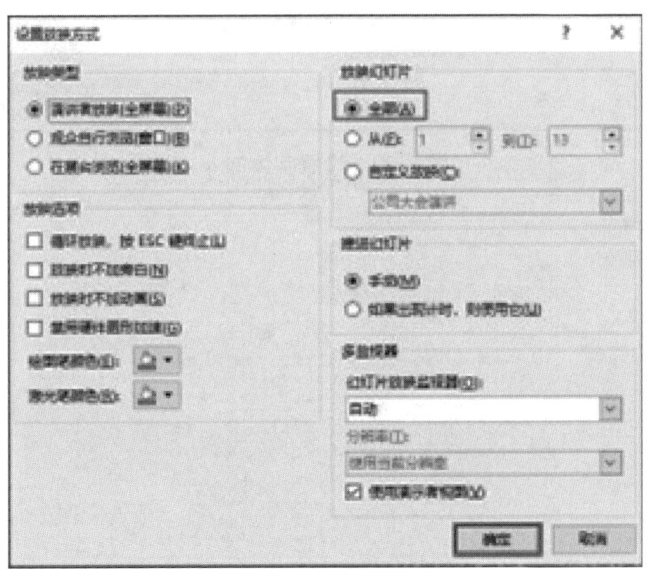

图 5-61　设置幻灯片放映

## 3. 将字体嵌入文件的设置

在放映幻灯片的时候，可能出现这样的情况，幻灯片的字体出现异常。这很可能是放映的计算机上没有安装文档中使用的字体造成的。那么可以将文档的字体进行嵌入设置，保证放映时的效果。

步骤 1：单击“文件”菜单。单击文档左上角的“文件”菜单。

步骤 2：选择“选项”选项。选择“文件”菜单中的“选项”选项。

步骤 3：设置字体嵌入。在“PowerPoint 选项”对话框中，切换到“保存”选项卡；选中“将字体嵌入文件”选项，再选择“仅嵌入演示文稿中使用的字符（适于减小文件大小）”选项，单击“确定”按钮，如图 5-62 所示。

图 5-62　设置字体嵌入

# 本章习题

## 一、单选题

1. 演示文稿的基本组成单元是（　）。

A. 图形　B. 幻灯片　C. 超链接　D. 文本

2.PowerPoint 2016 提供的幻灯片切换效果更加细腻、精致，下列（　）选项卡可以帮助设置幻灯片的切换效果。

A.“切换”　B.“开始”　C.“设计”　D.“动画”

3. PowerPoint 2016 演示文稿的扩展名是（　）。

A.psdx　B.ppsx　C.pptx　D.ppsx

4. 在 PowerPoint 2016 中，要运用 SmartArt 图形丰富演示文稿构成，应该选择（　）选项卡。

A.“设计”　B.“幻灯片放映”　C.“插入”　D.“动画”

5.PowerPoint 2016 中，播放演示文稿的快捷键是（　）。

A.Enter　B.F5　C.Alt ＋ Enter　D.F7

6. 演示文稿中的每张幻灯片都是基于某种（　）创建的，它预定义了新建幻灯片的各种占位符布局情况。

A. 版式　B. 模板　C. 母版　D. 幻灯片

7. 下列视图方式中，不属于 PowerPoint 2016 视图的是（　）。

A. 普通视图　B. 备注页视图　C. 幻灯片放映视图　D. 页面视图

8. 在 PowerPoint 2016 中，要插入一个在各张幻灯片相同位置都显示的小图片，应在（　）选项卡中进行设置。

A.“画图工具”　B.“幻灯片母版”　C.“幻灯片背景”　D.“视图”

9. 若要在打开的当前幻灯片中反映实际的日期和时间，可在“插入”选项卡的“文本”组中，勾选“日期和时间”复选框，在弹出的“页眉和页脚”对话框中选中（　）。

A.“编辑时间”　B.“固定”　C.“自动更新”　D.“页脚”

10. 如果希望在放映时能从第 3 张幻灯片跳转到第 8 张幻灯片，需要在第 3 张幻灯片上设置（　）。

A. 动作按钮　B. 预设动画　C. 幻灯片切换　D. 自定义动画

11. 在 PowerPoint 2016 的幻灯片浏览视图下，不能完成的操作是（　）。

A. 调整个别幻灯片位置　　B. 删除个别幻灯片

C. 编辑个别幻灯片内容　　D. 复制个别幻灯片

12. 下列不属于 PowerPoint 2016 中“插入”选项卡所包含的组是（　）。

A. 表格　B. 图像　C. 符号　D. 批注

13. 要使幻灯片在放映时能够自动播放，需要为其设置（　）。

A. 超级链接　B. 动作按钮　C. 排练计时　D. 录制旁白

14. 制作幻灯片时，设置每张幻灯片的播放时间，要通过执行（　）操作完成。

A. 幻灯片切换设置　B. 设置幻灯片放映　C. 自定义幻灯片放映　D. 录制旁白

15. 幻灯片中可以插入的视频来源不包括（　）。

A. 文件中的视频　B. 网站中的视频　C. 剪贴画视频　D. 录制视频

## 二、填空题

1.PowerPoint 2016 演示文稿文件的扩展名是______，放映文件的扩展名是______。

2. 在 PowerPoint 2016 中，模板是一种特殊文件，其扩展名为______。

3. 如要在幻灯片浏览视图中选择多张幻灯片，应先按住______键，再分别单击各张幻灯片。

4. 在 PowerPoint 2016 中，完成了演示文稿的制作后，应该把演示文稿提前进行______操作，以方便在没有安装 PowerPoint 的机器上演示。

5. 母版是一张特殊的幻灯片，在其中可以定义整个演示文稿幻灯片的______，控制演示文稿的______。

6. 如果想在一个演示文稿的所有幻灯片的右上角加上一个公司徽标，可以在______中插入。

7. 要设置幻灯片放映时的切换效果，应使用______选项卡中的命令。

8. 新建一个演示文稿时第一张幻灯片的默认版式是______。

9. 若想在演示文稿的第 1 张幻灯片前面插入一张图表幻灯片，在执行插入图表命令前，必须将光标定位在______。

10. 如果用户要将 PowerPoint 2016 的文件存储为直接放映类型，这时文件应选择的扩展名为______。

## 三、简答题

1. 新建一个演示文稿通常有哪几种方法?

2. 如何在幻灯片中设置图片超链接?

# 本章实训

## 实训 1　创建与编辑演示文稿

### 一、实训目的

1. 掌握打开、关闭和保存演示文稿的方法。
2. 掌握新幻灯片的创建、文本的操作及格式设置。
3. 掌握插入对象的操作过程。
4. 掌握改变幻灯片外观的四种方法。
5. 熟悉幻灯片动画设置和切换方式。
6. 掌握超链接的操作过程。

### 二、实训内容和要求

1. 启动 PowerPoint 2016 后，默认并新建了文件名为“演示文稿 1”的 pptx 文件，并且有了第一张幻灯片，默认的幻灯片版式为“标题幻灯片”版式，在标题幻灯片的标题占位符中输入“主题班会”，在副标题占位符中输入“2019.09.28”，如图 5-63 所示，具体要求如下。

图 5-63　标题幻灯片　　图 5-64　标题和内容

(1) 标题为“主题班会”，文字为居中对齐，字体为黑体，60 磅。

(2) 副标题为“2019.09.28”，文字为右对齐，位于占位符中部，Times New Roman，36 磅字，加粗。

2. 单击格式工具栏中的“新幻灯片”按钮，新建第二张幻灯片，默认的幻灯片版式为“标题和内容”，输入如图 5-64 所示的内容，具体要求如下。

(1) 标题占位符中的文字居中对齐，字体为宋体，44 磅字。

(2) 文本占位符中的文字左对齐，字体为宋体，32 磅字，存在项目符号。

3. 插入一张新幻灯片，内容版式为“空白”，通过自选图形进行设计，如图 5-65 所示，具体要求如下。

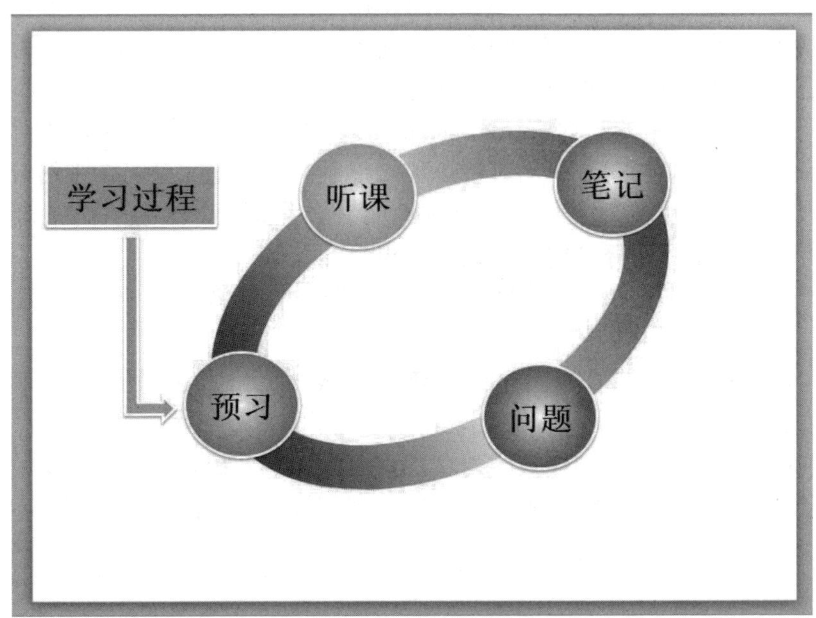


图 5-65　设计自选图形

(1) 在绘图工具栏中选择“自选图形”按钮，选择基本形状中的同心圆，在幻灯片中绘制一个同心圆，然后进行编辑修改成倾斜的椭圆。

(2) 再选择绘图工具栏中的“椭圆”按钮，按住 shift 键在同心圆之上绘制一个正圆，然后复制出三个正圆，根据图放好位置，并对每个正圆设置颜色，然后输入文本。

(3) 在幻灯片左上角插入一个水平文本框，输入“学习过程”文本，再插入箭头，调整好位置即可。

4. 再插入一张新幻灯片，内容版式为“空白”，内容如图 5-66 所示，具体要求如下。

(1) 插入一个 SmartArt 图形：层次结构 / 水平多层层次结构。

(2) 为图形添加文本，并调整“预习”文本方向，更改图形颜色和样式。

(3) 为第三行添加云形标注，单击“插入”选项卡“形状”按钮，然后选择“标注”选择云形标注，添加文本；单击“绘图工具”|“格式”，选择一种预设样式。

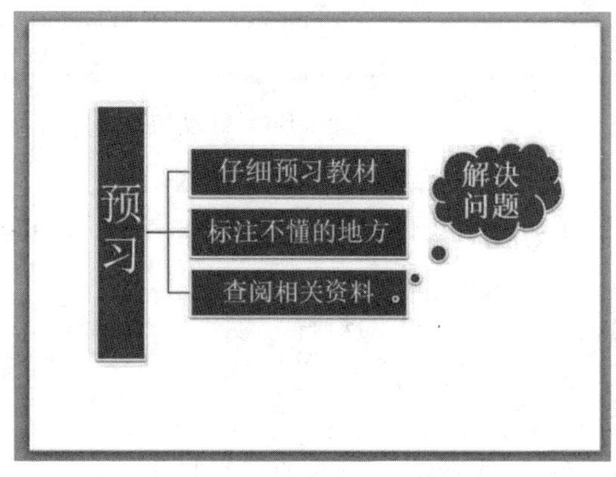


图 5-66　应用 SmartArt 图形

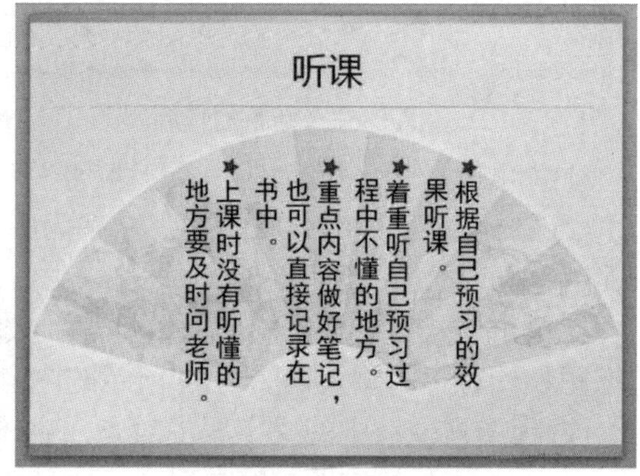


图 5-67　标题和竖排文字

(4) 插入第 5 张幻灯片，内容版式为“标题和竖排文字”，输入幻灯片中的内容，然后在幻灯片设计中选择“暗香扑面”模板，且仅用于第 5 张幻灯片，如图 5-67 所示。

(5) 设置除第 5 张幻灯片以外的整个演示文稿的背景为“羊皮纸”的纹理填充效果（通过“设计”选项卡的“背景样式”|“设置背景格式”）。

(6) 为第 2 张幻灯片中的“课中认真听讲，必要时做好笔记”文本添加超链接，使其链接到第 5 张幻灯片上。为第 5 张幻灯片添加“返回”按钮返回至第 2 张幻灯片。

(7) 为第 1 张幻灯片中的“主题班会”文本添加“劈裂”动画效果（选择“动画”卡中的“进入”类选项，在列表框中选择“劈裂”动画效果）。

(8) 为整个演示文稿添加幻灯片编号（通过“插入”菜单下的“幻灯片编号”命令进行设置）。

(9) 设置第 2 张幻灯片中的“如何提高学习效果”文本为“进入”时的“百叶窗”动画效果，剩余文本为“进入”时“飞进”，“退出”时“飞出”效果。

(10) 设置第 1 张幻灯片的切换效果为“垂直百叶窗”，设置第 2 张幻灯片的切换效果为“立方体”，可以通过“切换”卡实现。切换到幻灯片放映视图观看效果。

(11) 保存修改后的主题班会演示文稿。

# 实训 2　综合训练 1

## 一、实训目的

1. 熟悉文本的输入与编辑。
2. 熟悉自选图形的使用。
3. 掌握超链接的应用。
4. 掌握幻灯片的切换方式和放映幻灯片等。

## 二、实训内容和要求

新建一个演示文稿，保存文件，文件名为“综合练习 1”，设置内容如下。

1. 第 1 张幻灯片的内容如图 5-68 所示，具体要求如下。

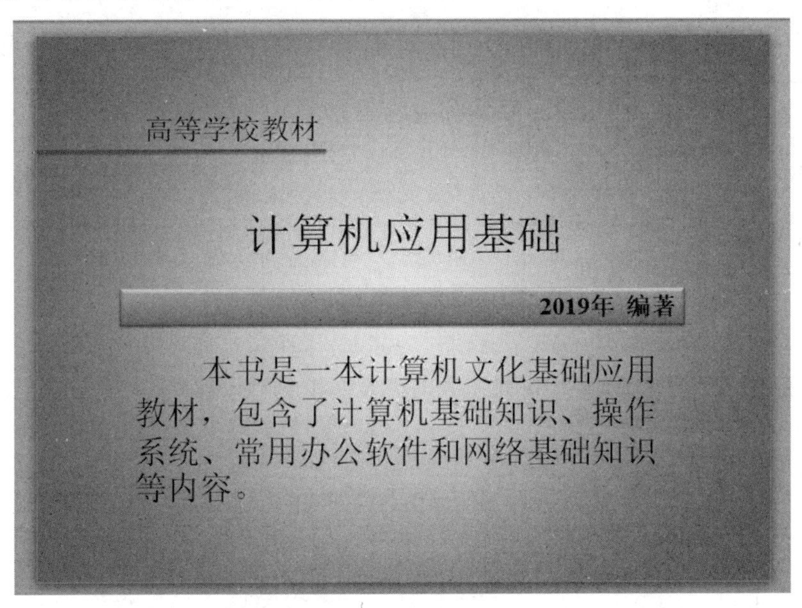


图 5-68　标题幻灯片

(1) 标题占位符中输入“计算机应用基础”，44 磅、宋体、居中对齐。

(2) 副标题占位符中输入“本书是一本计算机文化基础应用教材，包含了计算机基础知识、操作系统、常用办公软件和网络基础知识等内容。”32 磅、宋体、左对齐。

(3) 在幻灯片的左上角位置插入一个文本框（选择“插入”菜单下的“文本框”命令），输入“高等学校教材”，在文本框的下面绘制线型为 3 磅的红色直线（通过“绘图”工具栏中的“直线”选项绘制）。

(4) 在标题占位符和副标题占位符之间插入一个文本框，输入“2019 年编著”文本，使文本右对齐，为此文本框设置形状样式。

(5) 为幻灯片设置背景颜色为渐变色（通过“设计”选项卡中的“背景样式”设置）。

(6) 为图 5-68 中的每一个对象添加动画效果，从上到下分别单击鼠标出现，且动画效果为：进入时百叶窗。

2. 第 2 张幻灯片的内容如图 5-69 所示，具体要求如下。

图 5-69 标题和内容

(1) 标题占位符中输入“目录”，44 磅、宋体、居中对齐。

(2) 修改标题占位符的形状为椭圆（单击“绘图工具栏 | 格式”中的“编辑形状”按钮，在出现的菜单中选择“改变自选图形”命令，在级联菜单中选择基本形状中的椭圆），并为其填充绿色。

(3) 添加一个自选图形为矩形，调整大小和位置，设置自选图形的格式，然后复制五个，分别放好位置。

(4) 添加一个自选图形为菱形，调整大小和位置，设置自选图形的格式，复制五个，分别放好位置。然后在菱形内输入数字，分别为 1、2、3、4、5、6，再为矩形添加文本，如图 5-69 所示。

(5) 为目录添加动画效果为：进入时盒状。剩余对象动画效果可任意选择。

3. 第 3 张幻灯片中的内容如图 5-70 所示，具体要求如下。

(1) 选择仅标题的版式，修改标题占位符的形状为椭圆。

(2) 插入系统自带的 SmartArt 图形：层次结构 —— 水平层次结构，编辑添加形状，在后面或前面（同一层级）、在下方或上方（下一层级）添加文本框。

(3) 编辑文本框内容和更改颜色，完成幻灯片的设置。

(4) 在右下角添加一个动作按钮，使其链接到第 2 张幻灯片，输入文本：返回，并设置其填充颜色为黄色。

(5) 为此张幻灯片添加动画效果，出现的次序依次为：计算机系统、连接线—硬件系统、连接线—软件系统，剩余对象根据连接线的指向依次出现，动画效果可任意选择。

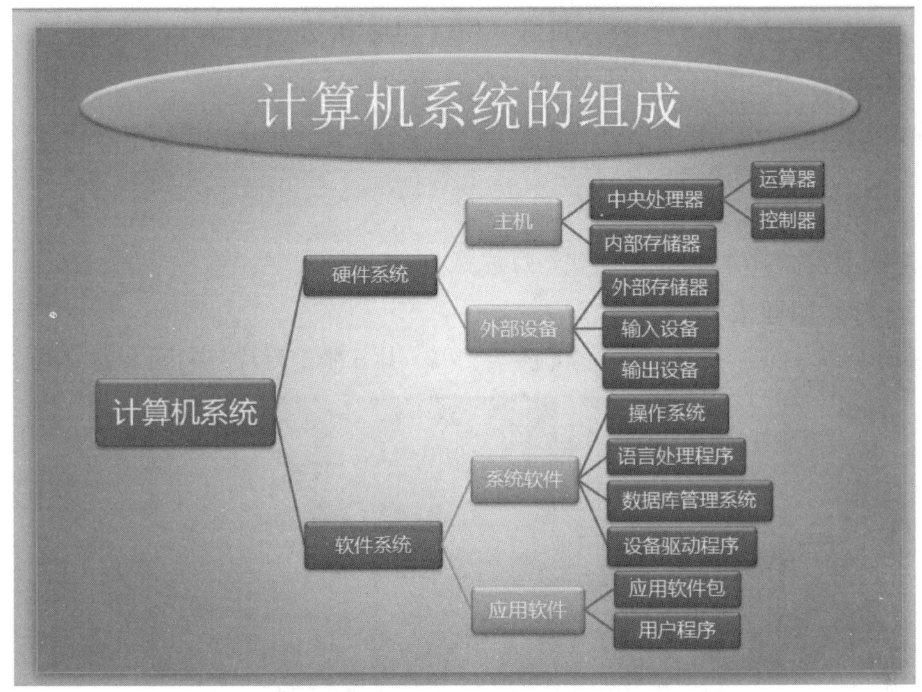


图 5-70　应用 SmartArt 图形

4. 第 4 张幻灯片中的内容如图 5-71 所示，具体要求如下。

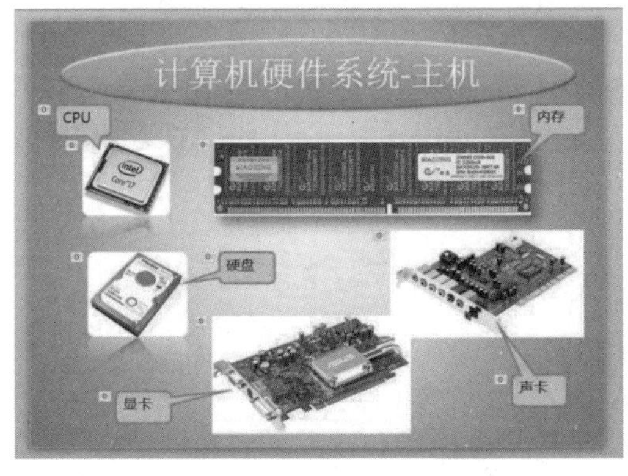


图 5-71　插入图片

图 5-72　排列图片

(1) 分别插入 CPU、内存、硬盘、显卡、声卡等主机内部设备图片。

(2) 添加标注形状，并分别输入名称，然后调整指引位置，并按照图 5-71 排列好。

(3) 为每一个对象添加动画效果，使其依次出现，动画效果可任意选择。

5. 第 5 张幻灯片中的内容如图 5-72 所示，具体要求如下。

(1) 分别插入键盘和鼠标、条码读入器、显示器、打印机等外部设备图片。

(2) 添加标注形状，并分别输入名称，然后调整指引位置，并按照图 5-72 排列好。

(3) 为每一个对象添加动画效果，使其依次出现，动画效果可任意选择。

6. 设置每张幻灯片的放映时间为 4 秒，并设置幻灯片切换，查看效果并保存修改后的文件。

# 实训 3　综合训练 2

## 一、实训目的

1. 熟悉文本的输入与编辑。
2. 熟悉自选图形的使用。
3. 掌握超链接的应用。
4. 掌握幻灯片的切换方式和放映幻灯片等。

## 二、实训内容和要求

新建一个以“综合练习 2”命名的演示文稿，共 6 张幻灯片，如图 5-73 所示。

图 5-73　PPT 技能操作

(1) 第一张幻灯片。

①采用“空白”版式，插入艺术字作为标题，艺术字样式为第 6 行第 3 列（填充—红色，强调文字颜色 2，粗糙棱台），艺术字的内容为“PPT 技能操作”，字体为黑体、大小为 72 号，加粗，有文字阴影。添加艺术字动画效果为“飞入”、自左侧、单击时、快速（1 秒）。

②插入一个水平文本框，内容为：班级 + 学号 + 姓名，黑体，32 号，蓝色。

(2) 第二张幻灯片。

①采用“仅标题”版式，标题内容为“插入文本”。

②将下面的文字输入到水平文本框内。

学会尊重每一个人

有一天在公园里，一位中年女人从随身提包里拿出一团白花花的卫生纸，一甩手将它抛到一位老人刚修剪过的灌木上面。老人诧异地转过头朝中年女人看了一眼，中年女人满不在乎地看着他。老人什么话也没有说，走过去拿起那团卫生纸，把它扔进了一旁装垃圾的筐子里。

过了一会儿，中年女人又拿出一团卫生纸扔了过来。老人再次走过去把那团卫生纸拾起来扔到筐子里，然后回到原处继续工作。老人沉默了一会儿说：“我能借你的手机用一下吗？”电话中透露出他是一个集团总裁，中年女人听完一下子瘫坐在了长椅上。

③对文本框格式设置“强烈效果—红色，强调颜色 2”。

④设置文本进入动画为“浮入”效果。

(3) 第三张幻灯片。

①采用“仅标题”版式，标题内容为“插入图片”。

②插入一幅“素材文件”文件夹中“冬天 .jpg”图片，调整大小至合理位置，并将该

图片设定艺术效果为混凝土、图片样式为柔化边缘矩形。

③对图片设置“向内溶解”的动画效果，与上一动画同时、中速（2 秒）。

④添加该幻灯片切换效果为“蜂巢”，持续时间为 3 秒，无声音。

(4) 第四张幻灯片。

①采用“仅标题”版式，标题内容为“插入音频和 SmartArt 图形”。

②插入一个“素材文件”文件夹中音频文件：高山流水 ( 古筝 ).mp3，并对播放设置：自动播放，播放时隐藏，循环播放，直到停止，淡入 1 秒，淡出 1 秒。

③版面中插入 SmartArt 图形，图形布局为“水平多层层次结构”，设置颜色为“强调文字颜色 1—蓝色”，外观样式为三维中的“优雅”；录入文字“纯音乐 高山流水（古筝） 金耳朵”，并设置为华文隶书，48 磅，白色。

(5) 第五张幻灯片。

①采用“仅标题”版式，标题内容为“插入视频”。

②插入“素材文件”文件夹中的视频：雨花石（片段），视频画面样式为强烈 —— 监视器，灰色。

③单击时全屏播放，从 2 秒处开始裁剪，裁剪长度为 1 分钟，淡入 1 秒，淡出 1 秒。

(6) 第六张幻灯片。

采用“空白”版式作为结束页面，插入艺术字，内容为“谢谢欣赏！”设置 PPT 背景为“纹理填充”，纹理样式为“画布”。

(7) 母版设置。

要求将第 2 至第 5 张幻灯片（仅标题）的母版背景设置为“素材文件”文件夹中的蓝色星星背景图片，标题文字设置为黑体、白色、44 号。

(8) 幻灯片播放设置。

设置演示文稿的放映方式为“循环放映，按 Esc 键终止”，保存演示文稿。

# 第 6 章　计算机网络应用与安全

## 学习导读

计算机网络是计算机技术与通信技术高度发展、紧密结合的产物。它的诞生和发展推动了社会的进步，改变了人们的工作、生活和思维方式，使人们可以不受时间和空间限制地工作、学习、交流和娱乐。计算机网络在当今社会中起着非常重要的作用，已经成为人们社会生活的一个重要组成部分，对人类社会的进步做出了巨大的贡献。通过本章的学习，让大家逐步认识计算机网络，掌握计算机 IP 地址、无线网卡、无线路由器的设置，同时初步掌握计算机网络安全和计算机病毒的基础知识与防护方法。

## 学习目标

- 掌握计算机网络基本概念。
- 了解 Internet 的基本概念。
- 掌握无线局域网的设置。
- 掌握网络安全的基础知识。
- 掌握计算机病毒的基础知识。
- 学会使用常用杀毒软件。

## 6.1　计算机网络应用

小华是某工作室的行政秘书，平时除了协助经理处理日常事务外，还要负责工作室办公环境的维护。小华的工作室中有多台台式计算机、多台笔记本计算机，还有些移动设备，他需将台式办公计算机、笔记本电脑和移动设备接入 Internet，这就要求小华必须掌握计算机 IP 地址、无线网卡、无线路由器的设置方法。

### 6.1.1　计算机网络基本概念

#### 1. 计算机网络的概念

计算机网络是计算机技术与通信技术相结合的产物，它是将地理位置不同、独立功能的多个计算机系统通过通信设备和线路连接起来，并在功能完善的网络软件支持下实现数据通信和资源共享的计算机集合。其特征为:

(1) 通过通信媒体互相连接的计算机群体。

(2) 网络中的每一台计算机都是独立的，任何一台计算机不干预其他计算机的工作。

(3) 计算机之间通过通信协议实现通信。

#### 2. 计算机网络的分类

(1) 按使用地理范围或联网规模可分为局域网、城域网、广域网。

①局域网（LAN）：在有限的地理区域内构成的计算机网络，其直径不超过几公里，数据传输率不低于几个 Mbps，为某单位或部门所独有。

②城域网（MAN）：覆盖整个城市的计算机网络。

③广域网（WAN）：是指覆盖面积辽阔的计算机网络。

注：因特网（Internet）不是一种具体的网络，它是把全球各种局域网和广域网通过路由器连接起来，采用 TCP/IP 协议实现全球信息服务的网络。

(2) 按信息传输带宽或传输介质可分为：基带网和宽带网。

①基带网络（Baseband Network)：通常使用的材料为双绞线或基带同轴电缆。基带就是不加任何调制直接使用数字信号来传输数据，终端设备把数字信号转换成脉冲电信号时，这个原始的电信号所固有的频带，称为基本频带，简称基带。在信道中直接传送基带信号时，称为基带传输。

②宽带网络（Broadband Network)：通常使用的材料为宽带同轴电缆或光纤。频带传输采用模拟信号传输数据，往往只占用有限的频带。通过借助频带传输，可以将链路容量分解成两个或更多的信道，每个信道可以携带不同的信号，这就是宽带传输。宽带传输中的所有信道都可以同时发送信号。

(3) 按网络功能和结构可分为：通信子网和资源子网，其关系如图 6-1 所示。

通信子网一般由路由器、交换机和通信线路组成，负责数据传输。

资源子网由主机、外设、各种软件和信息资源等组成。

通信子网的功能：它负责全网的数据处理和向网络用户提供网络资源及网络服务。

资源子网的功能：负责信息处理。

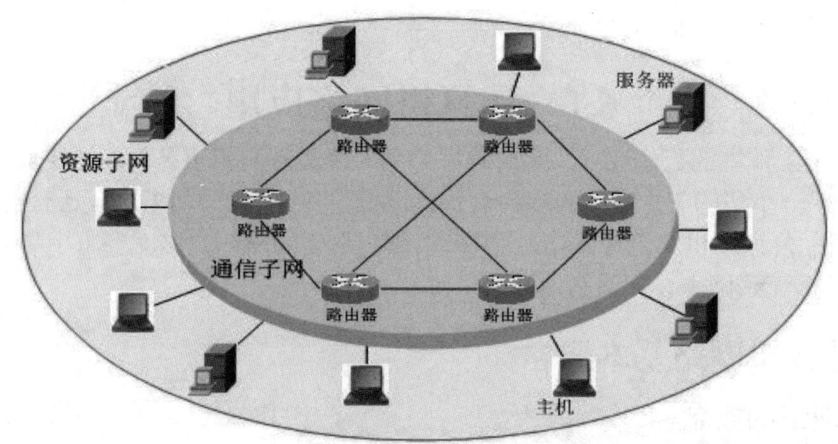


图 6-1　资源子网与通信子网的关系图

(4) 按计算机网络的拓扑结构可分为星形结构、环形结构、总线形结构、树形结构、网状结构。

由点和线组成的几何图形，称为网络拓扑结构（点：服务器、工作站；线：通信介质）。如图 6-2 所示。

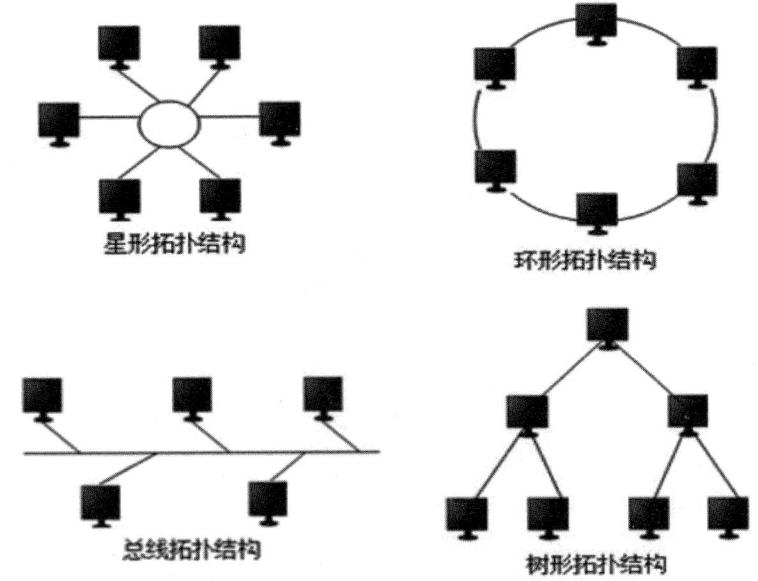


图 6-2　计算机网络拓扑结构

①星形结构：一个中心集中式控制。工作站点设计简单，对中心站的可靠性要求高。

②环形结构：一个站点发出信息，所有站点都能完全接收。信息单向流动，接口功能简单，网络扩充方便，但有一个工作站发生问题，可能导致整个网络停止工作。

③总线形结构：可靠性好，个别工作站的问题不会影响其他站点工作。但由于承载能力的影响，总线的节点数量有一定限制。

④树形结构：对根部计算机要求较高，可充分利用计算机资源。

⑤网状结构：任一节点至少有两条通信线路与其他节点相连，因此各处节点都具有选择传输线路和控制信息流的能力。网络的可靠性高，当某一线路或节点出现故障时，不会影响整个网络运行。广域网基本上采用网状结构。

### 3. 计算机网络的组成

大型的计算机网络是一个复杂的系统。例如，现在所使用的 Internet 网络，它是一个集计算机软件系统、通信设备、计算机硬件设备以及数据处理能力于一体的，能够实现资源共享的现代化综合服务系统。一般网络系统的组成可分为 3 部分：硬件系统、软件系统和网络信息。

(1) 硬件系统

硬件系统是计算机网络的基础，硬件系统由计算机、通信设备、连接设备及辅助设备组成，通过这些设备的组成形成了计算机网络的类型。下面是几种常用的设备。

①服务器（Server）：在计算机网络中，核心组成部分是服务器。服务器是计算机网络中向其他计算机或网络设备提供服务的计算机，并按提供的服务被冠以不同的名称，如数据库服务器，邮件服务器等。常用的服务器有文件服务器、打印服务器、通信服务器、数据库服务器、邮件服务器、信息浏览服务器和文件下载服务器等。

②客户机（Client）：客户机是与服务器相对的一个概念。在计算机网络中享受其他计算机提供的服务的计算机就称为客户机。

③网卡：网卡是安装在计算机主机板上的电路板插卡，又称网络适配器或者网络接口卡 NIC（Network Interface Card）。网卡的作用是将计算机与通信设备相连接，负责传输或者接收数字信息。如图 6-3 所示。

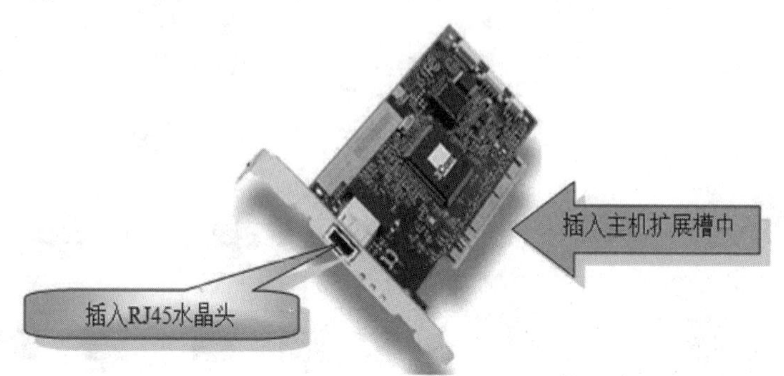


图 6-3　网卡

④调制解调器：调制解调器（俗称 Modem）是一种信号转换装置，它可以将计算机中传输的数字信号转换成通信线路中传输的模拟信号，或者将通信线路中传输的模拟信号转换成数字信号。一般将数字信号转换成模拟信号，称为“调制”过程；将模拟信号转换成数字信号，称为“解调”过程。

⑤集线器：集线器是局域网中常用的连接设备，它有多个端口，可以连接多台本地计算机，机如图 6-4 所示。

图 6-4　集线器

图 6-5　交换机

⑥交换机：集线器的带宽是一定的，所连接的设备越多，每个设备所分得的带宽就越少，从而导致网络的性能下降。为了提高传输速率，出现了交换式集线器，也就是交换机。交换机采用电话交换原理，可以同时让多个端口的工作站发送和接收数据。假如交换机上连接了八台工作站，则可以让四对工作站同时发送 / 接收信息。与集线器相比，交换机每个端口都有一条独占的带宽。而集线器不管有多少个端口，所有端口都是共享一条带宽，且在同一时刻只能有两个端口传送数据，其他端口只能等待，如图 6-5 所示。

⑦路由器：路由器是互联网中常用的连接设备，它可以将两个网络连接在一起，组成更大的网络。路由器可以将局域网与 Internet 互联，如图 6-6 所示。

图 6-6　路由器

⑧中继器：中继器可用来扩展网络长度。中继器的作用是在信号传输较长距离后，进行整形和放大，但不对信号进行校验处理等。

⑨有线传输介质：双绞线、同轴电缆、光导纤维，如图 6-7 所示。

图 6-7　有线传输介质

⑩无线传输介质：无线电波、微波和红外线。微波通信如图 6-8 所示。

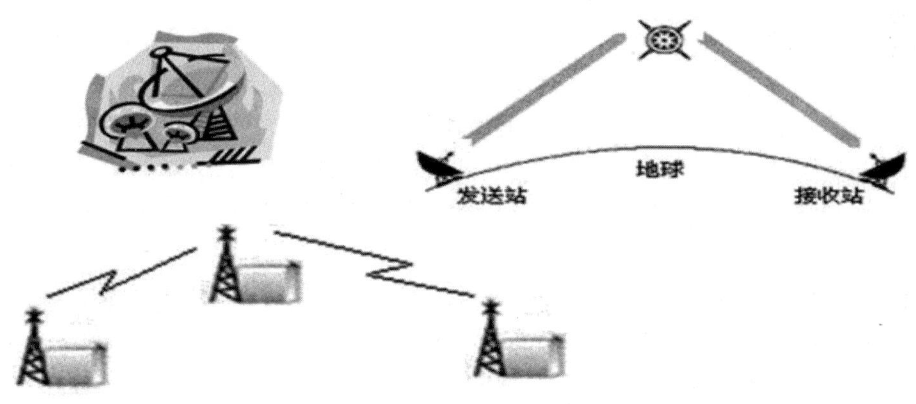


图 6-8　无线传输介质

(2) 软件系统

软件系统包括网络操作系统和网络协议等。网络操作系统是指能够控制和管理网络资源的软件，由多个系统软件组成，在基本系统上有多种配置和选项可供选择，使得用户可根据不同的需要和设备构成最佳组合的互联网络操作系统。网络协议是计算机网络中的实体之间有关通信规则和标准的集合。网络体系结构主要有 ISO 的 OSI 参考模型和 TCP/IP 参考模型。

网络操作系统就是为了使联网的计算机能方便而有效地共享资源提供网络工作平台。其特点为：提供高效、可靠的网络通信能力；提供多种网络服务功能。

① UNIX 网络操作系统：主流操作系统，历史悠久，但版本不统一。

一般采用 UNIX 系统，主要是必须运行相应的软件，如客户 / 服务器模式的数据库银行系统等。

② Novell 网络操作系统（Netware）：其目录服务功能是以单一逻辑方式访问所有网络服务和资源的技术，用户只需一次登录即可访问全部服务和资源，其主要缺点是在其上运行的软件均需设计成可加载模块方式，编程困难。

③ Microsoft Windows 网络操作系统：价格低、应用服务功能强、安全性好、内含软件丰富，但其文件服务功能不如 Netware 强大，占用服务器资源多。

(3) 网络信息

计算机网络上存储、传输的信息称为网络信息。网络信息是计算机网络中最重要的资源，它存储于服务器上，由网络系统软件对其进行管理和维护。

## 6.1.2 Internet 的基本概念

### 1. TCP/IP 协议

Internet 是当今世界上规模最大的计算机网络，已延伸到 200 多个国家和地区，有着丰富的信息资源。Internet 采用 TCP/IP 协议，它是针对网络互联开发的一组通信协议。使得各种异构网络或主机能够通过 TCP/IP 协议实现互联通信。IP 协议是网际协议，作用是控制网上数据传输，但不检查遗失或丢弃的报文；TCP 协议是传输控制协议，作用是保证数据传输的正确性和完整性。

### 2. IP 地址

使用 TCP/IP 协议（IPv4）时，网络上每个主机必须有一个不与其他主机重复的 IP 地址，以标明该主机在网络上的位置，每个 IP 地址由 4 个字节组成，共 32 位。为了方便记忆，常使用“点分十进制记法”，即将 32 位 IP 地址中的每 8 个二进制位用与其等效的十进制数字表示，并且用“．”分隔。IP 地址由两部分组成，前面部分为网络号，后面部分为主机号。例如：中国教科网网控中心主机的 IP 地址为：11001010.01110000.00000000.00100100，通常写成十进制数：202.112.0.36。

按照网络规模，网络可分为三类，大型（A 类）、中型（B 类）和小型（C 类）。

A 类地址首位为 0，网络号用第一字节余下的 7 位表示，即第一字节在 1~126；每一网络号可有网络主机数为 $2\sim2^{24}$ 台。

B 类地址首位为 10，网络号用第一字节余下的 6 位和第二字节表示，即第一字节在 128~191；每一网络号可有网络主机数为 $2\sim2^{16}$ 台。

C 类地址首位为 110，网络号用第一字节余下的 5 位和第二、三字节表示，即第一字节在 192~223。每一网络号可有网络主机数为 $2\sim2^{8}$（254）台。例如：192.168.0.8，该 IP 地址是属于 C 类地址，网络号码为 192.168.0，本地主机号为 8。

网络寻址规则：

(1) 网络地址必须唯一。

(2) 网络标识不能以数字 127 开头。在 A 类地址中，数字 127 保留给内部回送函数。

(3) 网络标识的第一个字节不能为 255。数字 255 作为广播地址。

(4) 网络标识的第一个字节不能为“0”，“0”表示该地址是本地主机，不能传送。

主机寻址规则：

(1) 主机标识在同一网络内必须是唯一的。

(2) 主机标识的各个位不能都为“1”，如果所有位都为“1”，则该主机地址是广播地址，而非主机的地址。

(3) 主机标识的各个位不能都为“0”，如果各个位都为“0”，则表示“只有这个网络”，而这个网络上没有任何主机。

## 3. 域名

主机的 IP 地址用二进制或十进制表示，使用起来不太方便，更常用的是用主机的名字（域名），域名是网络上每台计算机的名称，网络上不允许有重复的域名。域名的常用结构是：主机名 . 机构名 . 次高域名 . 最高域名。例如：www.people.com.cn 该域名中 www 表示主机为 Web 服务器，机构名 people 为“人民日报”，com 表示该机构是一个商业机构，cn 则表示该主机源自的国家是中国。每个域名对应一个 IP 地址，在发送信息时域名服务器（DNS）将主机的域名转换为 IP 地址。

常见的顶级域名（最高域名）是国码顶级域名，如 .CN（中国），.UK（英国），.JP（日本），.FR（法国），.HK（香港），等等。常见的二级域名（次高域名）是组织性域名，如 .COM（商业机构），.NET（网络管理部门），.EDU（教育部门），.GOV（政府机关），等等。

## 4. 统一资源定位符

统一资源定位符（URL），是专为标识 Internet 网上资源位置而设置的一种编址方式。一般表示为：传输协议 :// 主机 IP 地址 / 资源路径和文件名。常见协议有超文本传输协议 http、文件传输协议 ftp 等。例如：http://xinxi.zzcah.edu.cn/jingpin/index.aspx。

## 5. Internet 提供的基本服务

(1) 电子邮件（E-mail）：在网络上传送信件，它简便、迅速、廉价，是 Internet 上使用最多的一种服务。

(2) 文件传输 FTP（上传和下载软件）：FTP 是将一台计算机上的文件传送到另一台计算机上。例如：可以使用 ftp://glitlib@www3.glit.edu.cn/ 进行文件的上传和下载。

(3) 远程登录（Telnet）：从本地机以终端方式访问远程的服务器的方式。用户可以像在本地机器上机一样来使用远程服务器。

(4) 万维网（WWW）：WWW 也称 3W，是 World Wide Web 的缩写，中文名称叫作万维网或环球网。WWW 有时也简称为 Web，它是基于超文本方式具有十分友好的用户查询接口的信息查询工具。它提供的基于超文本格式的检索器，是目前最受欢迎的检索工具。

## 6.1.3 无线路由器连接

无线路由器的配置，多为通过 Web 方式进行配置。无线路由器在没有正确配置前，无线功能可能无法使用，我们需要将外网线连接到无线路由器的 WAN 口，计算机的网线与无线路由器的 LAN 口相连，连接方式如图 6-9 所示。在浏览器地址栏中输入默认的 IP 地址，http://192.168.1.1，再按回车键，就可以登录到配置界面，连接无线路由器的计算机在没有正确配置 IP 地址前，是无法登录到无线路由器的登录界面的。每台路由器的默认 IP 地址可能不相同，可在路由器上的标明或说明书中找到。在通过 Web 设置路由器时，与路由器连接的计算机的 IP 地址，必须设置成与路由器在同一网段中，如路由器 IP 地址是 192.168.1.1，则与之连接的计算机的 IP 地址可设置成 192.168.1.2~192.168.1.254 的任一地址。

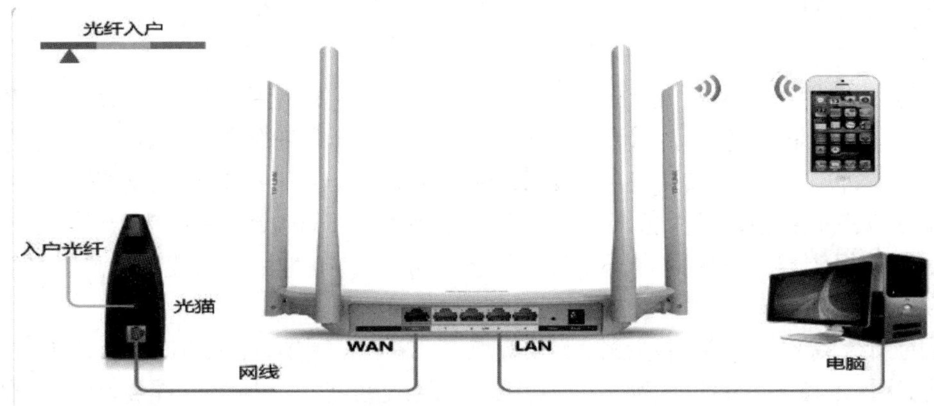


图 6-9 无线路由器连接方式

## 6.1.4 计算机 IP 地址的设置

在计算机正确安装好网卡驱动的情况下，选择控制面板—网络和共享中心—更改适配器设置—本地连接—属性，如图 6-10 所示。

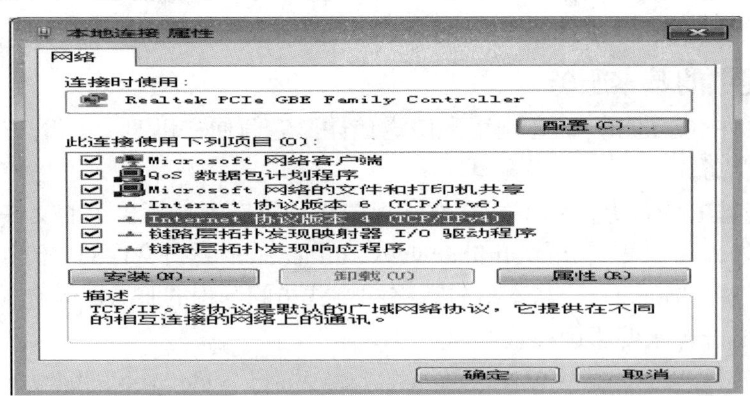


图 6-10 本地连接属性

选择 Internet 协议版本 4（TCP/IPv4），单击属性—选择使用下面的 IP 地址。IP 地址输入：192.168.1.2~192.168.1.254 任一地址，在此输入 192.168.1.2，子网掩码输入 255.255.255.0，默认网关输入 192.168.1.1，即路由器的 IP 地址。如图 6-11 所示。

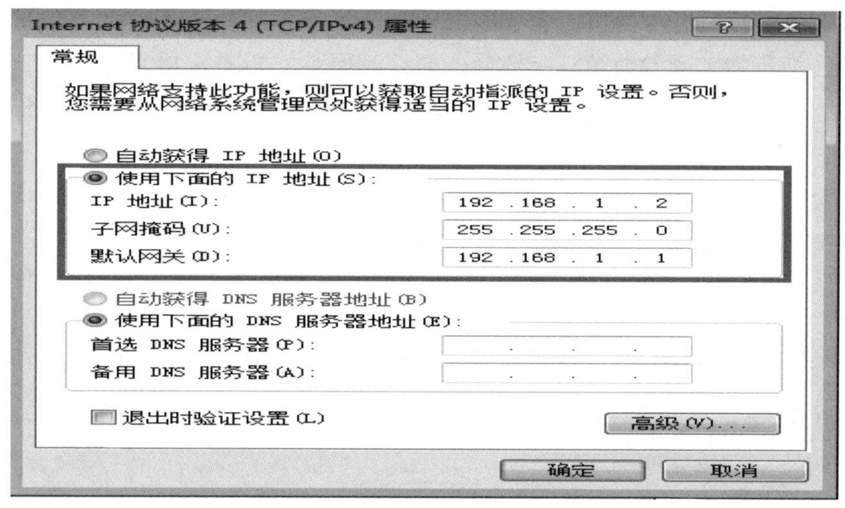


图 6-11　Internet 协议版本 4（TCP/IPv4）属性

## 6.1.5　无线路由器配置

在浏览器地址栏中输入路由器的 IP 地址 http://192.168.1.1，回车后即可进入路由器的 Web 设置界面。一般路由器在进入 Web 设置界面时，需要管理员密码，如第一次输入，按说明书介绍，如设置有原始密码，则输入原始密码即可，没有设置原始密码，则进入路由器需要设置一个管理员密码，如图 6-12 所示。输入正确用户名和密码后，即进入路由器的设置界面，如图 6-13 所示。进入路由器的设置界面，配置上网参数，其与我们申请的上网服务有关，一般服务商会提供的上网参数有 3 种形式。

(1) 上网账号，即 PPPOE 拨号上网，有账户名称及密码，这个账号是固定不变的，这个账号要保存好，一般家庭中常用这种方式。

(2) 动态获取 IP 地址，这种上网方式很简单，不需要什么配置，把外线插上即可上网，一般家庭中很少用这种方式。

(3) 静态 IP 地址，上网所需要的 IP 地址、子网掩码、网关、DNS 等参数均由服务商提供；这种一般用于企业单位，有固定 IP 服务费用，比家庭的贵很多，此种方式可提供很多种服务，如 Web 服务器、FTP 服务器的架设等。

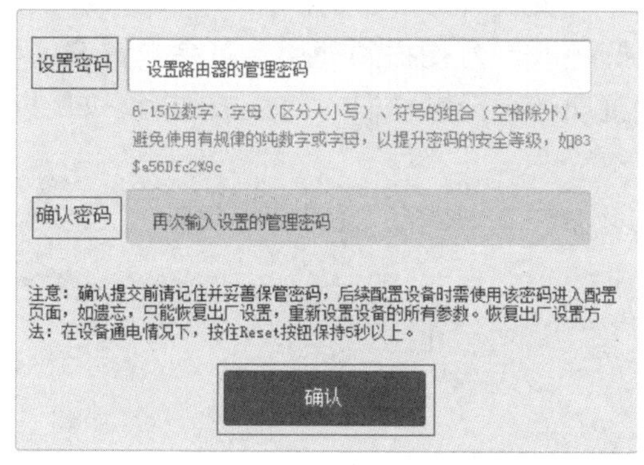


图 6-12　路由器密码设置界面

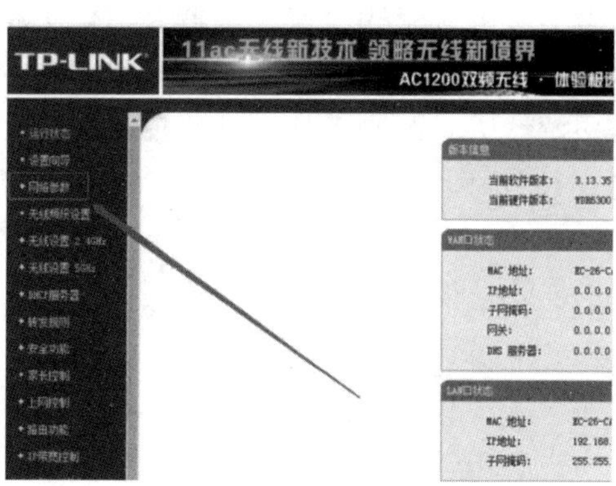


图 6-13　路由器的 Web 设置界面

在 WAN 口参数设置中就可以看到刚刚上面所涉及上网的三种方式，可以根据实际情况进行选择，把具体上网参数填写完成后，要注意保存，如图 6-14 所示。

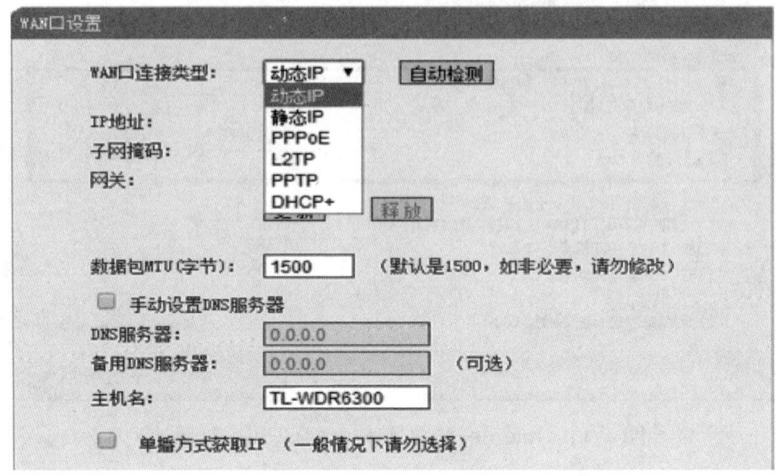


图 6-14　上网方式选择

PPPOE 上网设置方式，如图 6-15 所示，静态 IP 上网设置方式，如图 6-16 所示。

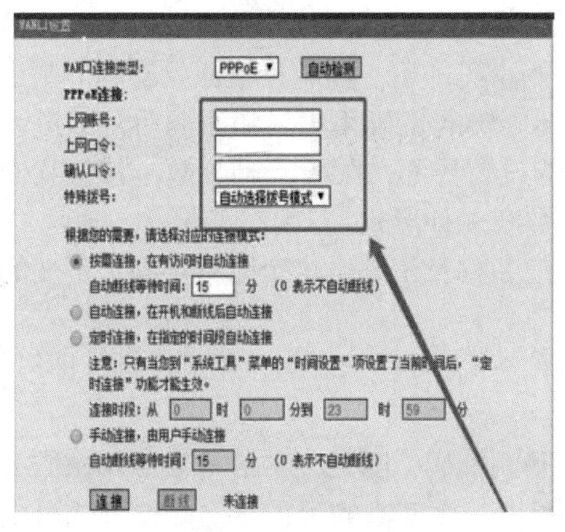

图 6-15　PPPOE 上网设置方式

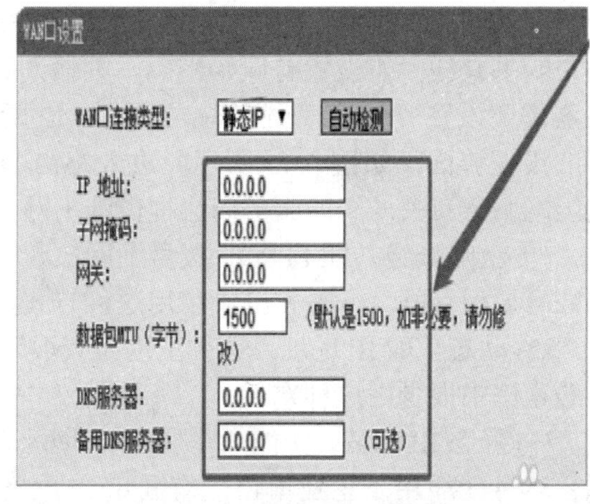


图 6-16　静态 IP 上网设置方式

接下来进入无线设置，设置 SSID 名称，这一项默认为路由器的型号，这只是在搜索的时候显示的设备名称，可以根据你自己的喜好更改，方便搜索使用。其余设置选项可以根据系统默认，无须更改，但是在网络安全设置项必须设置密码，防止被蹭网，如图 6-17 和图 6-18 所示。

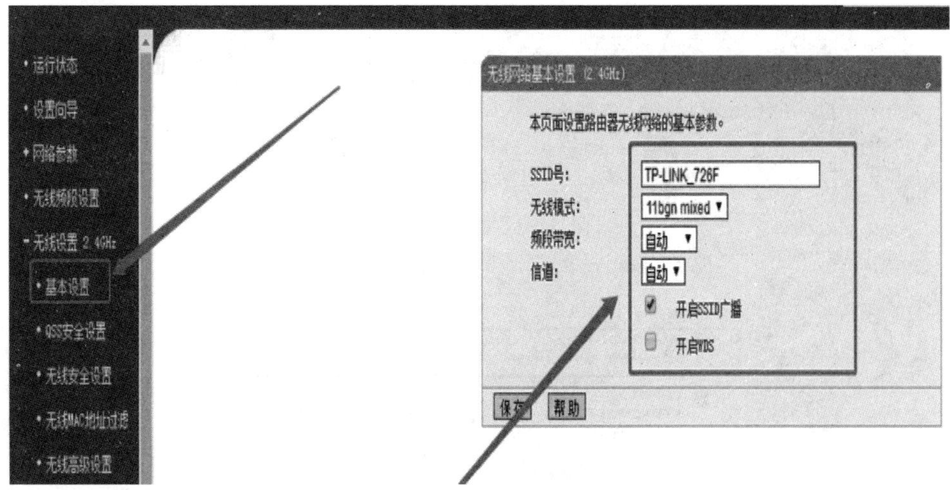


图 6-17　无线设置 SSID

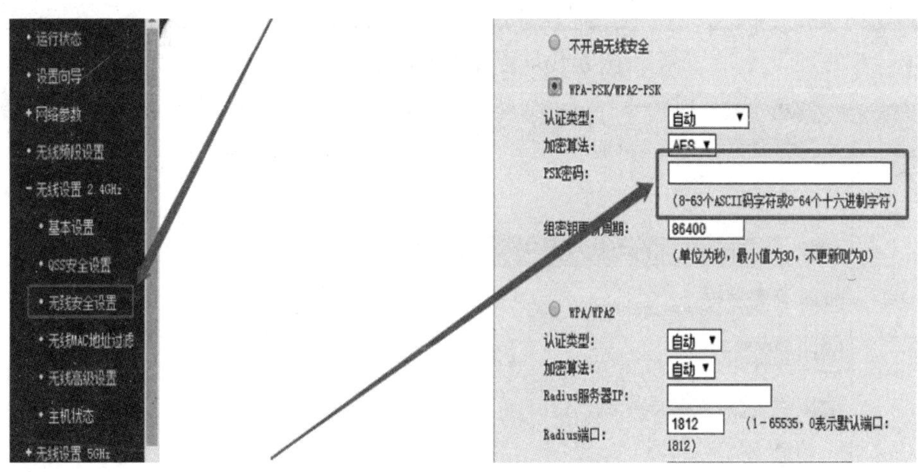


图 6-18　无线设置密码

如果想让其他计算机方便地配置网络，可以在路由器中打开 DHCP 服务，这样，所有与路由器连接的局域网中的计算机的 TCP/IP 协议设置为“自动获得 IP 地址”，路由器即可自动为每台计算机配置网络。无须再为每台计算机分别指定 IP 地址，当然也可以手动为每台计算机指定 IP 地址。

## 6.1.6　无线网卡配置

首先正确安装无线网卡的驱动，然后选择“控制面板—网络和共享中心—设置新的连接或网络”，如图 6-19 所示。在连接到 Internet 中，选择“连接到 Internet”，如图 6-20 所示。然后填写在路由器配置中设置的相关信息，设置完成后，即可连接到无线网络。

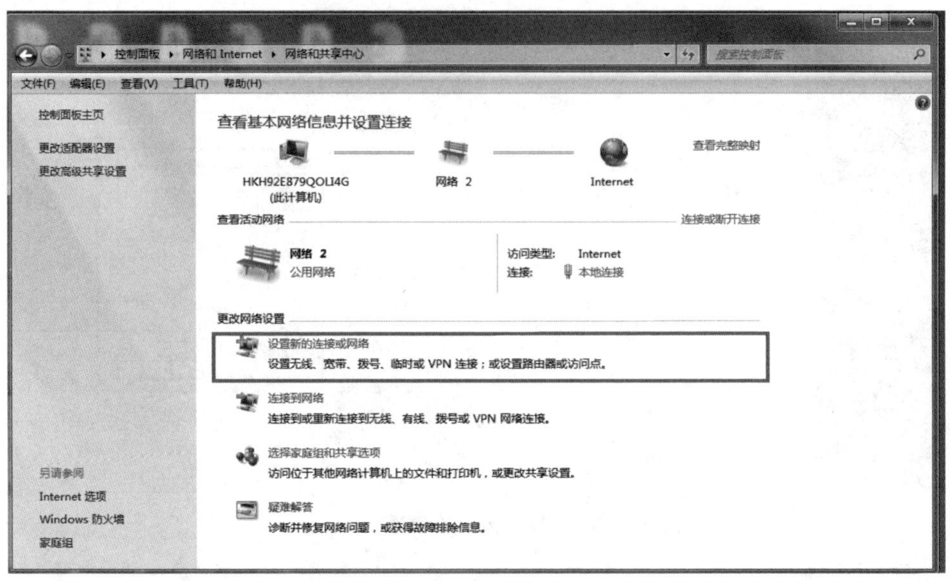


图 6-19　设置新的连接或网络

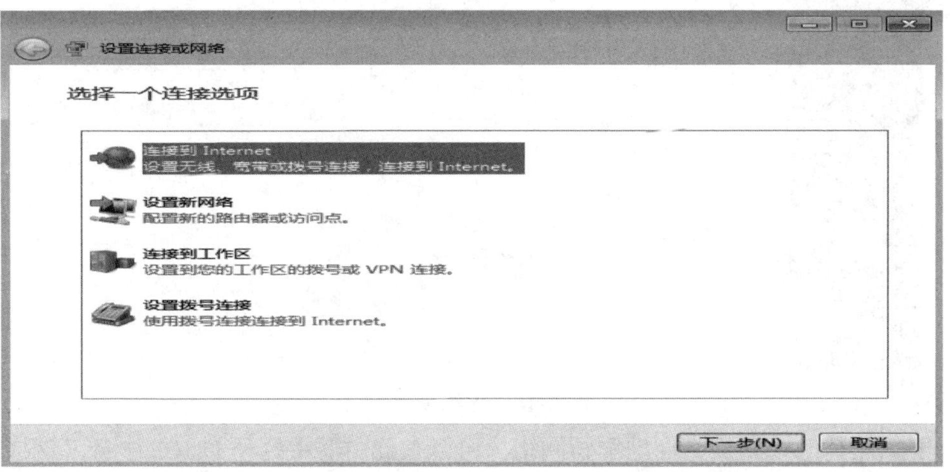


图 6-20　连接到 Internet

一般情况下，无线网卡的频段不需要设置，系统会自动搜索，无线网卡可自动搜索到频段。因此，如果设置好无线路由器后，无线网卡无法搜索到无线网络，一般多是频段设置的原因，再按上面设置正确的频段即可。设置完成后，选择“控制面板—网络连接—鼠标双击无线网络连接”，选择“无线网络连接”状态，正确情况下，无线网络应正常连接，如图 6-21 所示。

如果无线网络连接状态中，没有显示连接，单击查看无线网络，然后选择刷新网络列表，在系统检测到可用的无线网络后，单击连接，即可完成无线网络连接，如图 6-22 所示。

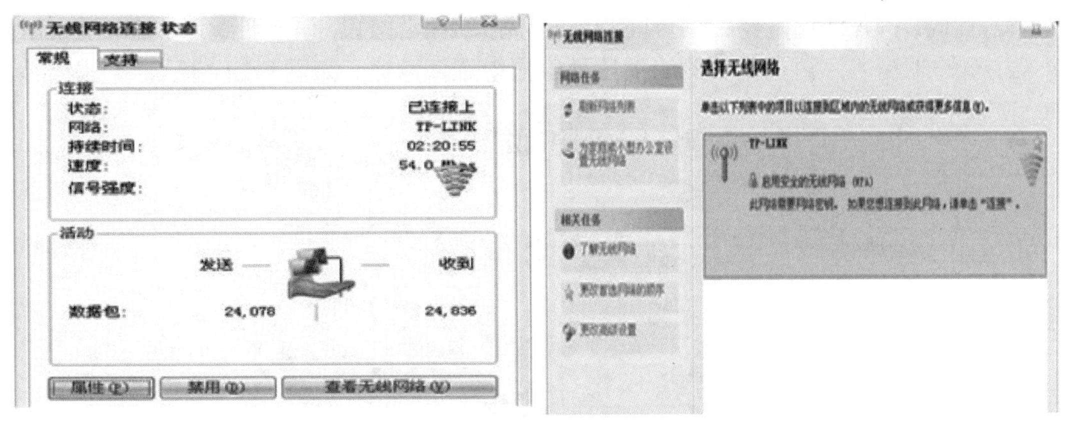


图 6-21　无线网络连接状态窗口　　　　图 6-22　查看无线网络连接

## 6.1.7　电子邮件的使用

电子邮件（E-mail）是 Internet 所提供的一个很重要的服务，与传统的邮件相比，电子邮件不但可以节省邮费，而且大大节省了信件的往返时间。无论在何时何地，只要能接入 Internet 平台，就可以进行邮件的发送与接收。

电子邮件地址通常由以下三部分组成。

(1) 用户名：是用户在服务器上自行申请的信箱名。

(2) 分隔符 @：将用户名与域名分开的符号，读作“at”（很多人习惯称为蜗牛）。

(3) 域名（邮件服务器名）：是邮件服务器的 Internet 地址，是为用户提供电子邮件信箱的邮局。

### 1. 申请免费电子邮箱

在 Internet 上有很多网站提供免费使用 E-mail 的服务。用户只要登录到这些网站，提供合乎要求的申请信息来申请一个免费的电子邮箱，即可使用它收发电子邮件。

电子邮箱的申请一般有 5 个步骤：登录网站、注册新用户、阅读服务条款、注册信箱、注册成功。在网易网站上申请一个免费的电子邮箱的操作步骤如下。

(1) 在 IE 浏览器地址栏中输入 http://www.163.com，按“Enter”键，打开网易网站主页，单击“注册免费邮箱”超链接，如图 6-23 所示。

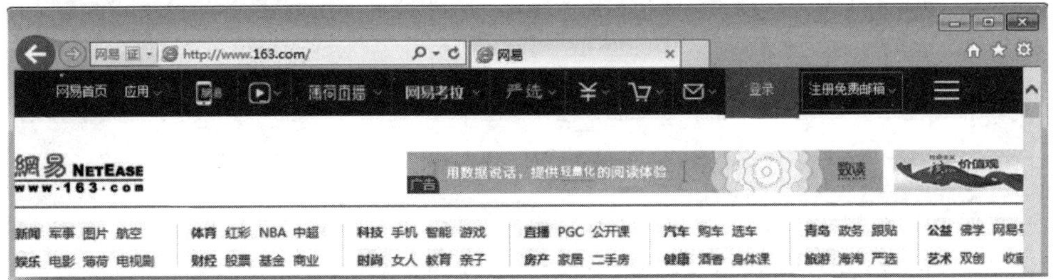


图 6-23　打开网易网站主页

(2) 此时，打开注册网易邮箱页面，单击“免费邮箱”按钮，该按钮默认状态下是选中的。输入注册的邮箱名，再在其右侧的下拉列表框中选择域名，如图 6-24 所示。

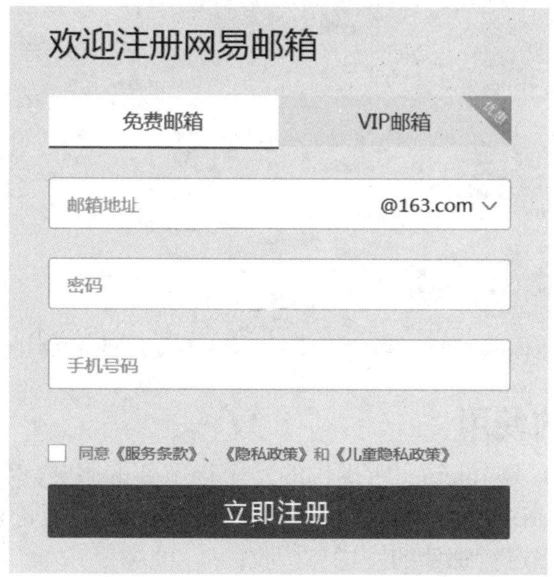


图 6-24　网易电子邮箱注册页面

(3) 在注册网易邮箱页面中输入密码、手机号码等信息，输完手机号码后，单击页面中的任意位置，会弹出一个手机扫描二维码快速发送短信进行验证的提示界面，用手机扫描二维码后，按提示发送相关的短信，即可完成验证，然后选择“同意‘服务条款’和‘隐私权相关政策’”复选框，单击“立即注册”按钮，即可完成注册。

## 2. 使用免费电子邮箱发送邮件

使用申请的免费邮箱 gcsl1001@163.com，向 scdy1001@126.com 邮箱发送一封 E-mail，并在邮件中附上几个文件。

(1) 在 IE 浏览器地址栏中输入网址 E-mail.163.com，按“Enter”键，打开 163 网易邮箱页面，输入用户名和密码，单击“登录”按钮登录免费邮箱，如图 6-25 所示。

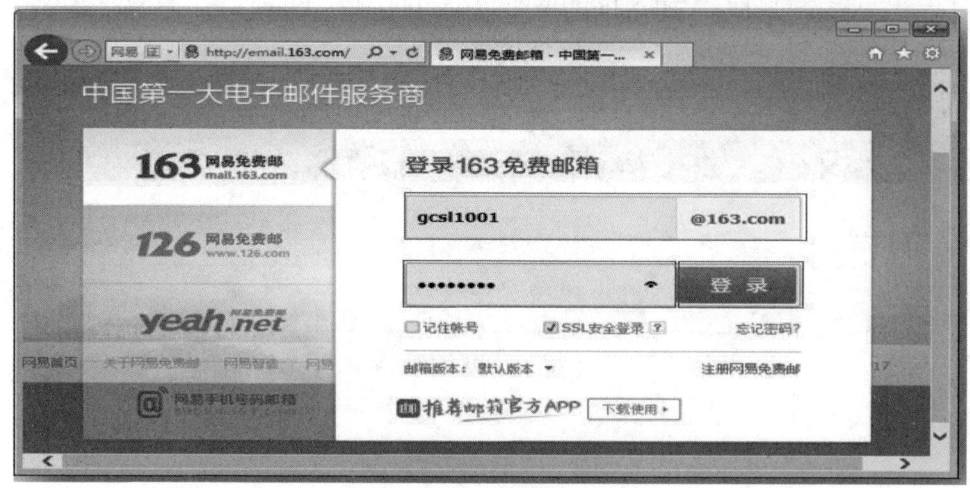


图 6-25　打开网易邮箱页面

(2) 在免费邮箱中单击“写信”按钮，进入邮件编辑状态，如图 6-26 所示。

图 6-26　进入网易邮箱写信页面

(3) 填写“收件人”的电子邮件地址和邮件“主题”，然后在“内容”区输入邮件内容并设置格式，如图 6-27 所示。

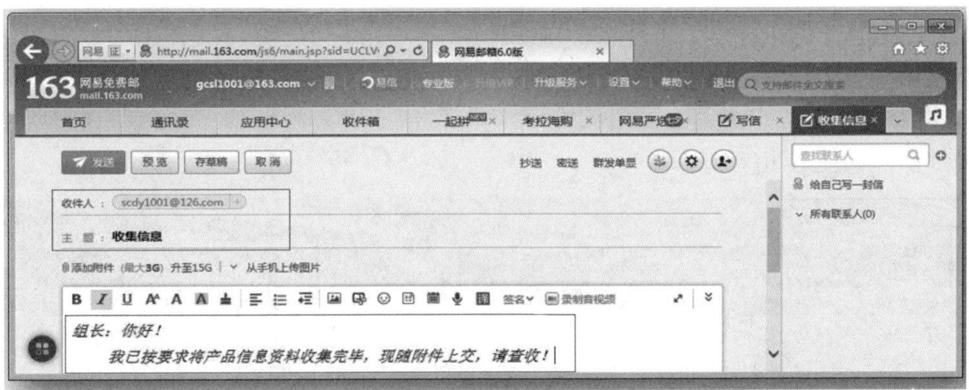

图 6-27　编辑发送邮件内容

(4) 单击“添加附件”超链接，在弹出的“选择要加载的文件”对话框中选择要添加的文件，单击“打开”按钮，如图 6-28 所示。

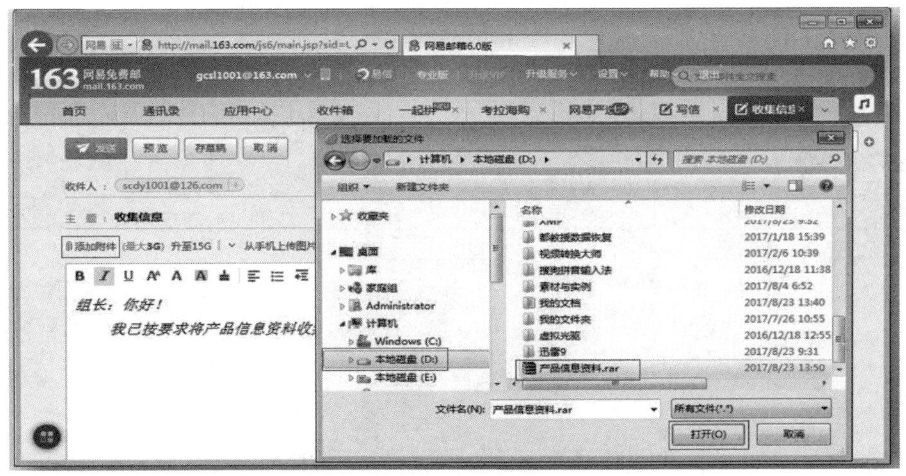

图 6-28　在发送邮件中添加附件

(5) 待附件上传完毕，单击“发送”按钮，即可将邮件发送至目标电子邮件地址，如图 6-29 所示。

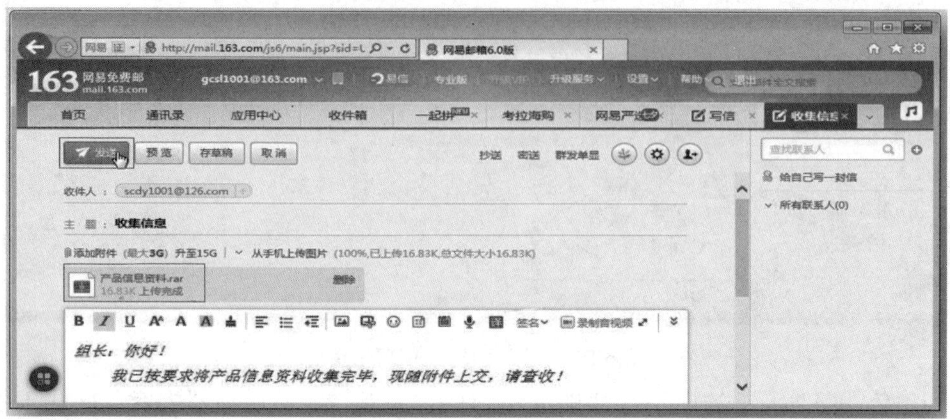

图 6-29　发送邮件页面

### 3. 使用免费电子邮箱接收邮件

接收由 gcsl1002@126.com 邮箱发送的一封 E-mail，并进行附件文件下载。

(1) 在登录的免费邮箱中，单击“收件箱”按钮，进入收件箱，在邮件列表中单击要查看的邮件，如图 6-30 所示。

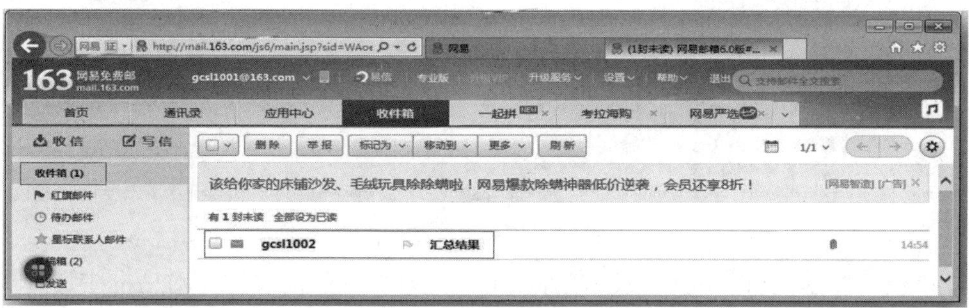

图 6-30　网易邮箱收件箱页面

(2) 查看选择的邮件内容，若该邮件带有附件，可单击附件右侧的“查看附件”超链接，如图 6-31 所示。

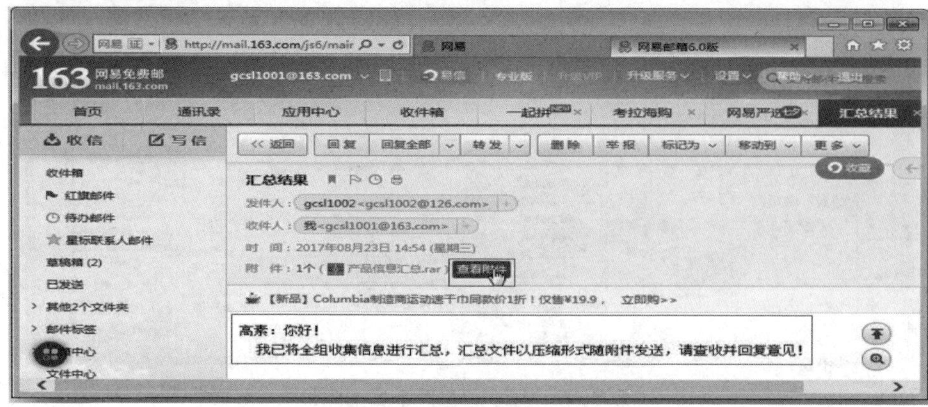

图 6-31　查看邮件内容页面

(3) 将鼠标指针移至附件上方，在弹出的浮动工具栏中单击“下载”按钮，可将附件下载至计算机，如图 6-32 所示。

图 6-32　下载邮件中的附件

(4) 可以在查看邮件内容的页面中，单击“回复”按钮，然后编辑邮件发送给本邮件的发件人；单击“转发”按钮，可以将本邮件发送给其他人；单击“删除”按钮，可以将本邮件从邮箱中删除。如图 6-33 所示。

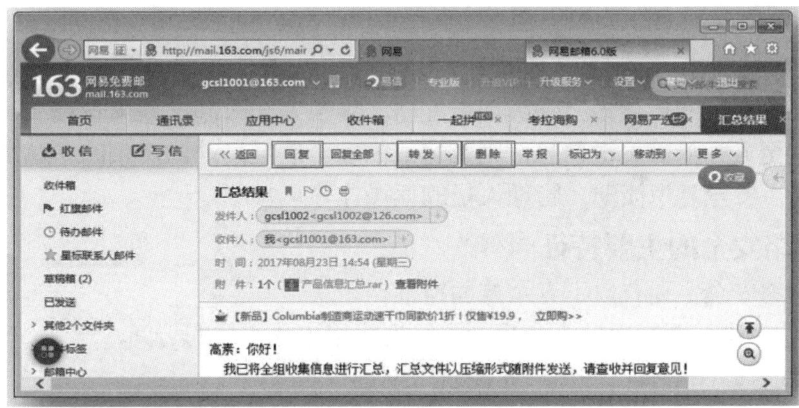

图 6-33　回复接收邮件页面

# 6.2　计算机网络安全

小华的工作室，台式办公计算机、笔记本计算机和移动设备接入 Internet 后，需要保证办公计算机使用起来顺畅，免于病毒和木马侵入。这就要求小华必须掌握常规性的安全防护工具的安装使用。

## 6.2.1　计算机网络安全

### 1. 计算机网络安全的定义

计算机网络安全是指网络系统的硬件、软件及其系统中的数据受到保护，不受偶然的因素或者恶意的攻击而遭到破坏、更改、泄露，确保系统能连续、可靠、正常地运行，网络服务不中断。常见的影响网络安全的问题主要有病毒、黑客攻击、系统漏洞、资料篡改等，这就需要我们建立一套完整的网络安全体系来保障网络安全可靠地运行。

### 2. 影响计算机网络安全的主要因素

(1) 信息泄密。主要表现为网络上的信息被窃听，这种仅窃听而不破坏网络中传输信息的网络侵犯者被称为消极侵犯者。

(2) 信息被篡改。这是纯粹的信息破坏，这样的网络侵犯被称为积极侵犯者。积极侵犯者截取网上的信息包，并对之进行更改，使之失效，或者故意添加一些破坏性的信息，起到信息误导的作用，其破坏作用非常大。

(3) 传输非法信息流。只允许用户同其他用户进行特定类型的通信，但禁止其他类型的通信，如允许电子邮件传输而禁止文件传送。

(4) 网络资源的错误使用。如不合理的资源访问控制，一些资源有可能被偶然或故意破坏。

(5) 非法使用网络资源。非法用户登录进入系统使用网络资源，造成资源的消耗，损害了合法用户的利益。

(6) 环境影响。自然环境和社会环境对计算机网络都会产生极大的不良影响。如恶劣的天气、灾害、事故会对网络造成损害和影响。

(7) 软件漏洞。软件漏洞包括以下几个方面：操作系统、数据库及应用软件、TCP/IP 协议、网络软件和服务、密码设置等安全漏洞。这些漏洞一旦遭受电脑病毒攻击，就会带来灾难性的后果。

(8) 人为安全因素。除了技术层面上的原因外，人为的因素也构成了目前较为突出的安全因素，无论系统的功能多么强大或者配备了多少安全设施，如果管理人员不按规定正确地使用，甚至人为泄露关键信息，则其造成的安全后果是难以想象的。这主要表现在管理措施不完善，安全意识淡薄，管理人员的误操作等。

### 3. 计算机网络安全的主要特征

计算机网络安全主要有以下五个方面特征。

(1) 机密性：确保网络通信不会受到未经授权用户或实体的访问。

(2) 完整性：确保只有合法用户才能对数据进行修改。

(3) 可用性：确保合法用户访问时总能从服务方及时得到需要的数据。

(4) 可控性：确保可以根据公司的安全策略对信息流向及行为方式进行授权控制。

(5) 可审查性：确保当出现网络安全问题后能够提供调查的依据和方法。

### 4. 计算机网络安全的主要技术

网络安全技术随着人们网络实践的发展而发展，其涉及的技术面非常广，主要的技术如下：认证技术、加密技术、防火墙技术及入侵检测技术等，这些都是网络安全的重要防线。

(1) 认证技术

对合法用户进行认证可以防止非法用户获得信息系统的访问权限，使用认证机制还可以防止合法用户访问他们无权查看的信息。

(2) 加密技术

加密技术就是通过一种方式使信息变得混乱，从而使未被授权的人看不懂它。主要有两种加密技术：对称密钥加密和非对称密钥加密。通过使用加密技术，可以为网络安全提供的安全服务有保密性、完整性、不可否认性。加密技术是网络安全技术的基石。

①明文和密文。明文是指未加密前的原始数据，密文是指加密后的数据。

②数据加密技术。是指数据发送方将一个信息（或称明文）经过加密钥匙及加密函数转换，变成无意义的密文，而接收方则将此密文经过解密函数、解密钥匙还原成明文的技术。

③对称密钥加钥。对称密钥加密又称私钥加密，对称密钥算法是指对数据加密和解密时使用同一个密钥，加密密钥能够从解密密钥中推算出来，反过来也成立。这个密钥通常称为 session key。1970 年 IBM 公司开发的数据加密标准（Data Encryption Standard, DES）就是一种典型的对称密钥算法，其 session key 长度为 56bit。

④非对称密钥加密。非对称密钥算法又称公开密钥算法，是指对数据加密和解密时使用的不是同一个密钥，即通常有两个密钥——“公钥”和“私钥”。这两个密钥必须配对使用，否则不能打开加密文件。“公钥”是可以对外公布的，“私钥”则不能，只能由持有人知道。

(3) 防火墙技术

防火墙是一种位于内部网络与外部网络之间的网络安全系统。一项信息安全的防护系统，依照特定的规则，允许或是限制传输的数据通过。它是网络访问控制设备，用于拒绝除了明确允许通过之外的所有通信数据，不同于只会确定网络信息传输方向的简单路由器，而是在网络传输通过相关的访问站点时对其实施一整套访问策略的一个或一组系统。防火墙的基本类型有包过滤防火墙、应用技术网关、状态检测防火墙。防火墙也有局限性，它不能防范不通过它的连接，如防火墙内部的攻击者，或者站点允许对防火墙后面的内部系统进行拨号访问。因此，防火墙只用于防止来自外部网络非法用户的恶意攻击，是一种被动的防御技术。但事实是，大多数的攻击来自网络的内部而不是外部。

(4) 入侵检测技术

入侵检测技术是为保证计算机系统的安全而设计与配置的一种能够及时发现并报告系统中未授权或异常现象的技术，是一种用于检测计算机网络中违反安全策略行为的技术。在入侵检测系统中利用审计记录，入侵检测系统能够识别出任何不希望有的活动，从而达到限制这些活动，以保护系统的安全。

(5) 虚拟专用网（VPN）技术

VPN 是目前解决信息安全问题的一个最新、最成功的技术课题之一，所谓虚拟专用网（VPN）技术就是在公共网络上建立专用网络，使数据通过安全的“加密管道”在公共网络中传播。用以在公共通信网络上构建 VPN 有两种主流的机制，这两种机制为路由过滤技术和隧道技术。目前 VPN 主要采用了如下四项技术来保障安全：隧道技术（Tunneling)、加解密技术（Encryption & Decryption)、密钥管理技术（Key Management) 和使用者与设备身份认证技术（Authentication)。

## 6.2.2　计算机病毒

### 1. 计算机病毒的定义

计算机病毒（Computer Virus）在《中华人民共和国计算机信息系统安全保护条例》中被明确定义，是指“编制者在计算机程序中插入的破坏计算机功能或者破坏数据，影响计算机使用并且能够自我复制的一组计算机指令或者程序代码”。

计算机病毒与医学上的“病毒”不同，计算机病毒不是天然存在的，是人利用计算机软件和硬件所固有的脆弱性编制的一组指令集或程序代码。它能潜伏在计算机的存储介质（或程序）里，条件满足时即被激活，通过修改其他程序的方法将自己的精确拷贝或者可能演化的形式放入其他程序中。从而感染其他程序，对计算机资源进行破坏，所谓的病毒就是人为造成的，对其他用户的危害性很大。

### 2. 计算机病毒的特点

计算机病毒具有以下几个特点。

(1) 寄生性：计算机病毒寄生在其他程序之中，当执行这个程序时，病毒就起破坏作用，而在未启动这个程序之前，它是不易被人发觉的。

(2) 传染性：病毒被复制或产生变种，其速度之快令人难以预防。计算机病毒可通过各种可能的渠道，如 U 盘、计算机网络去传染其他的计算机。该特点是计算机病毒最主要的特点。

(3) 潜伏性：有些病毒像定时炸弹一样，让它什么时间发作是预先设计好的。比如黑色星期五病毒，不到预定时间一点都觉察不出来，等到条件具备的时候一下子就爆发开来，对系统进行破坏。

(4) 隐蔽性：计算机病毒具有很强的隐蔽性，有的可以通过病毒软件检查出来，有的根本就查不出来，有的时隐时现、变化无常，这类病毒处理起来通常很困难。

(5) 破坏性：计算机中毒后，可能会导致正常的程序无法运行，把计算机内的文件删除或让计算机受到不同程度的损坏。

### 3. 计算机病毒的表现形式

计算机受到病毒感染后，会表现出不同的症状，以下列出一些比较常见的病毒表现形式，以供参考。

(1) 机器不能正常启动。加电后机器根本不能启动，或者可以启动，但所需要的时间比原来的启动时间变长了，有时会突然出现黑屏现象。

(2) 运行速度降低。如果发现在运行某个程序时，读取数据的时间比原来长，存文件或读文件的时间都增加了，那就可能是由于病毒造成的。

(3) 磁盘空间迅速变小。由于病毒程序要进驻内存，而且又能繁殖，因此使内存空间变小甚至变为“0”。

(4) 文件内容和长度有所改变。一个文件存入磁盘后，本来它的长度和内容都不会改变，可是由于病毒的干扰，文件长度可能改变，文件内容也可能出现乱码，有时文件内容无法显示或显示后又消失了。

(5) 经常出现“死机”现象。正常的操作是不会造成死机现象的，即使是初学者，命令输入不对也不会死机。如果机器经常死机，那可能是由于系统被病毒感染了。

(6) 外部设备工作异常。因为外部设备受系统的控制，如果机器中有病毒，外部设备在工作时可能会出现一些异常情况，出现一些用理论或经验说不清道不明的现象。

### 4. 计算机病毒的分类

计算机病毒种类繁多而且复杂，按照不同的方式以及计算机病毒的特点及特性，可以有多种不同的分类方法。同时，根据不同的分类方法，同一种计算机病毒也可以属于不同的计算机病毒种类。常见的分类方式如下。

(1) 按病毒存在的媒体划分

根据计算机病毒存在的媒体，计算机病毒可以划分为网络病毒、文件病毒、引导型病毒。网络病毒通过计算机网络传播感染网络中的可执行文件，文件病毒感染计算机中的文件（如COM, EXE, DOC等），引导型病毒感染启动扇区（Boot）和硬盘的系统引导扇区（MBR），还有这三种情况的混合型，例如：多型病毒（文件和引导型）感染文件和引导扇区两种目标，这样的计算机病毒通常都具有复杂的算法，它们使用非常规的办法侵入系统，同时使用了加密和变形算法。

(2) 按计算机病毒传染方式分

①引导区型病毒：主要通过软盘在操作系统中传播，感染引导区，蔓延到硬盘，并能感染到硬盘中的“主引导记录”。

②文件型病毒：是文件感染者，也称为“寄生病毒”。它运行在计算机存储器中，通常感染扩展名为 COM、EXE、SYS 等类型的文件。

③混合型病毒：具有引导区型病毒和文件型病毒两者的特点。

④宏病毒：是指用 BASIC 语言编写的病毒程序，寄存在 Office 文档上的宏代码。宏病毒影响对文档的各种操作。

(3) 按计算机病毒破坏的能力分

①无害型：除了传染时减少磁盘的可用空间外，对系统没有其他影响。

②无危险型：这类病毒仅仅是减少内存、显示图像、发出声音。

③危险型：这类病毒在计算机系统操作中会造成严重的错误。

④非常危险型：这类病毒删除程序、破坏数据、清除系统内存区和操作系统中重要的信息。这类病毒对系统造成的危害，并不是本身的算法中存在危险的调用，而是当它们传染时会引起无法预料的和灾难性的破坏。由病毒引起其他的程序产生的错误也会破坏文件和扇区，这些病毒也按照它们引起的破坏能力划分为非常危险型。

(4) 按计算机病毒的算法分

①伴随型病毒：这一类病毒并不改变文件本身，它们根据算法产生 EXE 文件的伴随体，具有同样的名字和不同的扩展名（COM），例如：XCOPY.EXE 的伴随体是 XCOPY.COM。病毒把自身写入 COM 文件并不改变 EXE 文件，当 DOS 加载文件时，伴随体优先被执行到，再由伴随体加载执行原来的 EXE 文件。

②“蠕虫”型病毒：通过计算机网络传播，不改变文件和资料信息，利用网络从一台机器的内存传播到其他机器的内存。将自身的病毒通过网络发送，有时它们在系统中存在，一般除了内存不占用其他资源。

③寄生型病毒：除了伴随和“蠕虫”型，其他病毒均可称为寄生型病毒，它们依附在系统的引导扇区或文件中，通过系统的功能进行传播。比如，练习型病毒，病毒自身包含错误，不能进行很好的传播。

④诡秘型病毒：它们一般不直接修改 DOS 中断和扇区数据，而是通过设备技术和文件缓冲区等进行 DOS 内部修改，不易看到资源，使用比较高级的技术。利用 DOS 空闲的数据区进行工作。

⑤变型病毒（又称幽灵病毒）：这一类病毒使用一个复杂的算法，使自己每传播一份都具有不同的内容和长度。它们一般是由一段混有无关指令的解码算法和被变化过的病毒体组成。

### 6.2.3 计算机网络安全防护

为了更好地保护计算机，给计算机创造一个良好的运行环境，必须对计算机进行安全防护，具体安全防护策略应从以下几个方面进行。

#### 1. 杀毒软件

病毒的发作给全球计算机系统造成巨大的损失，令人们谈“毒”色变。上网的人中，很少有谁没被病毒侵害过。对于一般用户而言，首先要做的就是为电脑安装一套正版的杀毒软件。

现在不少人对防病毒有个误区，就是对待电脑病毒的关键是“杀”，其实对待电脑病毒应当是以“防”为主。目前绝大多数的杀毒软件都在扮演“事后诸葛亮”的角色，即电脑被病毒感染后杀毒软件才忙不迭地去发现、分析和治疗。这种被动防御的消极模式远不能彻底解决计算机安全问题。杀毒软件应立足于拒病毒于计算机门外。因此应当安装杀毒软件的实时监控程序，应该定期升级所安装的杀毒软件，给操作系统打相应补丁、升级引擎和病毒定义码。由于新病毒的出现层出不穷，现在各杀毒软件厂商的病毒库更新十分频繁，应当设置每天定时更新杀毒实时监控程序的病毒库，以保证其能够抵御最新出现的病毒的攻击。

#### 2. 防火墙

“防火墙”是指一种将内部网和公众访问网（Internet）分开的方法，实际上是一种隔离技术。防火墙是在两个网络通信时执行的一种访问控制，它能允许你“同意”的人和数据进入你的网络，同时将你“不同意”的人和数据拒之门外，最大限度地阻止网络中的黑客来访问你的网络，防止他们更改、拷贝、毁坏你的重要信息。在理想情况下，一个好的防火墙应该能把各种安全问题在发生之前解决。就现实情况来看，这还是个遥远的梦想。目前各家杀毒软件的厂商都会提供个人版防火墙软件。

#### 3. 养成良好的安全防范习惯

(1) 不要下载来路不明的软件及程序，不要打开来历不明的邮件及附件

不要下载来路不明的软件及程序。几乎所有上网的人都在网上下载过共享软件（尤其是可执行文件），在给你带来方便和快乐的同时，也会悄悄地把一些你不欢迎的东西带到你的机器中，比如病毒，因此应选择信誉较好的下载网站下载软件，将下载的软件及程序集中放在非引导分区的某个目录，在使用前最好用杀毒软件查杀病毒。

不要打开来历不明的电子邮件及其附件，以免遭受病毒邮件的侵害。在互联网上有许多种病毒流行，有些病毒就是通过电子邮件来传播的，这些病毒邮件通常都会以带有噱头的标题来吸引你打开其附件，如果您抵挡不住它的诱惑，而下载或运行了它的附件，就会受到感染，所以对于来历不明的邮件应当将其拒之门外。

(2) 不要随意浏览黑客网站、不健康网站

这点毋庸多说，不仅是道德层面，而且时下许多病毒、木马和间谍软件都来自黑客网站和不健康网站，如果你上了这些网站，而你的个人电脑恰巧又没有缜密的防范措施，那么你十有八九会中招。

(3) 定期备份重要数据

数据备份的重要性毋庸讳言，无论你的防范措施做得多么严密，也无法完全防止“道高一尺，魔高一丈”的情况出现。如果遭到致命的攻击，操作系统和应用软件可以重装，而重要的数据就只能靠你日常的备份了。因此，无论你采取了多么严密的防范措施，也不要忘了随时备份你的重要数据，做到有备无患。

## 6.2.4　杀毒软件的使用

### 1. 安装杀毒软件

360 杀毒软件是 360 安全中心出品的一款免费的云安全杀毒软件。360 杀毒具有查杀率高、资源占用少、升级迅速等优点。

要安装 360 杀毒软件，首先在 360 杀毒官方网站 sd.360.cn 下载最新版本的 360 杀毒安装程序。下载完成后，运行下载的安装程序，完成 360 杀毒软件的安装。

### 2. 病毒查杀

单击 360 杀毒软件图标，进入 360 杀毒软件主界面，如图 6-34 所示。

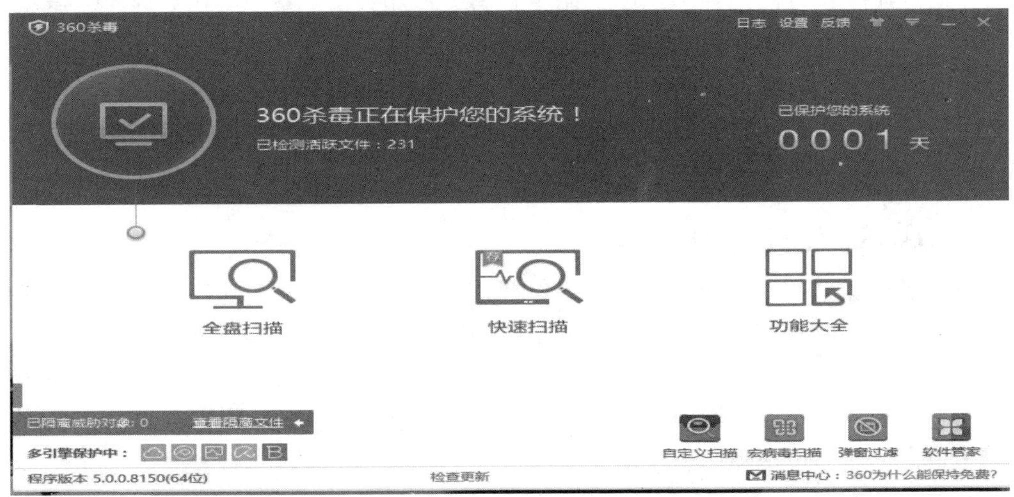


图 6-34　360 杀毒软件主界面

360 杀毒软件具有实时病毒防护和手动扫描功能，为系统提供全面的安全防护。实时防护功能在文件被访问时对文件进行扫描，及时拦截活动的病毒。在发现病毒时，会通过提示窗口提示。

360 杀毒软件提供了三种手动病毒扫描方式：快速扫描、全盘扫描和指定位置扫描。

(1) 快速扫描：扫描 Windows 系统目录及 Program Files 目录。

(2) 全盘扫描：扫描所有磁盘。

(3) 指定位置扫描：扫描指定的目录。

启动扫描之后，会显示扫描进度窗口。在这个窗口中您可看到正在扫描的文件、总体进度，以及发现问题的文件，如图 6-35 所示。

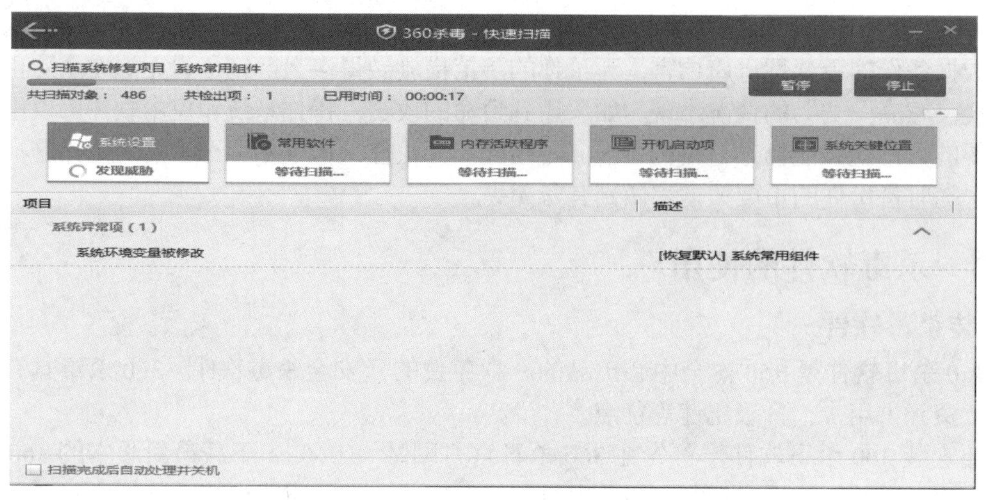


图 6-35　360 杀毒 - 快速扫描界面

### 3. 杀毒软件升级

360 杀毒软件具有自动升级功能，如果开启了自动升级功能，360 杀毒软件会在有升级可用时自动下载并安装升级文件。

如果想手动进行升级，在 360 杀毒软件主界面上，单击“升级”标签，进入升级界面，并单击“检查更新”按钮。升级程序会连接服务器，检查是否有可用更新，如果有的话，就会下载并安装升级文件。

## 6.2.5　电脑管家的使用

腾讯电脑管家是腾讯公司推出的一款免费系统安全维护软件，能有效预防和解决计算机上常见的安全风险。拥有云查杀木马，系统加速，漏洞修复，实时防护，网速保护，电脑诊所，健康小助手，强力卸载等功能，且独创了“管理 + 杀毒”二合一的开创性功能，依托小红伞（Antivir）国际顶级杀毒引擎、腾讯云引擎等四核专业引擎查杀，完美解决了杀毒修复问题，全方位保障用户上网安全。

### 1. 下载和安装腾讯电脑管家

(1) 进入腾讯首页后，单击“电脑管家”超链接，打开腾讯电脑管家页面，如图 6-36 所示。

图 6-36　腾讯网站下载电脑管家页面

(2) 在腾讯电脑管家页面中显示了官方最新版电脑管家的免费下载链接，单击“立即下载”按钮，即可下载腾讯电脑管家 V13 版本，如图 6-37 所示。

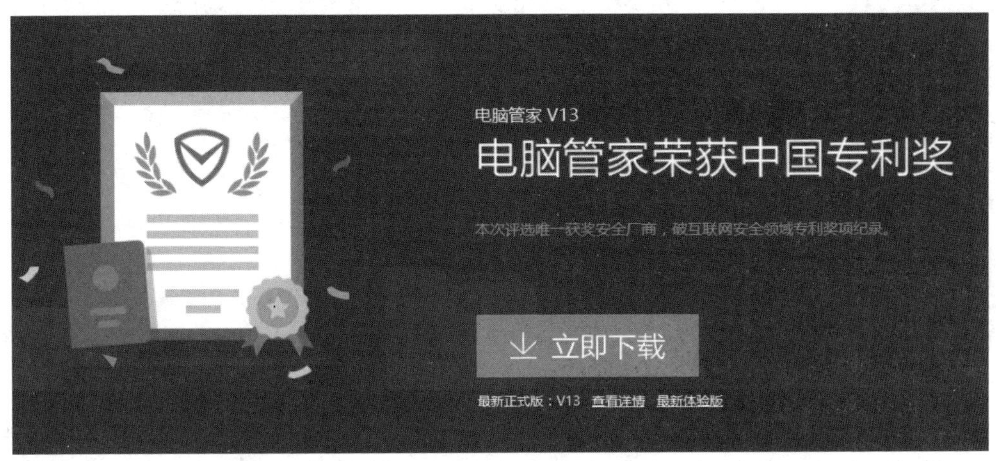


图 6-37　下载腾讯电脑管家页面

(3) 下载完成后，双击所下载的应用程序图标，弹出安装界面，在该界面中指定程序的安装位置，然后单击“立即安装”按钮，即可进行安装。

(4) 安装完成后，单击管家大头像或“登录享特权”文字链接，然后选择账号登录电脑管家，登录账号，可以选择 QQ 账号登录，如图 6-38 所示。

图 6-38　电脑管家登录界面

## 2. 进行计算机安全防护

(1) 使用“我的管家”进行计算机体检。在“我的管家”界面单击“全面体检”按钮，开始对计算机进行体检，并显示当前体检进度，如图 6-39 所示。

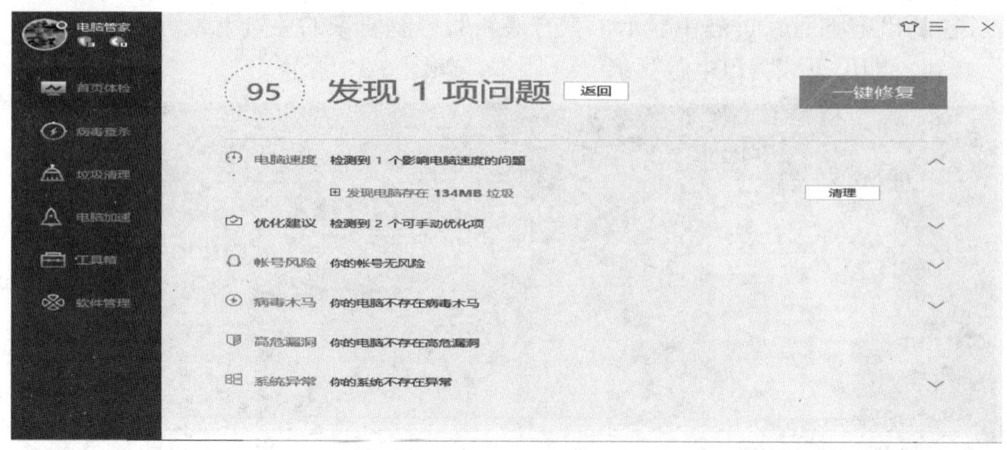


图 6-39 电脑管家体检界面

(2) 病毒查杀。单击“电脑管家”界面底部的“病毒查杀”功能项，切换至“病毒查杀”界面。电脑管家为用户提供了 3 种扫描方式，分别是闪电杀毒、全盘杀毒和指定位置杀毒。在“病毒查杀”界面中单击“闪电杀毒”按钮右侧的下拉箭头，在弹出的下拉列表中可自由选择扫描方式，如图 6-40 所示。

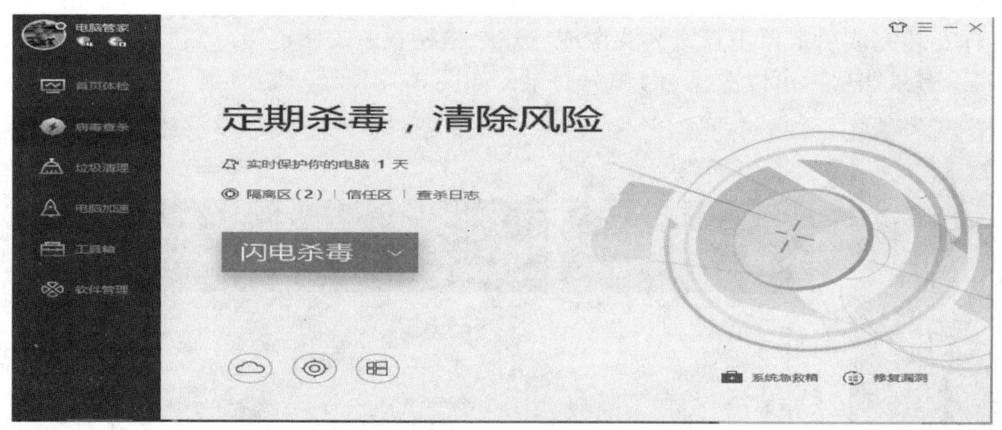


图 6-40 电脑管家病毒查杀界面

(3) 垃圾清理。单击“电脑管家”界面底部的“清理垃圾”功能项，切换至“清理垃圾”界面，单击“立即体验”按钮，开始扫描垃圾，如图 6-41 所示。

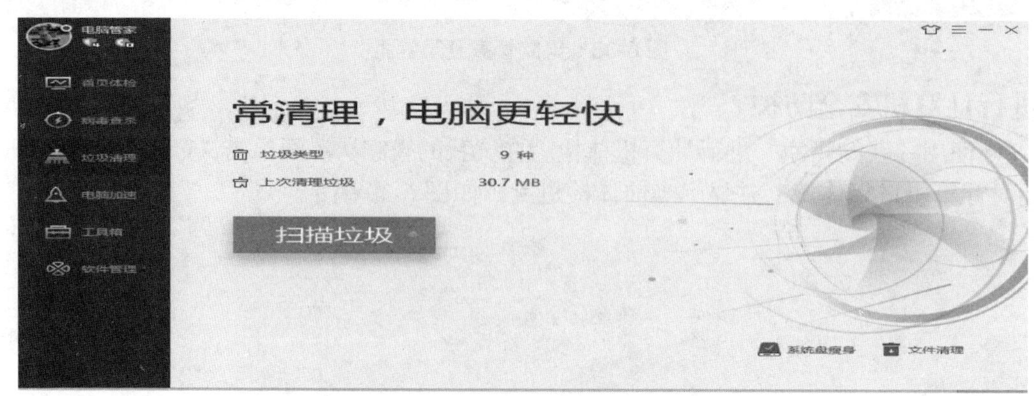


图 6-41 电脑管家垃圾清理界面

(4) 计算机加速。单击“电脑管家”界面底部的“电脑加速”功能项，切换至“电脑加速”界面。

(5) 工具箱的使用。单击“电脑管家”界面底部的“工具箱”功能项，切换至“工具箱”界面，该界面中列出了一些小工具供用户选择使用，如图 6-42 所示。

图 6-42　电脑管家工具箱界面

(6) 软件管理。单击“电脑管家”界面底部的“软件管理”功能项，切换至“软件管理”界面。

# 本章习题

## 一、单选题

1. 将发送端数字脉冲信号转换成模拟信号的过程称为（ ）。

A. 链路传输 B. 调制 C. 解调 D. 数字信道传输

2. 实现局域网与广域网互联的主要设备是（ ）。

A. 交换机 B. 集线器 C. 网桥 D. 路由器

3. 下列各项中，不能作为 IP 地址的是（ ）。

A. 10.2.8.112 B. 202.205.17.33 C. 222.234.256.240 D. 159.225.0.1

4. 下列各项中，不能作为域名的是（ ）。

A. www.cernet.edu.cn B. new.baidu.com

C. ftp.pku.edu.cn D. www,cha.gov.cn

5. 在 Internet 中完成从域名到 IP 地址或者从 IP 地址到域名转换的是（ ）。

A. DNS B. FTP C. WWW D. ADSL

6. 通常所说的“计算机病毒”是指（ ）。

A. 细菌感染 B. 生物病毒感染

C. 被损坏的程序 D. 特制的具有破坏性的程序

7. 下面关于计算机病毒说法正确的是（ ）。

A. 是生产计算机硬件时不注意产生的 B. 是人为制造的

C. 必须清除，计算机才能使用 D. 是人们无意中制造的

8. 当你的计算机感染病毒时，应该（ ）。

A. 立即更换新的硬盘 B. 立即更换新的内存储器

C. 立即进行病毒的查杀 D. 立即关闭电源

9. 关于计算机病毒查杀软件的说法，不正确的是（ ）。

A. 查杀病毒软件进行一次杀毒之后就不可以使用了

B. 查杀病毒软件需要经常升级才能更有效防范病毒

C. 查杀病毒软件有免费的也有付费的

D. 查杀病毒软件的实时监控要开启才能有效防范病毒

10. 下列软件中，不是常用的杀毒软件是（ ）。

A. 360 杀毒 B. 瑞星杀毒 C. 金山毒霸 D. 超级解霸

11. 计算机病毒主要是通过（ ）传播的。

A. 磁盘与网络 B. 微生物“病毒体” C. 人体 D. 电源

## 二、填空题

1. 按使用地理范围或联网规模，计算机网络可分为______、______和______。

2. 按计算机网络的拓扑结构可分为星形结构、总线形结构、环形结构、________、______。

3. 按计算机网络的功能和结构可分为______和______。

4. 有线局域网中的主要传输介质有______、______和______。

5.IP 地址是数字型的，由两部分组成，前面部分为______，后面部分为主机号。

6. 通过使用加密技术，可以提供保密性、______、______等安全服务。

7. 按计算机病毒存在媒体分，可分为网络病毒、______、______三种。

8. 数据加密技术，主要有______、______两种加密技术。

9.______是网络安全技术的基石。计算机病毒最主要的特点是______。

10. 计算机网络安全技术，其涉及的技术面非常广，主要的技术有______、加密技术、入侵检测技术等。

## 三、简答题

1. 何谓计算机网络？计算机网络的特征有哪些？

2. 什么是计算机网络安全，其主要特征有哪些？

3. 请解释明文、密文、数据加密技术。

4. 什么是计算机病毒，其特点有哪些？

# 本章实训

## 实训 1　无线局域网的搭建

### 一、实训目的

1. 掌握无线路由器的连接方法、IP 地址的设置。

2. 掌握无线路由器的配置、无线网卡的设置。

### 二、实训环境

1. 学院网络实训室，实训室需无线路由器、台式计算机两台以上、笔记本计算机多台、其他移动设备多台。

2. 三根以上的网线以及相关的连接线等。

### 三、实训内容与要求

1. 将外网线连接到无线路由器的 WAN 口，其他计算机连接到无线路由器的 LAN 口。

2. 配置好每台计算机的 IP 地址。

3. 配置好无线路由器，能够上外网，并且 Wi-Fi 也可正常使用。

4. 配置笔记本计算机的无线网卡，使笔记本计算机，通过无线网卡可上网。

## 实训 2　网上冲浪

### 一、实训目的

1. 掌握浏览器的收藏页面功能，体验网上购物。

2. 掌握申请免费电子邮箱的方法，会使用邮箱收发电子邮件。

3. 掌握网上购买火车票的方法。

## 二、实训环境

学院计算机实训室，实训室中的计算机能连接外网。

## 三、实训内容与要求

1. 浏览“人民网”，找到一条感兴趣的新闻，并将其收录到收藏夹中。

2. 在网易网站上，申请一个免费邮箱，然后发一封邮件给同学，如果收到同学的来信，则回复。

3. 体验网上购物。其操作方法，可参照下面的步骤：

(1) 在地址栏中输入 http://www.taobao.com，登录淘宝网。

(2) 如果购手机就可以直接单击导航条，选择商品，可以直接在分类栏中进行查询，或者直接搜索宝贝栏中进行模糊查询或快速查询。

(3) 单击“对比选中的宝贝”。

(4) 选择性价比好的手机，单击“立即购买”。

(5) 如果你没有注册，则先注册，单击免费注册。

(6) 激活邮件，注册成功后，确认购买信息。

(7) 等待买家付款，付款给支付宝。

(8) 收到货后，确认收货，支付宝打款给卖家，完成交易。

4. 网上购买火车票，其操作方法，可参照下面的步骤：

(1) 首先进入 http://www.12306.cn/mormhweb/，单击“客运服务”，单击“注册”。

(2) 注册。

(3) 学生票：学生注意了，记得选择旅客类型为“学生”，然后填写院校信息。

(4) 用户登录。单击“车票预订”。

(5) 输入出发站、到达站、乘车日期，单击“查询”。选择“车次”，单击“预定”。

(6) 全价票：选择乘车人、席别、票种等，单击“提交订单”。

(7) 学生票：选择“学生旅客”（前提是你注册过旅客类型是学生的，乘客信息一栏有括号标注学生），票种选择“学生票”，提交“订单”。

(8) 单击“网上支付”，其他银行单击“中国银联”。

(9) 进入银行支付页面，完成支付，支付成功后系统会通过手机短信和邮件的方式告知你的订单号。

(10) 购票成功。

# 实训 3　安全防护软件的安装与使用

## 一、实训目的

1. 掌握 360 安全卫士的安装与使用。

2. 掌握 360 杀毒软件的安装与使用。

3. 掌握腾讯电脑管家软件的安装与使用。

## 二、实训环境

学院计算机实训室，实训室中的计算机能连接外网。

## 三、实训内容与要求

1. 网上下载 360 安全卫士软件安装包，并安装好安全卫士软件，使用安全卫士软件，清理计算机垃圾、查杀木马、为系统打补丁、优化加速。

2. 网上下载 360 杀毒软件安装包，并安装好杀毒软件，使用该软件，为计算机进行快速扫描杀毒、自定义扫描杀毒。

3. 网上下载腾讯电脑管家软件安装包，并安装好电脑管家软件，清理计算机垃圾、病毒查杀、优化加速、体验工具箱的使用。

# 参考文献

[1] 徐迪新，金平国，陈磊萍 . 计算机应用基础项目教程 [M]. 北京：中国农业出版社，2019.

[2] 袁琼，龙军，龚略 . 计算机应用基础（Win10+Office2016）[M]. 镇江：江苏大学出版社，2021.

[3] IT 教育研究工作室 . 办公应用三合一 [M]. 北京：中国水利水电出版社，2020.

[4] 于薇，吴媛 . 计算机应用基础项目化教程（Windows 10+Office 16）[M]. 北京：北京理工大学出版社，2020.